JN226678

物性・光学のための
電　磁　気　学

——基礎から量子化まで——

工学博士　浜口　智尋　著

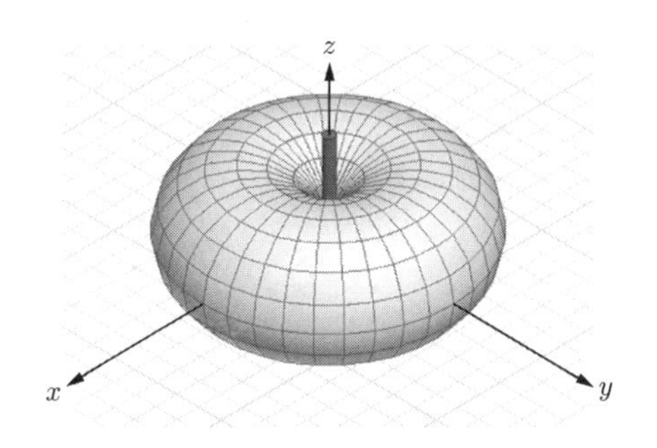

コ　ロ　ナ　社

ま　え　が　き

本書「物性・光学のための電磁気学——基礎から量子化まで——」は，大学の理工学部や工業高等専門学校の教科書としてまとめたものである。前半は，電磁気学の基礎を理解できるように，実験結果をもとに種々の法則を導出し，マクスウェルの方程式にまとめあげている。後半は，大学院の講義として利用することを念頭に，輻射，導波路，アンテナの理論を詳述し，最後に，マクスウェルの方程式を量子化して，電磁波が光子（フォトン）となることを証明している。各章には理解を助けるための例題や章末問題を多数掲げ，その詳解からより深い理解が得られるように工夫した。

電磁気学は，電気系学生に必須の科目であり，内容は理学部の物理系で学ぶ内容とそれほど差異はない。内容を理解するにはベクトル解析を理解することが必須である。大学での講義などでは，最初にベクトル解析を学ぶが，見慣れない記号が用いられるため，講義の初期段階でその扱いに戸惑い，結果として電磁気学はむつかしい学問であるという感想を抱いてしまう学生が多い。また，電磁気学の総括であるマクスウェルの方程式なるものは，非常に理解困難な内容であると思ってしまう学生も多い。この傾向はここ数十年変わっていない。ところが電気，材料，応用物理系の学生，特に電子物性や光学を学ぶ学生は，電磁気学の公式の理解が必須である。また，電磁波の輻射と伝搬，導波回路，アンテナなどを理解するには電磁気学の修得が必要不可欠である。最近の通信技術の進歩はきわめて速く，無線技術が有線通信（ケーブル通信を含む）にとって代わろうとしている。また，市販の電子レンジはマイクロ波を用いたものであり，マイクロ波レーダは気象観測や空の安全のみならず，自動車の安全運転に欠かせない技術となりつつある。つまり，電磁気学は古くてなお新しい学問なのである。大学の講義は，いま変革期に遭遇しつつある。時間の制約のために十分に教えられないと不満を漏らす教官も多い。電磁気学の理解を深める最も優れた手段は，最適の例題や問題を解いてみることである。そのため，本書では多くの重要な問題と，その詳細な解法を示している。

本書は，つぎのような方針で編集している。電磁気学の完成，つまりマクスウェルの方程式の導出までを，その完成に寄与して科学者の業績を時系列に沿って理解することを念頭においた。代表的な科学者の伝記の要約と写真を挿入した。まず。クーロンの法則の発見から，ガウスの定理による解釈を述べる。電磁気学の完成には，直流電源の発明が欠かせない。ボルタはガルバーニのカエルの脚から電気が発生するという報告に疑問を抱き，種々の実験後，1800 年にボルタの電池を発明する。この装置がヨーロッパに知れわたり，種々の実験がなされた。電流が磁界を誘起することをデンマークのエルステッドが 1820 年に発見した。この興味ある成果は，瞬く間にヨーロッパ中の科学者の興味を引きつけた。フランスのビオとサバールは，電流素による磁界の式を導き，アンペールは電流の流れている 2 本の導線間に働く力を計算し，その成果は電流の単位のアンペア〔A〕の決定に至る。一方，磁界から電流を取り出すことは，1831 年にイギリスのファラデーによってなされた。これで基本となる電磁気学の現象はそろった。その後，多数の理論家が種々の定式化を行い，ついに 1865 年にイギリスのマクスウェルが，いわゆるマクスウェルの方程式にまとめあげた。このマクスウェルの方程式から，電磁波が存在するという予言がなされ，1887 年にドイツのヘルツが電磁波の確認に成功した。1900 年，輻射に関する実験の解析から，ドイツのプランクが輻射スペクトルの説明に成功し，その結果から輻射波（電磁波）は粒子（フォトン）として働くとの予言を発表した。その後，ディラックによるマクスウェルの方程式の量子化がなされ，1930 年頃にはその定式化が完成した。

上記の成果を，まとめあげたのが本書である。その内容は大学における学部学生や高等専門学校の学生が理解できるように配慮した。本書の 1 章から 8 章までの内容をまとめるとつぎのようになる。

1 章は，ベクトル解析をまとめたもので，電磁気学の理解に必要でかつ十分な内容とした。例題を解きながら進めば，ベクトルの概念は十分に理解できるものと思われる。特筆すべきことは，電磁気学で ∇，div，rot なる演算子の取扱いである。これはあくまでも，記号を定義したものであって，数学的な証明は一切不要である。間違っても理解困難な数式であるなどと思わないでほしい。

2 章は，電荷の間に働く力は，電荷の積に比例し，電荷の間の距離の 2 乗に反比例するという，実験結果を表すクーロンの法則の内容とした。電界を定義する。この式からガウスの定理や発散の定理を導く。

3 章は，電流が誘起する磁界を定式化する内容とした。ビオ・サバールの法則とアンペールの法則を導く。電磁気学でよく使われるストークスの定理について証明が示されている。この式はマクスウェルの方程式をベクトル・ポテンシャルを用いて解析するのに欠かせない定理である。

4 章は，ファラデーの電磁誘導の定式化の内容とした。磁界中に置かれた導線が磁力線を切るとき電流，電圧を誘起する実験結果の定式化がファラデーなどによりなされた。また，磁界中で電荷に働くローレンツの力について詳述している。電流の単位アンペア〔A〕の決定に用いられたアンペール・バランスの実験装置の原理を説明する。ローレンルツ力の式は物性のホール効果や磁気抵抗，高エネルギー加速器の原理などの理解にも必要である。問題を解くことによってより深い理解が得られるであろう。マクスウェルは直流電流が流れない誘電体でも，時間変化したり交流の電界の下では変位電流が流れるという現象を取り入れた。これによりマクスウェルの方程式が完成する。ベクトル・ポテンシャルの定義を述べているが，これは電磁波の輻射や伝搬を解析するのに不可欠である。また，後半のマクスウェルの方程式を量子化して，フォトンとプランクの輻射理論を理解するには必要不可欠である。この章の後半は，後述のように大学院の講義内容あるいは，量子論に興味のある学生のために役立つはずである。

5 章は，電気エネルギーと磁気エネルギーの定式化の内容とした。静電容量とソレノイドのインダクタンスを解説し，問題ではこれらを含む回路の解析方法を挙げ，種々の回路での電気エネルギーの時間変化を理解する。

6章は，マクスウェルの方程式を解いて，電磁波が横波であることを示す内容とした。電磁波の伝搬に伴う電磁エネルギー密度の伝達に関するポインティングの定理を導く。光は電磁波の一種であるので，マクスウェルの方程式を解くことにより，光学的な性質，反射，屈折や回折現象に関するスネルの法則，フレネルの法則とヘルムホルツの方程式を理解する。また，導波管を伝搬するTEモード波やTMモード波について論じている。

7章は，アンテナの理論を述べ，ヘルツのダイポールアンテナや半波長アンテナの解析法を概説している。無線通信に必須の内容である。

8章は，マクスウェルの方程式を量子化して，電磁波が粒子のようにエネルギー $\hbar\omega$ の量子からなることを証明し，プランクの輻射理論を導く。ここでは，ばねの運動に相当する単純調和振動子のことを述べ，マクスウェルの波動方程式が調和振動子のハミルトニアンとまったく同じ式で表されることを示す。

付録は，電磁気学の解析に必要なオイラーの公式を述べ，オイラーの式が三角関数と互換性のあることが示している。

本書は以上の内容を含んでいるが，大学の理工学部の学生や工業高等専門学校の学生には1章から6章までを学んでほしい。多くの例題と問題を含んでおり，特にこれらの問題は種々の実験を理解するために設けたもので，授業の演習時間に利用すれば，電磁気学のみならず広範囲の領域の理解に役立つものと確信している。そのため，問題には詳細な解答を示している。

6章の後半，7章と8章は大学院レベルであるが，意欲のある学生が高度な内容にチャレンジするためのものと理解していただければ幸いである。これまでに出版された多くの電磁気学のテキストを読んでみたが，マクスウェルの方程式を量子化する手法を詳述したテキストには出会えなかった。筆者は学部の量子力学の講義で電磁波は粒子性を持つことを教えられ，マクスウェルの方程式の量子化が可能ではないかと思っていた。この疑問を理解するにはやはり，ディラックのような天才のひらめきが必要であることを後年知って，その定式化の美しさに感銘を覚えたものである。学生諸君はこれまでに出版された教科書をもとに勉強されていたり，これから勉強されるものと思われるが，より深い理解を得るために，本書の内容や例題，問題とその解答例を参考にしていただければよいのではと考えている。これにより多くの疑問や難解の内容を理解できるようになれば筆者の喜びとするところである。

本書を執筆するきっかけを与えてくれた，群馬大学名誉教授の安達定雄氏に感謝する。長年，学部の電磁気学の講義を担当して来られたが，最近の授業時間の制約で十分に教えることができない。数学嫌いの学生が増えたことで，電磁気学のベクトル解析や演算手法にうんざりするものが増えている。学生に教えるよい教科書がなく，いろいろな教科書を用いてきたが満足できなかったことなど現状を伝えていただきました。それなら，これまでの経験から，理論式をこね回すより，実験事実を理解するための式の導出をもとにしてまとめれば，学生の理解に役立つのではと考え，本書の執筆を企画したのである。この教科書の校正の際，たいへん貴重な意見をいただいたので，紙面を借りてお礼を述べたい。

教科書を最初にまとめ上げて，大阪大学大学院の森伸也教授に相談したところ，多くの矛盾，誤解を指摘していただいた。これらの指摘がなければ，本書の完成には至らなかった。森伸也教授の寄与は筆舌に尽くしがたい。まだまだ，筆者の誤解や記述ミスなどがあるものと思われるが，読者の皆さんの指摘によってより良い教科書にしたいと願っている。最後に，コロナ社の関係各位には，企画校正でたいへんお世話になり，お礼申し上げる。

2018 年 3 月

浜口　智尋

E-mail: hamaguchi-chihiro-kk@alumni.osaka-u.ac.jp

目　　　次

1. ベクトルの公式

2. 電　　　界

3. 磁　　　界

4. 電 磁 誘 導

5. 電気エネルギーと磁気エネルギー

6. 電　　磁　　波

7. 輻射とアンテナ

8. 輻射場の量子論

代表的な科学者の伝記
（五十音順）

1 ベクトルの公式

電磁気学を理解するにはベクトル概念の理解が必要である。初めて電磁気学を学ぶとき，大きな時間を割いてベクトルの公式を勉強せざるをえないため，初心者には負担をかけている。このような状況から，電磁気学の本題に入る前に，難しい学問と思いこみ，多くの学生が少なからず嫌いな学問の一つと考えるに至っている。しかし，ベクトル演算の基礎を理解するには，非常に簡単な規則を理解さえすれば，それを自在に利用することができるようになる。つまり，ベクトルの公式の要点を理解すれば，電磁気学の現象を身近に感じるようになり，マクスウェルの公式や電磁波の伝搬について深い理解を得ることができる。

マクスウェルの方程式を導き，その解法を理解するのに必要十分な知識を得ることを目的に，初心者でも容易に理解でき，かつわかりやすいベクトル演算法を用いて，電磁気現象の定式化行っている。

1.1 ベクトルの和，差と積

物理量にはスカラ量とベクトル量がある。温度や体重，物体の長さなどのように単位があっても方向性を持たない量を**スカラ量**（scalar quantity）と呼ぶ。速度や力はその方向を指定しなければならない。例えば，地図上なら東西南北のどの方向に向かってとか，二次元の (x, y) 平面上ならその座標系を用いて方向と大きさを指定しなければならない。このような量を**ベクトル量**（vector quantity）と呼ぶ。電磁気学では電界や磁界は大きさだけでなくその方向を指定して論じる必要がある。このような場合には座標系においてベクトル表示を用いて表さなければならない。その結果，ベクトル量の四則演算や勾配などの演算が必要となる。このような事情から初心者にとってはベクトル演算は面倒なものと受け取られ，結果としてそれを用いる電磁気学は難しい学問と思われている。本章では，このベクトル演算の公式の例題を挙げ平易に説明し，電磁気学における現象をより深く理解する助けとする。

最初に，**図 1.1** に示すような二次元 (x, y) 直交座標系において原点 $(0, 0)$ から点 A $(4, 5)$ に向かう線を考える。

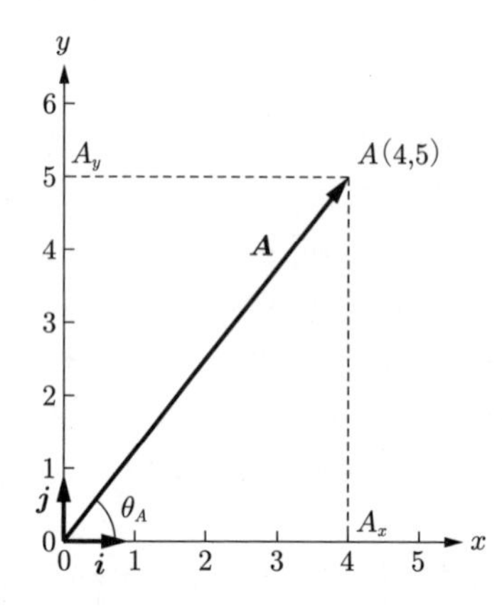

図 1.1　ベクトル $\boldsymbol{A}$ とその成分。ベクトルの始点は原点 $(0, 0)$

ベクトル $\boldsymbol{A}$ は長さ $\sqrt{A_x^2 + A_y^2} = \sqrt{4^2 + 5^2}$ で，その向きは矢印のように原点から点 A 方向である。このベクトル $\boldsymbol{A}$ はつぎのように表される。

$$\boldsymbol{A} = A_x \cdot \boldsymbol{i} + A_y \cdot \boldsymbol{j} = 4\boldsymbol{i} + 5\boldsymbol{j} \tag{1.1}$$

ここに，A_x，A_y はこの座標系での x 成分と y 成分で，$\boldsymbol{i}$ と $\boldsymbol{j}$ はそれぞれ x と y 方向の単位ベクトルと定義され，$|\boldsymbol{i}| = |\boldsymbol{j}| = 1$ である。これらのことから

$$A = \sqrt{A_x^2 + A_y^2}, \quad \theta_A = \tan^{-1}\frac{A_y}{A_x} \tag{1.2}$$

のように表される。ここに θ_A はベクトル $\boldsymbol{A}$ と x 軸との間の角度である。この角度を用いて，各成分はつぎのように表される。

$$A_x = A\cos\theta_A\,, \quad A_y = A\sin\theta_A \tag{1.3}$$

例えば，現在地（原点）から目的地 (A_x, A_y) の速度ベクトルを $\boldsymbol{A}$ とすると，

x 方向（例えば東方向）の速度が 4 km/h，北方向の速度が 5 km/h であるとすれば，速度は $\sqrt{4^2+5^2}$〔km/h〕であり，その向きを含めてベクトル $\boldsymbol{A}$ で表される。つまり，速度はその絶対値の速度と方向を示す必要がある。電界ベクトル $\boldsymbol{E}$ や磁界ベクトル $\boldsymbol{H}$ も方向と大きさを持つので，ベクトルで表さなければならない。

二つのベクトルを $\boldsymbol{A}$ と $\boldsymbol{B}$ とする。ベクトル $\boldsymbol{A}$ と $\boldsymbol{B}$ の始点は共に同じ点（時には原点 O）にある。ベクトルの合成には，ベクトル $\boldsymbol{B}$ を平行移動して図 **1.2** に示すように，ベクトル $\boldsymbol{A}$ の先端にベクトル $\boldsymbol{B}$ の始点を移すことができる（一致していない場合，平行移動して配置を換えることが可能である）。この結果ベクトル $\boldsymbol{A}$ の始点から，平行移動したベクトル $\boldsymbol{B}$ の終点までのベクトル $\boldsymbol{C}$ で表し，ベクトル $\boldsymbol{A}$ とベクトル $\boldsymbol{B}$ の和と定義する。この関係を

$$\boldsymbol{C} = \boldsymbol{A} + \boldsymbol{B} \tag{1.4}$$

と表す。この法則は力の合成として実験で証明することができる。また，このような法則に従う量はベクトルであると呼ぶ。

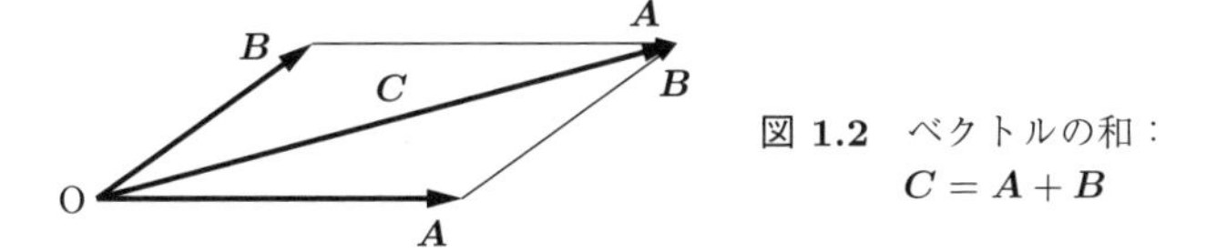

図 1.2　ベクトルの和：$\boldsymbol{C} = \boldsymbol{A} + \boldsymbol{B}$

図から明らかなように $\boldsymbol{B}$ の終点にベクトル $\boldsymbol{A}$ の始点をもってきても，ベクトル $\boldsymbol{C}$ を与えるので，和の順序を入れ換えることができる。つまり

$$\boldsymbol{A} + \boldsymbol{B} = \boldsymbol{B} + \boldsymbol{A} \tag{1.5}$$

であり，これを交換の法則と呼ぶ。この法則に関連して

$$(\boldsymbol{A} + \boldsymbol{B}) + \boldsymbol{C} = \boldsymbol{A} + (\boldsymbol{B} + \boldsymbol{C}) \tag{1.6}$$

が成立する。つまり，ベクトル $\boldsymbol{A}$ と $\boldsymbol{B}$ の和 $(\boldsymbol{A}+\boldsymbol{B})$ にベクトル $\boldsymbol{C}$ を加えたものはベクトル $\boldsymbol{A}$ とベクトル $\boldsymbol{B}$ と $\boldsymbol{C}$ の和 $(\boldsymbol{B}+\boldsymbol{C})$ を加えたものに等しい。

上の関係は「ベクトルは平行移動しても変わらない」という法則を用いたもので，そのことを図**1.3**に示す。この法則はこれらの平行なベクトルによる仕事を考えると，x 方向の仕事と y 方向の仕事に関して，いずれの $\boldsymbol{A}$ ベクトルでもまったく同じであることからも理解できる。また，例題 1.1 の結果を用いても理解できる。

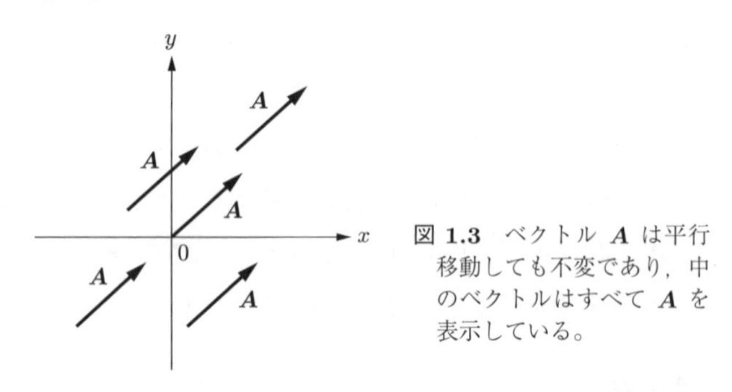

図 **1.3** ベクトル $\boldsymbol{A}$ は平行移動しても不変であり，中のベクトルはすべて $\boldsymbol{A}$ を表示している。

例題 1.1 式 (1.4) の関係を直行座標系 (x, y) を用いて証明せよ。

【解答】 ベクトル $\boldsymbol{A}$，$\boldsymbol{B}$，と $\boldsymbol{C}$ の関係を図**1.4**(a) のように書き改めてみる。その x，y 方向成分はつぎのようになる。

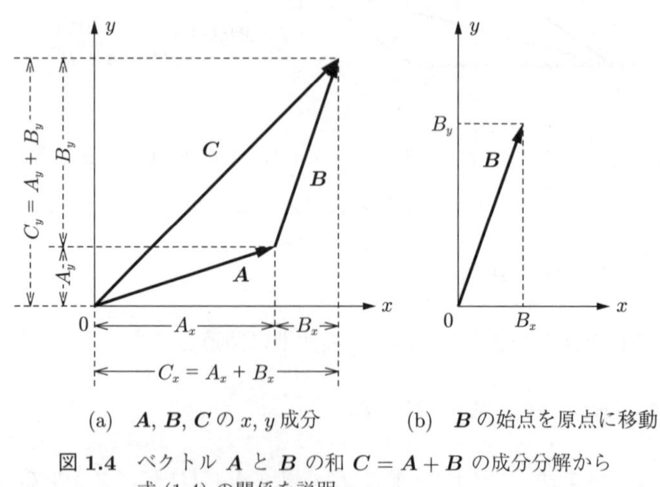

(a) $\boldsymbol{A}, \boldsymbol{B}, \boldsymbol{C}$ の x, y 成分　　(b) $\boldsymbol{B}$ の始点を原点に移動

図 **1.4** ベクトル $\boldsymbol{A}$ と $\boldsymbol{B}$ の和 $\boldsymbol{C} = \boldsymbol{A} + \boldsymbol{B}$ の成分分解から式 (1.4) の関係を説明

$$\boldsymbol{A} = A_x\boldsymbol{i} + A_y\boldsymbol{j}, \quad \boldsymbol{B} = B_x\boldsymbol{i} + B_y\boldsymbol{j}, \quad \boldsymbol{C} = C_x\boldsymbol{i} + C_y\boldsymbol{j} \tag{1.7}$$

図 (a) より

$$C_x = A_x + B_x, \quad C_y = A_y + B_y \tag{1.8}$$

であるから

$$\begin{aligned}\boldsymbol{C} &= (A_x + B_x)\boldsymbol{i} + (A_y + B_y)\boldsymbol{j} = (A_x\boldsymbol{i} + A_y\boldsymbol{j}) + (B_x\boldsymbol{i} + B_y\boldsymbol{j}) \\ &= \boldsymbol{A} + \boldsymbol{B} \equiv C_x\boldsymbol{i} + C_y\boldsymbol{j}\end{aligned} \tag{1.9}$$

となり，ベクトル $\boldsymbol{A}$ と $\boldsymbol{B}$ の和 $\boldsymbol{C} = \boldsymbol{A} + \boldsymbol{B}$ の関係がわかる。また，図 (a) のベクトル $\boldsymbol{B}$ は図 (b) のように始点を原点に移動できることもわかる。◇

ベクトルの差は，つぎのように考えることができる。まず，ベクトル $\boldsymbol{B}$ と大きさが等しくその向きが反対のベクトルを $-\boldsymbol{B}$ で定義する。ベクトルの差 $\boldsymbol{A} - \boldsymbol{B}$ はベクトル $\boldsymbol{A}$ とベクトル $-\boldsymbol{B}$ の和と考えることができ（**図 1.5**）

$$\boldsymbol{A} - \boldsymbol{B} = \boldsymbol{A} + (-\boldsymbol{B}) \tag{1.10}$$

である。差のベクトル $\boldsymbol{A} - \boldsymbol{B}$ は図のようにして作られるが，これを平行移動すれば明らかなように，$\boldsymbol{A}$ と $\boldsymbol{B}$ の始点が一致するとき $\boldsymbol{A} - \boldsymbol{B}$ はベクトル $\boldsymbol{B}$ の終点からベクトル $\boldsymbol{A}$ の終点に向かうベクトルであることがわかる。これは，式 (1.5)，(1.6) よりつぎの関係となることも明らかである。

$$(\boldsymbol{A} - \boldsymbol{B}) + \boldsymbol{B} = \boldsymbol{A} + (-\boldsymbol{B} + \boldsymbol{B}) = \boldsymbol{A} \tag{1.11}$$

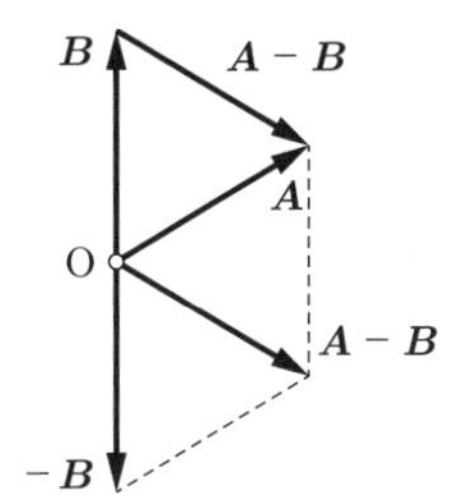

図 1.5　ベクトルの差：$\boldsymbol{A} - \boldsymbol{B}$

1.2 ベクトルのスカラ積（内積）とベクトル積（外積）

ベクトル $\boldsymbol{A}$ にスカラ量 a を掛ける場合

$$\boldsymbol{C} = a\boldsymbol{A} \tag{1.12}$$

と表し，新しくできたベクトル $\boldsymbol{C}$ の大きさはベクトル $\boldsymbol{A}$ の大きさを a 倍したものになる。また，ベクトル $\boldsymbol{C}$ の向きは a が正の場合は $\boldsymbol{A}$ と同じ方向で，a が負の場合には $\boldsymbol{A}$ と反対方向となる。これをベクトルとスカラ積と定義し，つぎの交換と分配の法則が成立する。

$$a\boldsymbol{A} = \boldsymbol{A}a, \qquad \text{交換の法則} \tag{1.13}$$

$$a(\boldsymbol{A}+\boldsymbol{B}) = a\boldsymbol{A} + a\boldsymbol{B}, \qquad \text{分配の法則} \tag{1.14}$$

ベクトル $\boldsymbol{A}$ と $\boldsymbol{B}$ の内積（スカラ積）はそれぞれの大きさ（$|\boldsymbol{A}|$ と $|\boldsymbol{B}|$）の積に $\boldsymbol{A}$ と $\boldsymbol{B}$ の方向余弦を掛けたもので，次式で定義される（図 **1.6**）。

$$\boldsymbol{A}\cdot\boldsymbol{B} = |\boldsymbol{A}||\boldsymbol{B}|\cos\theta = AB\cos\theta = A_B B \tag{1.15}$$

ここに θ は $\boldsymbol{A}$ と $\boldsymbol{B}$ のなす角である。このようなベクトルの内積はスカラ量となるので，スカラ積と呼ばれる。

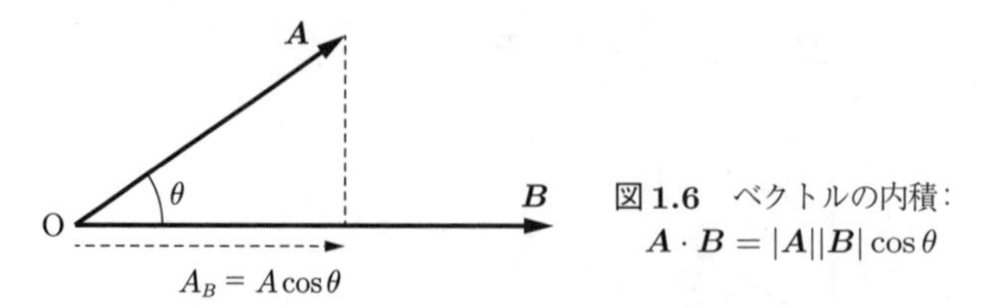

図 1.6　ベクトルの内積：$\boldsymbol{A}\cdot\boldsymbol{B} = |\boldsymbol{A}||\boldsymbol{B}|\cos\theta$

上の定義からつぎのことがわかる。

① 二つのベクトルが直交すれば，その内積は 0 である。

② ベクトル $\boldsymbol{A}$ の大きさの平方は $\boldsymbol{A}$ どうしの内積で与えられる。

$$\boldsymbol{A}\cdot\boldsymbol{A} = |\boldsymbol{A}|^2 \tag{1.16}$$

③　交換の法則が成立する。

$$\boldsymbol{A}\cdot\boldsymbol{B}=\boldsymbol{B}\cdot\boldsymbol{A} \tag{1.17}$$

④　分配の法則が成立する。

$$\boldsymbol{A}\cdot(\boldsymbol{B}+\boldsymbol{C})=\boldsymbol{A}\cdot\boldsymbol{B}+\boldsymbol{A}\cdot\boldsymbol{C} \tag{1.18}$$

ベクトル $\boldsymbol{A}$ と $\boldsymbol{B}$ の外積（ベクトル積）を $\boldsymbol{A}\times\boldsymbol{B}$ と表し，その大きさは $|\boldsymbol{A}|$ と $|\boldsymbol{B}|$ の積に $\boldsymbol{A}$ と $\boldsymbol{B}$ のなす角 θ の sin（つまり $\sin\theta$）を掛けたものに等しく，その方向は $\boldsymbol{A}$ と $\boldsymbol{B}$ の作る面に垂直で，$\boldsymbol{A}$，$\boldsymbol{B}$ と $\boldsymbol{A}\times\boldsymbol{B}$ が右手系をなすように選ぶものと定義する。これを図で表したのが**図 1.7** である。つまり，ベクトル積 $\boldsymbol{A}\times\boldsymbol{B}$ は，大きさが $|\boldsymbol{A}|\times|\boldsymbol{B}|\sin\theta$ で，向きが $\boldsymbol{A}$，$\boldsymbol{B}$ と右手系をなすベクトル量である。右手系とは，$\boldsymbol{A}$ から $\boldsymbol{B}$ にねじを回転したとき，ねじの進む方向が $\boldsymbol{A}\times\boldsymbol{B}$ の方向となることである。上の定義から

$$|\boldsymbol{A}\times\boldsymbol{B}|=|\boldsymbol{A}||\boldsymbol{B}|\sin\theta \tag{1.19a}$$

あるいは $\boldsymbol{A}\times\boldsymbol{B}$ 方向の単位ベクトルを $\boldsymbol{e}_{AB}$ とすると

$$\boldsymbol{A}\times\boldsymbol{B}=|\boldsymbol{A}||\boldsymbol{B}|\sin\theta\cdot\boldsymbol{e}_{AB} \tag{1.19b}$$

の関係の成立することがわかる。また，図 1.7 あるいは上の定義から

$$\boldsymbol{A}\times\boldsymbol{B}=-(\boldsymbol{B}\times\boldsymbol{A}) \tag{1.20}$$

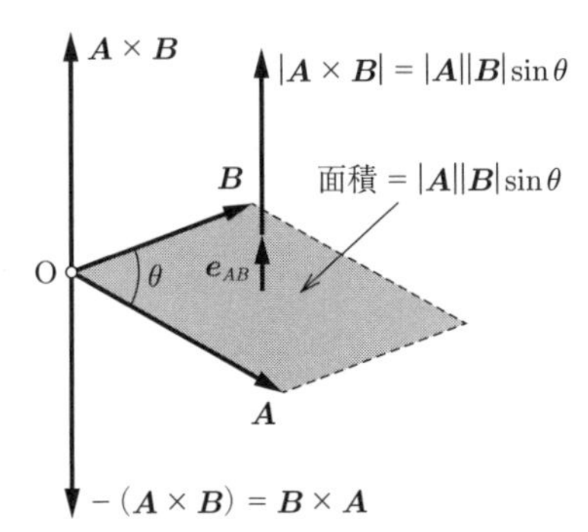

図 1.7　ベクトル $\boldsymbol{A}$ と $\boldsymbol{B}$ の外積：$|\boldsymbol{A}\times\boldsymbol{B}|=|\boldsymbol{A}||\boldsymbol{B}|\sin\theta$, $\boldsymbol{e}_{AB}$ はベクトル積方向の単位ベクトル

となり，ベクトル $\boldsymbol{A}$ と $\boldsymbol{B}$ の外積は交換せず，反交換の関係にある。分配則は成立し，つぎのような関係のあることは明らかである。

$$\boldsymbol{A} \times (\boldsymbol{B} + \boldsymbol{C}) = (\boldsymbol{A} \times \boldsymbol{B}) + (\boldsymbol{A} \times \boldsymbol{C}) \tag{1.21}$$

また，ベクトル積の定義からつぎの性質のあることがわかる。

① $\boldsymbol{A} \times \boldsymbol{A} = 0$

② ゼロでない二つのベクトルがあり，そのベクトル積が 0 ならば，この二つのベクトルは平行である。

1.3 単位ベクトル

電磁気学では空間のある場所に電荷が存在する場合の電界や電位を，また電流の周りの磁界などを求める必要がある。このような場合，上に述べたような方向を持った線の表現ではなく，空間を座標で表し，方向，位置や大きさを記述するほうが便利である。ベクトル $\boldsymbol{A}$ と $\boldsymbol{B}$ をつぎのように成分を用いて表す。式 (1.12) で示したように，任意のベクトルは，その方向の単位ベクトルにスカラ量を掛けたもので表される。そこで，**図 1.8**(a) のように，x，y，z の直交座標表示を用い，その単位ベクトルを $\boldsymbol{i}$，$\boldsymbol{j}$，$\boldsymbol{k}$ と置く。ベクトル $\boldsymbol{A}$ はこの単位ベクトルを用いてつぎのように表される。

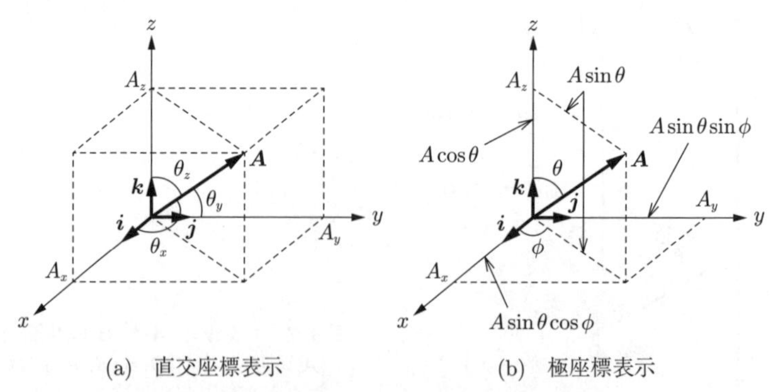

図 1.8　ベクトル $\boldsymbol{A}$ の (x, y, z) 座標表示

$$\boldsymbol{A} = \boldsymbol{i}A_x + \boldsymbol{j}A_y + \boldsymbol{k}A_z \tag{1.22}$$

ベクトル $\boldsymbol{A}$ と x，y，z 軸のなす角を θ_x，θ_y，θ_z とすると，図 (a) に示すように

$$A_x = |\boldsymbol{A}|\cos\theta_x,\ A_y = |\boldsymbol{A}|\cos\theta_y,\ A_z = |\boldsymbol{A}|\cos\theta_z \tag{1.23}$$

である。この A_x，A_y，A_z のことをベクトル $\boldsymbol{A}$ の x，y，z 方向成分と呼ぶ。

また，つぎの関係のあることがわかる。

$$|A| = \sqrt{A_x^2 + A_y^2 + A_z^2} \tag{1.24}$$

ところで，この表現ではベクトル $\boldsymbol{A}$ を表すのに $(|\boldsymbol{A}|, \theta_x, \theta_y, \theta_z)$ なる四つの変数を用いており，実際には (A_x, A_y, A_z) のように三つの成分で表されるべきである。つまり，三つの方向余弦は独立ではないことを考慮していない。ただし，直交座標表示で考える場合，成分 (A_x, A_y, A_z) を用いる方法は便利である。

これに対して，極座標表示は，図 (b) に示すように $(|A|, \theta, \phi)$ なる三つの変数で表されるのでしばしば用いられる。このとき

$$A_x = A\sin\theta\cos\phi,\ A_y = A\sin\theta\sin\phi,\ A_z = A\cos\theta \tag{1.25}$$

で与えられる。

ベクトル $\boldsymbol{B}$ を

$$\boldsymbol{B} = \boldsymbol{i}B_x + \boldsymbol{j}B_y + \boldsymbol{k}B_z \tag{1.26}$$

と表せば，式 (1.22) と式 (1.26) の和は

$$\boldsymbol{A} + \boldsymbol{B} = \boldsymbol{i}(A_x + B_x) + \boldsymbol{j}(A_y + B_y) + \boldsymbol{k}(A_z + B_z) \tag{1.27}$$

となり，ベクトル $\boldsymbol{A} + \boldsymbol{B}$ を各成分に分解して得られるものとまったく同じであることがわかる。

直交座標系の単位ベクトルの大きさが 1 であることに注意すれば内積に関してつぎの関係が成立することは明らかである。

$$
\left.\begin{aligned}
&\boldsymbol{i}\cdot\boldsymbol{i}=\boldsymbol{j}\cdot\boldsymbol{j}=\boldsymbol{k}\cdot\boldsymbol{k}=1 \quad (|\boldsymbol{i}|^2=|\boldsymbol{j}|^2=|\boldsymbol{k}|^2=1)\\
&\boldsymbol{i}\cdot\boldsymbol{j}=\boldsymbol{j}\cdot\boldsymbol{k}=\boldsymbol{k}\cdot\boldsymbol{i}=0\\
&\boldsymbol{j}\cdot\boldsymbol{i}=\boldsymbol{k}\cdot\boldsymbol{j}=\boldsymbol{i}\cdot\boldsymbol{k}=0
\end{aligned}\right\} \tag{1.28}
$$

また，ベクトル積についてはつぎの関係があることは容易に理解できる。

$$
\left.\begin{aligned}
&\boldsymbol{i}\times\boldsymbol{i}=\boldsymbol{j}\times\boldsymbol{j}=\boldsymbol{k}\times\boldsymbol{k}=0\\
&\boldsymbol{i}\times\boldsymbol{j}=\boldsymbol{k},\ \boldsymbol{j}\times\boldsymbol{k}=\boldsymbol{i},\ \boldsymbol{k}\times\boldsymbol{i}=\boldsymbol{j}\\
&\boldsymbol{j}\times\boldsymbol{i}=-\boldsymbol{k},\ \boldsymbol{k}\times\boldsymbol{j}=-\boldsymbol{i},\ \boldsymbol{i}\times\boldsymbol{k}=-\boldsymbol{j}
\end{aligned}\right\} \tag{1.29}
$$

これらの結果を用いると，ベクトル $\boldsymbol{A}$，$\boldsymbol{B}$ のスカラ積（内積）は

$$
\begin{aligned}
\boldsymbol{A}\cdot\boldsymbol{B}&=(\boldsymbol{i}A_x+\boldsymbol{j}A_y+\boldsymbol{k}A_z)\cdot(\boldsymbol{i}B_x+\boldsymbol{j}B_y+\boldsymbol{k}B_z)\\
&=(\boldsymbol{i}\cdot\boldsymbol{i})A_xB_x+(\boldsymbol{i}\cdot\boldsymbol{j})A_xB_y+(\boldsymbol{i}\cdot\boldsymbol{k})A_xB_z\\
&\quad+(\boldsymbol{j}\cdot\boldsymbol{i})A_yB_x+(\boldsymbol{j}\cdot\boldsymbol{j})A_yB_y+(\boldsymbol{j}\cdot\boldsymbol{k})A_yB_z\\
&\quad+(\boldsymbol{k}\cdot\boldsymbol{i})A_zB_x+(\boldsymbol{k}\cdot\boldsymbol{j})A_zB_y+(\boldsymbol{k}\cdot\boldsymbol{k})A_zB_z\\
&=A_xB_x+A_yB_y+A_zB_z
\end{aligned} \tag{1.30}
$$

となる。ベクトルの外積（ベクトル積）はつぎのように定義される。

$$
\begin{aligned}
\boldsymbol{A}\times\boldsymbol{B}&=(\boldsymbol{i}A_x+\boldsymbol{j}A_y+\boldsymbol{k}A_z)\times(\boldsymbol{i}B_x+\boldsymbol{j}B_y+\boldsymbol{k}B_z)\\
&=(\boldsymbol{i}\times\boldsymbol{i})A_xB_x+(\boldsymbol{i}\times\boldsymbol{j})A_xB_y+(\boldsymbol{i}\times\boldsymbol{k})A_xB_z\\
&\quad+(\boldsymbol{j}\times\boldsymbol{i})A_yB_x+(\boldsymbol{j}\times\boldsymbol{j})A_yB_y+(\boldsymbol{j}\times\boldsymbol{k})A_yB_z\\
&\quad+(\boldsymbol{k}\times\boldsymbol{i})A_zB_x+(\boldsymbol{k}\times\boldsymbol{j})A_zB_y+(\boldsymbol{k}\times\boldsymbol{k})A_zB_z\\
&=\boldsymbol{i}(A_yB_z-A_zB_y)+\boldsymbol{j}(A_zB_x-A_xB_z)+\boldsymbol{k}(A_xB_y-A_yB_x)\\
&\equiv\begin{vmatrix}\boldsymbol{i}&\boldsymbol{j}&\boldsymbol{k}\\A_x&A_y&A_z\\B_x&B_y&B_z\end{vmatrix}
\end{aligned} \tag{1.31}
$$

1.4 ベクトル演算子

物理量は，スカラ量とベクトル量に分けられる。スカラ量は温度や電位（電圧）などで，方向性を持たない。これに対してベクトル量は電界，速度，電流などのように方向によってその値が異なるもので，それを表すには方向成分を含めなければならない。

ところで，電磁気学に現れる演算記号はスカラ積を表すものとベクトル積を表すものである。これらの記号は定義されたものであって，その定義に従って演算すればよいので特別に難しいものではない。本節では，微分記号（ベクトル）のナブラ記号 ∇ で表される演算子の用法について詳しく述べる。その後，電界ベクトルや $\boldsymbol{E}$ や磁界ベクトル $\boldsymbol{H}$ とのスカラ積やベクトル積を計算する方法を述べる。本節ではその記号は定義されたもので，その約束に従えば演算子を用いた計算は難しいものでないことが理解される。まず，∇ と呼ばれる記号の定義を述べる。この記号はスカラ量に作用させると勾配（gradient）を与える。∇ とベクトル量とのスカラ積は**発散**（divergence）と呼ばれ，スカラ量を与える。∇ とベクトル量とのベクトル積では**回転**（rotation）と呼ばれるベクトル量を与える。

まず，ナブラ記号をつぎのように定義する。

$$\nabla = \left(\boldsymbol{i}\frac{\partial}{\partial x} + \boldsymbol{j}\frac{\partial}{\partial y} + \boldsymbol{k}\frac{\partial}{\partial z} \right) \tag{1.32}$$

再三述べるように定義しただけである。それを理解する必要はなくベクトル記号であると解釈することが肝要である。電磁気学を理解するにはこの演算記号を用いる方法を習得しなければならない。以下にその内容を示す。

① ナブラ演算子 ∇ をスカラ量 f に作用させると，f の勾配ベクトルを与える。

$$\nabla f = \left[\boldsymbol{i}\frac{\mathrm{d}f}{\mathrm{d}x} + \boldsymbol{j}\frac{\mathrm{d}f}{\mathrm{d}y} + \boldsymbol{k}\frac{\mathrm{d}f}{\mathrm{d}z} \right] = \left[\boldsymbol{i}\frac{\partial f}{\partial x} + \boldsymbol{j}\frac{\partial f}{\partial y} + \boldsymbol{k}\frac{\partial f}{\partial z} \right] \equiv \mathrm{grad}\, f \tag{1.33}$$

$f(x, y, z)$ の x，x，z 方向の勾配は，それぞれ $\mathrm{d}f/\mathrm{d}x$，$\mathrm{d}f/\mathrm{d}y$，$\mathrm{d}f/\mathrm{d}z$ あるいは $\partial f/\partial x$，$\partial f/\partial y$，$\partial f/\partial z$ で与えられる。

② ナブラ演算子 $\boldsymbol{\nabla}$ とベクトル量 $\boldsymbol{D}$ との間のスカラ積はつぎのようにスカラ量となる。

$$\boldsymbol{\nabla} \cdot \boldsymbol{D} = \mathrm{div}\boldsymbol{D} = \left(\frac{\partial D_x}{\partial x} + \frac{\partial D_y}{\partial y} + \frac{\partial D_z}{\partial z} \right) \tag{1.34}$$

この式をベクトル $\boldsymbol{D}$ の発散と呼ぶ。

③ ナブラ演算子 $\boldsymbol{\nabla}$ とベクトル量 $\boldsymbol{A}$ とのベクトル積はベクトル量となる。

$$\begin{aligned}\boldsymbol{\nabla} \times \boldsymbol{A} &= \mathrm{rot} \times \boldsymbol{A} \\ &= \boldsymbol{i}\left(\frac{\partial A_z}{\partial y} - \frac{\partial A_y}{\partial z} \right) + \boldsymbol{j}\left(\frac{\partial A_x}{\partial z} - \frac{\partial A_z}{\partial x} \right) + \boldsymbol{k}\left(\frac{\partial A_y}{\partial x} - \frac{\partial A_x}{\partial y} \right) \\ &\equiv \begin{vmatrix} \boldsymbol{i} & \boldsymbol{j} & \boldsymbol{k} \\ \dfrac{\partial}{\partial x} & \dfrac{\partial}{\partial y} & \dfrac{\partial}{\partial z} \\ A_x & A_y & A_z \end{vmatrix} \end{aligned} \tag{1.35}$$

と表され，この式をベクトル $\boldsymbol{A}$ の回転と呼ぶ。

ベクトルの公式としていくつかの重要なものを例題として示す。

例題 1.2　$\boldsymbol{\nabla} \cdot \boldsymbol{D}$ が式 (1.34) になることを示せ。

【解答】 式 (1.32) を用いると

$$\begin{aligned}\boldsymbol{\nabla} \cdot \boldsymbol{D} &= \left(\boldsymbol{i}\frac{\partial}{\partial x} + \boldsymbol{j}\frac{\partial}{\partial y} + \boldsymbol{k}\frac{\partial}{\partial z} \right) \cdot (\boldsymbol{i}D_x + \boldsymbol{j}D_y + \boldsymbol{k}D_z) \\ &= \boldsymbol{i}\frac{\partial}{\partial x} \cdot \boldsymbol{i}D_x + \boldsymbol{j}\frac{\partial}{\partial x} \cdot \boldsymbol{j}D_x + \boldsymbol{k}\frac{\partial}{\partial x} \cdot \boldsymbol{k}D_x \\ &= \frac{\partial D_x}{\partial x} + \frac{\partial D_y}{\partial y} + \frac{\partial D_z}{\partial z} \end{aligned} \tag{1.36}$$

となる。ここでは単位ベクトルの公式 (1.28) を用いた。 ◇

例題 1.3　$\boldsymbol{\nabla} \times \boldsymbol{A}$ が式 (1.35) で与えられることを示せ。

【解答】 ベクトル積を成分に分けて実行し，式 (1.29) を用いる。

$$\boldsymbol{\nabla} \times \boldsymbol{A} = \left(\boldsymbol{i}\frac{\partial}{\partial x} + \boldsymbol{j}\frac{\partial}{\partial y} + \boldsymbol{k}\frac{\partial}{\partial z} \right) \times (\boldsymbol{i}A_x + \boldsymbol{j}A_y + \boldsymbol{k}A_z)$$

$$
\begin{aligned}
&= \boldsymbol{i} \times \boldsymbol{i}\frac{\partial}{\partial x}A_x + \boldsymbol{i} \times \boldsymbol{j}\frac{\partial}{\partial x}A_y + \boldsymbol{i} \times \boldsymbol{k}\frac{\partial}{\partial x}A_z \\
&\quad + \boldsymbol{j} \times \boldsymbol{i}\frac{\partial}{\partial y}A_x + \boldsymbol{j} \times \boldsymbol{j}\frac{\partial}{\partial y}A_y + \boldsymbol{j} \times \boldsymbol{k}\frac{\partial}{\partial y}A_z \\
&\quad + \boldsymbol{k} \times \boldsymbol{i}\frac{\partial}{\partial z}A_x + \boldsymbol{k} \times \boldsymbol{j}\frac{\partial}{\partial z}A_y + \boldsymbol{k} \times \boldsymbol{k}\frac{\partial}{\partial z}A_z \\
&= 0 + \boldsymbol{k}\frac{\partial A_y}{\partial x} - \boldsymbol{j}\frac{\partial A_z}{\partial x} - \boldsymbol{k}\frac{\partial A_x}{\partial y} + 0 + \boldsymbol{i}\frac{\partial A_z}{\partial y} + \boldsymbol{j}\frac{\partial A_z}{\partial x} - \boldsymbol{i}\frac{\partial A_y}{\partial z} + 0 \\
&= \boldsymbol{i}\left(\frac{\partial A_z}{\partial y} - \frac{\partial A_y}{\partial z}\right) + \boldsymbol{j}\left(\frac{\partial A_x}{\partial z} - \frac{\partial A_z}{\partial x}\right) + \boldsymbol{k}\left(\frac{\partial A_y}{\partial x} - \frac{\partial A_x}{\partial y}\right)
\end{aligned}
$$

この結果を行列式で表したのが式 (1.35) である。 ◇

例題 1.4 div rot $\boldsymbol{A} = 0$ の関係を証明せよ。

【解答】 これはつぎのように証明される。

$$
\begin{aligned}
\mathrm{div}\,\mathrm{rot}\,\boldsymbol{A} &= \boldsymbol{\nabla} \cdot (\boldsymbol{\nabla} \times \boldsymbol{A}) = \boldsymbol{\nabla} \cdot \begin{vmatrix} \boldsymbol{i} & \boldsymbol{j} & \boldsymbol{k} \\ \dfrac{\partial}{\partial x} & \dfrac{\partial}{\partial y} & \dfrac{\partial}{\partial z} \\ A_x & A_y & A_z \end{vmatrix} \\
&= \left(\boldsymbol{i}\frac{\partial}{\partial x} + \boldsymbol{j}\frac{\partial}{\partial y} + \boldsymbol{k}\frac{\partial}{\partial z}\right) \cdot \\
&\qquad \cdot \left\{\boldsymbol{i}\left(\frac{\partial A_z}{\partial y} - \frac{\partial A_y}{\partial z}\right) + \boldsymbol{j}\left(\frac{\partial A_x}{\partial z} - \frac{\partial A_x}{\partial x}\right) + \boldsymbol{k}\left(\frac{\partial A_y}{\partial x} - \frac{\partial A_x}{\partial y}\right)\right\} \\
&= \frac{\partial}{\partial x}\left(\frac{\partial A_z}{\partial y} - \frac{\partial A_y}{\partial z}\right) + \frac{\partial}{\partial y}\left(\frac{\partial A_x}{\partial z} - \frac{\partial A_z}{\partial x}\right) + \frac{\partial}{\partial z}\left(\frac{\partial A_y}{\partial x} - \frac{\partial A_x}{\partial y}\right) \\
&= \left(\frac{\partial^2 A_z}{\partial x \partial y} - \frac{\partial^2 A_z}{\partial y \partial x}\right) + \left(\frac{\partial^2 A_y}{\partial x \partial z} - \frac{\partial^2 A_y}{\partial z \partial x}\right) + \left(\frac{\partial^2 A_z}{\partial y \partial z} - \frac{\partial^2 A_z}{\partial z \partial y}\right) \\
&= 0
\end{aligned}
\tag{1.37}
$$

◇

例題 1.5 つぎの関係の証明してみよう。

$$
\mathrm{rot}\,\mathrm{rot}\,\boldsymbol{A} = \boldsymbol{\nabla}\,\boldsymbol{\nabla} \cdot \boldsymbol{A} - \boldsymbol{\nabla}^2\boldsymbol{A} (= \mathrm{grad}\,\mathrm{div}\boldsymbol{A} - \boldsymbol{\nabla}^2\boldsymbol{A}) \tag{1.38}
$$

【解答】 複雑であるが上式の左辺と右辺を別々に計算するとつぎのとおりである。

$$
\mathrm{rot}\,\mathrm{rot}\,\boldsymbol{A} = \boldsymbol{\nabla} \times \boldsymbol{\nabla} \times \boldsymbol{A} = \boldsymbol{\nabla} \times \begin{vmatrix} \boldsymbol{i} & \boldsymbol{j} & \boldsymbol{k} \\ \dfrac{\partial}{\partial x} & \dfrac{\partial}{\partial y} & \dfrac{\partial}{\partial z} \\ A_x & A_y & A_z \end{vmatrix}
$$

$$
\begin{aligned}
&= \begin{vmatrix} \boldsymbol{i} & \boldsymbol{j} & \boldsymbol{k} \\ \dfrac{\partial}{\partial x} & \dfrac{\partial}{\partial y} & \dfrac{\partial}{\partial z} \\ \left(\dfrac{\partial A_z}{\partial y} - \dfrac{\partial A_y}{\partial z}\right) & \left(\dfrac{\partial A_x}{\partial z} - \dfrac{\partial A_z}{\partial x}\right) & \left(\dfrac{\partial A_y}{\partial x} - \dfrac{\partial A_x}{\partial y}\right) \end{vmatrix} \\
&= \boldsymbol{i}\left\{\frac{\partial}{\partial y}\left(\frac{\partial A_y}{\partial x} - \frac{\partial A_x}{\partial y}\right)\right\} - \left\{\frac{\partial}{\partial z}\left(\frac{\partial A_x}{\partial z} - \frac{\partial A_z}{\partial x}\right)\right\} \\
&\quad + \boldsymbol{j}\left\{\frac{\partial}{\partial z}\left(\frac{\partial A_z}{\partial y} - \frac{\partial A_y}{\partial z}\right)\right\} - \left\{\frac{\partial}{\partial x}\left(\frac{\partial A_y}{\partial x} - \frac{\partial A_x}{\partial y}\right)\right\} \\
&\quad + \boldsymbol{k}\left\{\frac{\partial}{\partial x}\left(\frac{\partial A_x}{\partial z} - \frac{\partial A_z}{\partial x}\right)\right\} - \left\{\frac{\partial}{\partial y}\left(\frac{\partial A_z}{\partial y} - \frac{\partial A_y}{\partial z}\right)\right\} \\
&= \boldsymbol{i}\left\{\frac{\partial^2 A_y}{\partial y \partial x} + \frac{\partial^2 A_z}{\partial z \partial x} - \frac{\partial^2 A_x}{\partial y^2} - \frac{\partial^2 A_x}{\partial z^2}\right\} \\
&\quad + \boldsymbol{j}\left\{\frac{\partial^2 A_z}{\partial z \partial y} + \frac{\partial^2 A_x}{\partial x \partial y} - \frac{\partial^2 A_y}{\partial z^2} - \frac{\partial^2 A_y}{\partial x^2}\right\} \\
&\quad + \boldsymbol{k}\left\{\frac{\partial^2 A_x}{\partial x \partial z} + \frac{\partial^2 A_y}{\partial y \partial z} - \frac{\partial^2 A_z}{\partial x^2} - \frac{\partial^2 A_z}{\partial y^2}\right\} \\
&= \boldsymbol{i}\left\{\left(\frac{\partial^2 A_x}{\partial x^2} + \frac{\partial^2 A_y}{\partial y \partial x} + \frac{\partial A_z}{\partial z \partial x}\right) - \left(\frac{\partial^2 A_x}{\partial x^2} + \frac{\partial^2 A_x}{\partial y^2} + \frac{\partial^2 A_x}{\partial z^2}\right)\right\} \\
&\quad + \boldsymbol{j}\left\{\left(\frac{\partial^2 A_x}{\partial x \partial y} + \frac{\partial^2 A_y}{\partial y^2} + \frac{\partial A_z}{\partial z \partial y}\right) - \left(\frac{\partial^2 A_y}{\partial x^2} + \frac{\partial^2 A_y}{\partial y^2} + \frac{\partial^2 A_y}{\partial z^2}\right)\right\} \\
&\quad + \boldsymbol{k}\left\{\left(\frac{\partial^2 A_x}{\partial x \partial z} + \frac{\partial^2 A_y}{\partial y \partial z} + \frac{\partial A_z}{\partial z^2}\right) - \left(\frac{\partial^2 A_z}{\partial x^2} + \frac{\partial^2 A_z}{\partial y^2} + \frac{\partial^2 A_z}{\partial z^2}\right)\right\} \\
&= \boldsymbol{i}\left\{\frac{\partial}{\partial x}\left(\frac{\partial A_x}{\partial x} + \frac{\partial A_y}{\partial y} + \frac{\partial A_z}{\partial z}\right) - \left(\frac{\partial^2 A_x}{\partial x^2} + \frac{\partial^2 A_x}{\partial y^2} + \frac{\partial^2 A_x}{\partial z^2}\right)\right\} \\
&\quad + \boldsymbol{j}\left\{\frac{\partial}{\partial y}\left(\frac{\partial A_x}{\partial x} + \frac{\partial A_y}{\partial y} + \frac{\partial A_z}{\partial z}\right) - \left(\frac{\partial^2 A_y}{\partial x^2} + \frac{\partial^2 A_y}{\partial y^2} + \frac{\partial^2 A_y}{\partial z^2}\right)\right\} \\
&\quad + \boldsymbol{k}\left\{\frac{\partial}{\partial z}\left(\frac{\partial A_x}{\partial x} + \frac{\partial A_y}{\partial y} + \frac{\partial A_z}{\partial z}\right) - \left(\frac{\partial^2 A_z}{\partial x^2} + \frac{\partial^2 A_z}{\partial y^2} + \frac{\partial^2 A_z}{\partial z^2}\right)\right\}
\end{aligned}
\tag{1.39}
$$

一方

$$
\begin{aligned}
\mathrm{grad}\,\mathrm{div}\,\boldsymbol{A} - \boldsymbol{\nabla}^2\boldsymbol{A} &= \boldsymbol{\nabla}\,\boldsymbol{\nabla}\cdot\boldsymbol{A} - \boldsymbol{\nabla}^2\boldsymbol{A} \\
&= \left(\boldsymbol{i}\frac{\partial}{\partial x} + \boldsymbol{j}\frac{\partial}{\partial y} + \boldsymbol{k}\frac{\partial}{\partial z}\right)\left(\frac{\partial A_x}{\partial x} + \frac{\partial A_y}{\partial y} + \frac{\partial A_z}{\partial z}\right)
\end{aligned}
$$

$$
\begin{aligned}
&-\left(\frac{\partial^2}{\partial x^2}+\frac{\partial^2}{\partial y^2}+\frac{\partial^2}{\partial z^2}\right)(\boldsymbol{i}A_x+\boldsymbol{j}A_y+\boldsymbol{k}A_z)\\
&=\boldsymbol{i}\left\{\frac{\partial}{\partial x}\left(\frac{\partial A_x}{\partial x}+\frac{\partial A_y}{\partial y}+\frac{\partial A_z}{\partial z}\right)-\left(\frac{\partial^2 A_x}{\partial x^2}+\frac{\partial^2 A_x}{\partial y^2}+\frac{\partial^2 A_x}{\partial z^2}\right)\right\}\\
&+\boldsymbol{j}\left\{\frac{\partial}{\partial y}\left(\frac{\partial A_x}{\partial x}+\frac{\partial A_y}{\partial y}+\frac{\partial A_z}{\partial z}\right)-\left(\frac{\partial^2 A_y}{\partial x^2}+\frac{\partial^2 A_y}{\partial y^2}+\frac{\partial^2 A_y}{\partial z^2}\right)\right\}\\
&+\boldsymbol{k}\left\{\frac{\partial}{\partial z}\left(\frac{\partial A_x}{\partial x}+\frac{\partial A_y}{\partial y}+\frac{\partial A_z}{\partial z}\right)-\left(\frac{\partial^2 A_z}{\partial x^2}+\frac{\partial^2 A_z}{\partial y^2}+\frac{\partial^2 A_z}{\partial z^2}\right)\right\}
\end{aligned}
\tag{1.40}
$$

となるから，上の 2 式を比較してつぎの関係が証明される。

$$
\mathrm{rot}\,\mathrm{rot}\,\boldsymbol{A}=\mathrm{grad}\,\mathrm{div}\,\boldsymbol{A}-\boldsymbol{\nabla}^2\boldsymbol{A} \tag{1.41}
$$

この関係は，つぎのように表すこともできる。

$$
\boldsymbol{\nabla}\times\boldsymbol{\nabla}\times\boldsymbol{A}=\boldsymbol{\nabla}(\boldsymbol{\nabla}\cdot\boldsymbol{A})-\boldsymbol{\nabla}^2\boldsymbol{A} \tag{1.42}
$$

◇

章　末　問　題

(1.1)　ベクトル積の公式 $\boldsymbol{A}\times\boldsymbol{B}=-\boldsymbol{B}\times\boldsymbol{A}$ を各成分の比較で証明せよ。

(1.2)　質量 M の物体が中心 O の周りを半径 r，速度 v で等速度回転運動をしているときの向心力 F が

$$
F_{\mathrm{c}}=\frac{Mv^2}{r}
$$

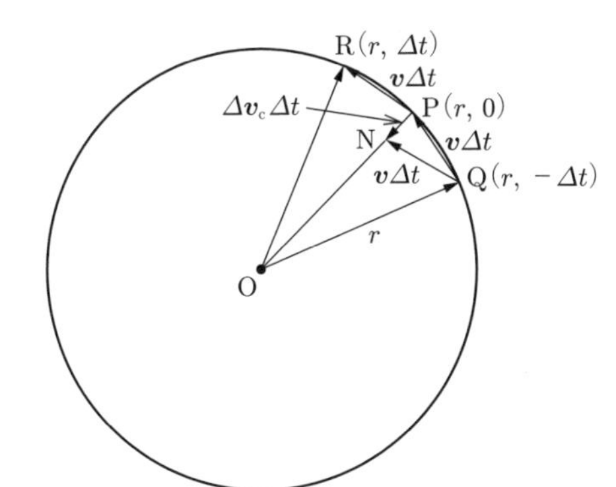

図 1.9　質点 M の円運動を示したもので，時間軸を大きくとり拡大して円運動を示している。

で与えられることを，**図 1.9** のようなベクトルの作図から導け。

(1.3)　前問の結果を用いて，水素原子の基底軌道の半径を $r = 0.529 \times 10^{-10}$〔m〕の電子の古典論での回転速度を計算し，光速 c と比較せよ。

(1.4)　ベクトル計算では右手系を習得するのが最も良い方法である。**図 1.10** を参考にして，ベクトル $\boldsymbol{A}$ と $\boldsymbol{B}$ のベクトル積を求めよ。

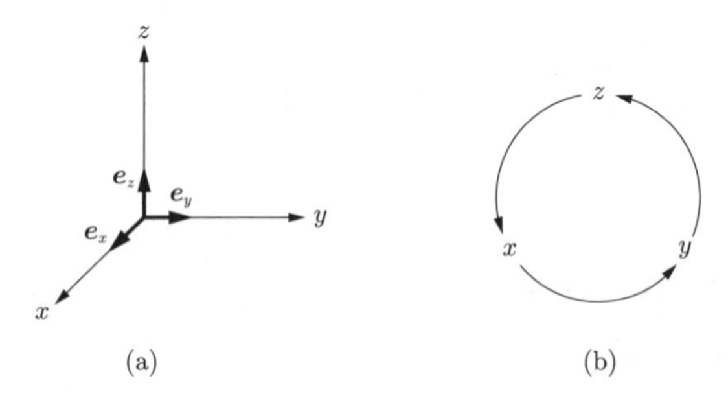

図 1.10　(a) のような直交座標系 (x, y, z) において，それぞれの単位ベクトルを $(\boldsymbol{e}_x, \boldsymbol{e}_y, \boldsymbol{e}_z)$ とすると，図 (b) に示すように $x \to y \to z$ の順で成分が表されるときはプラス (+) 符号を，$x \to z \to y$ などのように右手系の順序で現れないものにはマイナス (−) 符号をつける。

(1.5)　**図 1.11** に示すような (y, z) 面にあるベクトル $\boldsymbol{A}$ と $\boldsymbol{B}$ においてそれぞれのベクトルの頂点の座標を $\boldsymbol{A}(0, 5, 3)$，$\boldsymbol{B}(0, 2, 4)$ とする。つぎの計算をせよ。

(1)　ベクトル $\boldsymbol{A}$ と $\boldsymbol{B}$ の和 $\boldsymbol{C} = \boldsymbol{A} + \boldsymbol{B}$ を求めよ。

(2)　ベクトル $\boldsymbol{A}$ と $\boldsymbol{B}$ のスカラ積 $\boldsymbol{A} \cdot \boldsymbol{B}$ を求めよ。

(3)　ベクトル $\boldsymbol{A}$ と $\boldsymbol{B}$ のベクトル積 $\boldsymbol{S} = \boldsymbol{A} \times \boldsymbol{B}$ を求めよ。

(4)　ベクトル $\boldsymbol{A}$ と $\boldsymbol{B}$ の作る面積と，それぞれのベクトルの長さ $|\boldsymbol{A}|$，$|\boldsymbol{B}|$ を求めよ。またベクトル $\boldsymbol{A}$ と $\boldsymbol{B}$ の間の角 θ を求めよ。

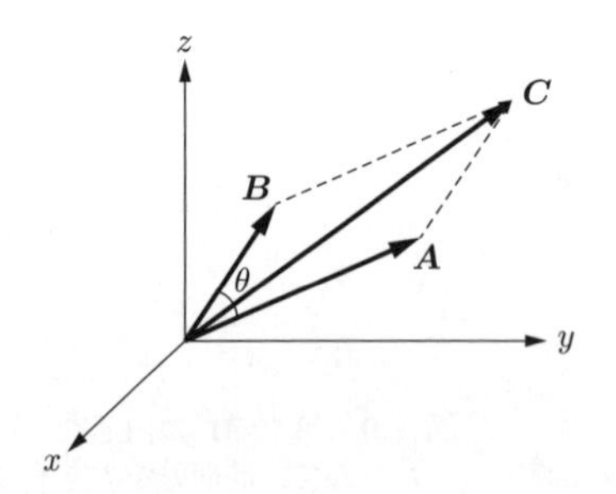

図 1.11　ベクトル $\boldsymbol{A}$ とベクトル $\boldsymbol{B}$ の和を $\boldsymbol{C}$ と定義する。この図から三角形の公式が導かれる。

(1.6) 図 1.11 において，ベクトル $\boldsymbol{A}$ と $\boldsymbol{B}$ の作る平行四辺形の長いほうの対角線ベクトルを $\boldsymbol{C}$ とするとき $\boldsymbol{C}=\boldsymbol{A}+\boldsymbol{B}$ とする。このベクトル $\boldsymbol{C}$ の長さを求めよ。この図から三角形の公式である余弦の法則を導け。

(1.7) ばね定数 k のばねの変位が x のときの復元力を $F=-kx$ とする。このばねの仕事を求め仕事量とポテンシャル・エネルギーの関係を調べよ。

(1) このばねがフリー（平衡位置）にあるとき，変位を $x_{\mathrm{ref}}=0$ とする。このばねを変位 x_{f} まで伸ばすためにした仕事量 W を求めよ。

(2) この仕事量 W はばねが変位 x の状態で有するポテンシャル・エネルギーと定義される。このばねのポテンシャル・エネルギーを $U=W$ とするとき，U の負の勾配 $-\mathrm{d}U/\mathrm{d}x$ がばねに働いている力 F である。ばねが平衡位置までもどるのに放出したエネルギーを求めよ。

(3) ばねのポテンシャル・エネルギーから，このばねがなす仕事量を求め，再度 $W=U$ であることを示せ。（この関係は 2 章で用いられる）

(1.8) **図 1.12**(a) に示すような系で，一方の端が固定された可動アームを考えるとき，外力 $\boldsymbol{F}$ がアームに働くときのトルクを $\boldsymbol{T}=\boldsymbol{r}\times\boldsymbol{F}$ と定義する。アームの質量が無視でき，外力 $\boldsymbol{F}$ が働く点に質点 m がある系を考える。

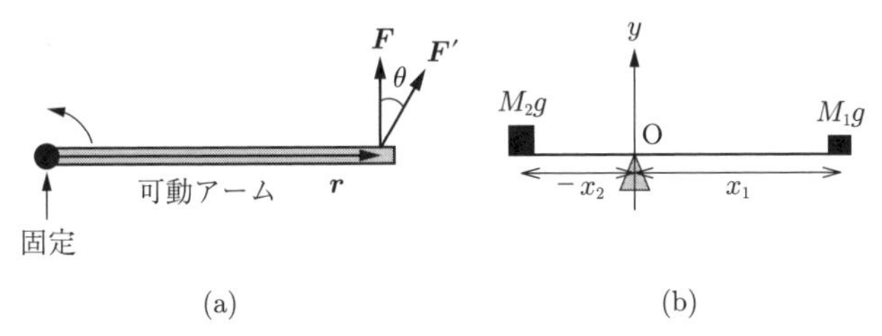

図 1.12　一方が固定され，この点を中心に可動なアームを考えたときのトルクの定義。問題では質量が無視できるアームの一点に質量 m があり，これに外力を加える場合を考える。

(1) このときの角運動量 $\boldsymbol{l}=\boldsymbol{v}\times\boldsymbol{p}$ とトルク $\boldsymbol{T}=\boldsymbol{r}\times\boldsymbol{F}$ の関係を用い，$\boldsymbol{T}=\mathrm{d}\boldsymbol{l}/\mathrm{d}t$ の関係を導け。$\boldsymbol{p}=m\boldsymbol{v}$ である。

(2) トルク $\boldsymbol{T}$ は大きさ $|\boldsymbol{r}\times\boldsymbol{F}|=rF\sin\theta$ で，そのベクトルは $\boldsymbol{r}$ と $\boldsymbol{F}$ に直交する方向である。このトルクのベクトルの向きは何を意味するか。

(3) 図 (b) のように支点から x_1，x_2 のところに M_1，M_2 のおもりをのせ，平衡させるときの関係を求めよ。

2 電　　　界

本章では，荷電粒子間に働く力のクーロンの法則から出発して，**電界**（**電場**ともいう）や電束密度など定義を述べる。ガウスの定理と発散の定理を導き，電磁気学の電界に関する方程式を説明する。その結果はマクスウェルの方程式に採り入れられ，電磁波の解析に用いられる。

2.1 電界，電気力線，電束密度，電気変位，電位

真空中で電荷 q_1 と q_2 の間に働く力（クーロン力）の方向は電荷を結ぶ直線方向であり，二つの電荷が同符号の場合は斥力，異符号の場合は引力となる。また，誘電率 $\epsilon = \kappa\epsilon_0$ の媒質中ではクーロン力は

$$F = \frac{q_1 \cdot q_2}{4\pi\epsilon r^2} \tag{2.1}$$

で与えられる。これを**クーロンの法則**と呼ぶ。

以下の計算では断らない限り，簡単のため真空の誘電率 ϵ_0 を用いる。電荷 q_1 の作る電界を E と定義し，距離 r だけ離れた点にある電荷 q_2 に働く力を

$$F = q_2 E \tag{2.2}$$

と定義する。したがって

$$E = \frac{q_1}{4\pi\epsilon_0 r^2} \tag{2.3}$$

である。このときの電界は，電荷 q_1 から出ている電気力線を用いて定義される。つまり，線源を q の存在する点とし，これから全体で q 本の電気力線が出

ているものとする。**図 2.1** に示すように，電荷の中心から半径 r の球面を考えると，その面積は $4\pi r^2$ であるから，電気力線の密度を D とすると，電気力線の総本数はつぎのようになる。

$$\int_S D\mathrm{d}S = 4\pi r^2 D = q \tag{2.4}$$

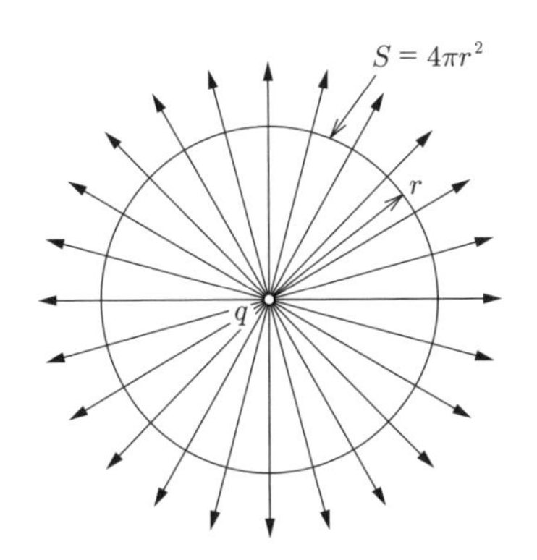

図 2.1　点電荷 q の存在する点から距離 r 離れた閉曲面 S から出ていく電気力線の総数は q に等しいと定義する。

このように定義した D を**電束密度**（**電気変位**）と呼ぶ。以上の定義から電界 E と電束密度 D との間にはつぎの関係があることがわかる。

$$D = \epsilon_0 E \tag{2.5}$$

いま，点電荷 q が電荷の中心から r の点に作る電界を

$$E = \frac{q}{4\pi\epsilon_0 r^2} \tag{2.6}$$

とすると，点 r にある電荷 q' に働く力は

$$F = q'E = \frac{qq'}{4\pi\epsilon_0 r^2} \tag{2.7}$$

となる。電界の働かない $r = \infty$ から点 r まで電荷 q' を移動させるときになす仕事 W は，移動の方向が $-\mathrm{d}r$ であるから

$$W = \int_\infty^r F(-\mathrm{d}r) = \int_\infty^r -\frac{qq'}{4\pi\epsilon_0 r^2}\mathrm{d}r = \left[\frac{qq'}{4\pi\epsilon_0 r}\right]_\infty^r = \frac{qq'}{4\pi\epsilon_0 r} \tag{2.8}$$

となる。あるいは単位電荷 $(q' = 1)$ になした仕事 W/q' を電荷 q の作る**電位**あ

るいは**ポテンシャル** $V(r)\,(=W/q')$ と呼ぶことにすると，電界 E と電位 V の間にはつぎの関係が成立する。

$$E=-\frac{\partial V}{\partial r} \tag{2.9}$$

このポテンシャル $V(r)$ を後述の磁界に関するベクトル・ポテンシャルと区別するため，**スカラ・ポテンシャル**（scalar potential）と呼ぶことがある。

一般に，電界 $\boldsymbol{E}(x,y,z)$ のもとで点 (x,y,z) から $(x-\mathrm{d}x,y-\mathrm{d}y,z-\mathrm{d}z)$ の間の微小距離だけ単位電荷を動かしたときになす仕事，つまりポテンシャル・エネルギー $\mathrm{d}V(x,y,z)=\mathrm{d}W(x,y,z)/q'$ は

$$\mathrm{d}V(x,y,z)=(\boldsymbol{i}E_x+\boldsymbol{j}E_y+\boldsymbol{k}E_z)\cdot(-\boldsymbol{i}\mathrm{d}x-\boldsymbol{j}\mathrm{d}y-\boldsymbol{k}\mathrm{d}z)=-\boldsymbol{E}\cdot\mathrm{d}\boldsymbol{r} \tag{2.10}$$

となる。ここに $-\mathrm{d}\boldsymbol{r}=-(\mathrm{d}x,\mathrm{d}y,\mathrm{d}z)$ は微小変位ベクトルである。この関係はポテンシャルの基準を電界がゼロとなる無限遠 ∞ にとっている。これより

$$\boldsymbol{E}(x,y,z)=-\left[\boldsymbol{i}\frac{\mathrm{d}V}{\mathrm{d}x}+\boldsymbol{j}\frac{\mathrm{d}V}{\mathrm{d}y}+\boldsymbol{k}\frac{\mathrm{d}V}{\mathrm{d}k}\right]\;=-\boldsymbol{\nabla}V=-\operatorname{grad}V \tag{2.11}$$

の関係が成立する。つまり，**電位の負の勾配は電界**を与える。

2.2　ガウスの定理

原点に点電荷 Q が存在するとき，距離 r だけ離れた点における電界の強さは前節で述べたように

$$E=\frac{Q}{4\pi\epsilon_0 r^2} \tag{2.12}$$

で与えられるが，原点からベクトル $\boldsymbol{r}$ の点における電界ベクトルは

$$\boldsymbol{E}=\frac{Q}{4\pi\epsilon_0}\frac{\boldsymbol{r}}{r^3} \tag{2.13}$$

となる。この電荷 Q を含む任意の半径 r の閉局面 S を考え，その閉局面の微小面積素ベクトル $\mathrm{d}\boldsymbol{S}$ を考える。面積素ベクトル $\mathrm{d}\boldsymbol{S}$ に対してその法線方向の

単位ベクトルを $\boldsymbol{n}$ とする。

式 (2.13) の両辺に関して，閉曲面 S について面積分を行うと

$$\oint_S \boldsymbol{E} \cdot \mathrm{d}\boldsymbol{S} = \frac{Q}{4\pi\epsilon_0} \oint_S \frac{\boldsymbol{r}}{r^3} \cdot \mathrm{d}\boldsymbol{S} \tag{2.14}$$

と表される。ところが，閉曲面が球面であるから，式 (2.14) の右辺の面積分は原点に対して半径 r で一様な積分 $(4\pi r^2)$ となるので

$$\oint_S \frac{\boldsymbol{r}}{r^3} \cdot \mathrm{d}\boldsymbol{S} = \frac{r}{r^3} \cdot 4\pi r^2 = 4\pi r^2 = 4\pi \tag{2.15}$$

が得られる。つまり電荷 Q を含む大きな球面を考えると，式 (2.14) はつぎのようになる。ここで，$\mathrm{d}\boldsymbol{S}$ の法線方向は $\boldsymbol{n}$ である。

$$\oint_S \boldsymbol{E} \cdot \mathrm{d}\boldsymbol{S} = \frac{Q}{\epsilon_0} \tag{2.16}$$

これを**ガウスの定理**（Gauss's law）と呼ぶ。ガウス（Johann Carl Friderich Gauss, 1777 年 4 月 30 日–1855 年 2 月 23 日，ドイツ）はこの法則を 1813 年に発見した。この定理はマクスウェルが導いた電磁波の方程式の一つである発散の定理として知られているが，ガウスの発見以前の 1762 年にラグランジュによって見いだされていた。

以上は空間に 1 個の点電荷が存在する場合の電界と電束密度を定義した。この定義は容易に多数の点電荷が存在する場合に拡張できる。いま，**図 2.2** に示すように，閉曲面 S の中に $q_1, q_2, \cdots, q_n$ が存在するものとする。閉曲面 S を通して出てくる電気力線の数が内部に存在する電荷の総数に等しいからつぎ

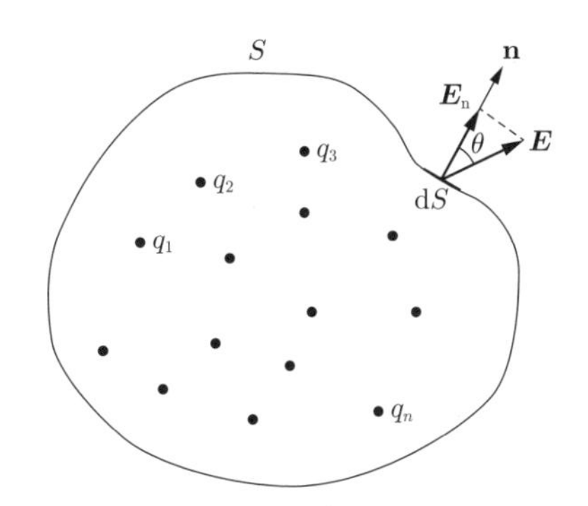

図 2.2 点電荷 $q_1, q_2, \cdots, q_n$ を含む閉曲面 S における電束密度，電界を求めるたの図（ガウスの定理）

の関係が得られる。つまり，閉曲面 S の微小部分 $\mathrm{d}\boldsymbol{S}$ の法線方向の成分を $\mathrm{d}S_\mathrm{n}$ とし，電束密度 $\boldsymbol{D}$ と電界 $\boldsymbol{E}$ の法線方向成分を D_n および E_n とすると

$$\boldsymbol{D}\cdot\mathrm{d}\boldsymbol{S} = D_\mathrm{n}\mathrm{d}S_\mathrm{n}, \quad \boldsymbol{E}\cdot\mathrm{d}\boldsymbol{S} = E_\mathrm{n}\mathrm{d}S_\mathrm{n} \tag{2.17}$$

の関係が成立するから

$$\int_S D_\mathrm{n}\mathrm{d}S_\mathrm{n} = \sum_{j=1}^{n} q_j \tag{2.18}$$

あるいは電界で表すと

$$\int_S E_\mathrm{n}\mathrm{d}S_\mathrm{n} = \frac{1}{\epsilon_0}\sum_{j=1}^{n} q_j \tag{2.19}$$

の関係が得られる。この二つの関係を**ガウスの定理**と呼ぶことがある。

ガウスの定理は，つぎのように表すこともできる。閉曲面の体積を v とし，電荷が体積密度 ρ で分布しているものとし，閉曲面内に含まれる電荷を q とすると

$$\int_S D_\mathrm{n}\cdot\mathrm{d}S_\mathrm{n} = q = \int_v \rho\mathrm{d}v \tag{2.20}$$

の関係が成立する。いま，空間を面積 $\mathrm{d}S$ とこの法線方向の距離 $\mathrm{d}z$ で表し

$$\mathrm{d}x\mathrm{d}y\mathrm{d}z = \mathrm{d}S\mathrm{d}z \tag{2.21}$$

とする。電荷密度を z 方向に積分し，電荷の $\mathrm{d}x\mathrm{d}y = \mathrm{d}S_\mathrm{n}$ 面における面密度を σ とすると

$$\int_v \rho\mathrm{d}x\mathrm{d}y\mathrm{d}z = \int_S \sigma\mathrm{d}S_\mathrm{n} \tag{2.22}$$

と表すことができる。したがって，式 (2.20) は

$$\int_S D_\mathrm{n}\cdot\mathrm{d}S_\mathrm{n} = \int_v \rho\mathrm{d}v = \int_S \sigma\mathrm{d}S_\mathrm{n} \tag{2.23}$$

と変形できる。これより

$$D_\mathrm{n} = \sigma \tag{2.24}$$

あるいは，誘電率 $\epsilon = \kappa\epsilon_0$ の媒質中での電界 E_{n} は

$$E_{\mathrm{n}} = \frac{1}{\epsilon}\sigma \tag{2.25}$$

で与えられる†。これらの関係も**ガウスの定理**と呼ばれることがある。

2.3 発 散 の 定 理

図 2.3 に示すような 3 辺が $\mathrm{d}x, \mathrm{d}y, \mathrm{d}z$ で与えられる体積 $\mathrm{d}v = \mathrm{d}x\mathrm{d}y\mathrm{d}z$ の面 A から入り，$\mathrm{d}x$ だけ離れた B 面から出ていく電束密度（電気変位）を考える。$x + \mathrm{d}x$ 離れた面 B での電束密度は

$$D_x(x + \mathrm{d}x) = D_x(x) + \frac{\partial D_x}{\partial x}\mathrm{d}x \tag{2.26}$$

で与えられる。したがって，この立方体から x 方向に流出する電気力線は

$$\left(D_x + \frac{\partial D_x}{\partial x}\mathrm{d}x\right)\mathrm{d}y\mathrm{d}z - D_x\mathrm{d}y\mathrm{d}z = \frac{\partial D_x}{\partial x}\mathrm{d}x\mathrm{d}y\mathrm{d}z \tag{2.27}$$

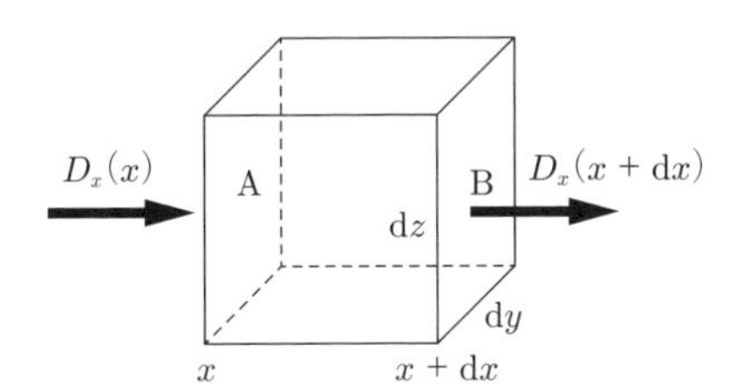

図 2.3 微小体積 $\mathrm{d}x\mathrm{d}y\mathrm{d}z$ からの電気力線の発散

同様に，y 軸方向にこの立方体から流出する正味の電気力線は

$$\frac{\partial D_y}{\partial y}\mathrm{d}x\mathrm{d}y\mathrm{d}z \tag{2.28}$$

また，z 軸方向にこの立方体から流出する正味の電気力線

---

† 媒質中の誘電率は分極のため真空中の誘電率 ϵ_0 と異なり，$\epsilon = \kappa\epsilon_0$（一般には $\kappa \geqq 1$ となる）で与えられ，電束密度 $\boldsymbol{D}$，電界 $\boldsymbol{E}$ に対して，$\boldsymbol{D} = \epsilon\boldsymbol{E} = \kappa\epsilon_0\boldsymbol{E}$ となる。同様にして磁束密度 $\boldsymbol{B}$ と磁界 $\boldsymbol{H}$ の間にも，真空の場合の $\boldsymbol{B} = \mu_0\boldsymbol{H}$ に対して媒質中では磁気分極の効果で $\boldsymbol{B} = \mu_{\mathrm{r}}\mu_0\boldsymbol{H}$ と表されるが，その詳細は浜口，森著：電子物性；電子デバイスの基礎（朝倉書店）を参照されたい。

$$\frac{\partial D_z}{\partial z}\mathrm{d}x\mathrm{d}y\mathrm{d}z \tag{2.29}$$

となるから，以上 3 方向全体について立方体から流出する正味の電気力線は，これらの和としてつぎのようになる。

$$\left(\frac{\partial D_x}{\partial x}+\frac{\partial D_y}{\partial y}+\frac{\partial D_z}{\partial z}\right)\mathrm{d}x\mathrm{d}y\mathrm{d}z \tag{2.30}$$

電荷の体積密度を ρ とすると，この立方体の中に存在する電荷は $\rho\mathrm{d}x\mathrm{d}y\mathrm{d}z$ で与えられるからつぎの関係式が得られる。

$$\left(\frac{\partial D_x}{\partial x}+\frac{\partial D_y}{\partial y}+\frac{\partial D_z}{\partial z}\right)\mathrm{d}x\mathrm{d}y\mathrm{d}z=\rho\mathrm{d}x\mathrm{d}y\mathrm{d}z \tag{2.31}$$

これはつぎのようにも表される。

$$\left(\frac{\partial D_x}{\partial x}+\frac{\partial D_y}{\partial y}+\frac{\partial D_z}{\partial z}\right)=\rho \tag{2.32}$$

ベクトル演算記号を用いるとつぎのように表される。

$$\mathrm{div}\boldsymbol{D}=\boldsymbol{\nabla}\cdot\boldsymbol{D}=\rho \tag{2.33}$$

これらの 2 式は，閉局面からの $\boldsymbol{D}$ の発散量はその内部にある電荷の量に等しいことを示しており，この関係式を**発散の定理**と呼ぶ。この式を電界で表せばつぎのようになる。

$$\left(\frac{\partial E_x}{\partial x}+\frac{\partial E_y}{\partial y}+\frac{\partial E_z}{\partial z}\right)=\frac{\rho}{\epsilon},\quad \boldsymbol{\nabla}\cdot\boldsymbol{E}=\frac{\rho}{\epsilon} \tag{2.34}$$

この式を**ポアソンの式**と呼ぶが，ポアソンの式は電位 V の負の勾配が電界を与えることから

$$E_x=-\frac{\partial V}{\partial x},\quad E_y=-\frac{\partial V}{\partial y},\quad E_z=-\frac{\partial V}{\partial z} \tag{2.35}$$

の関係を用いて

$$\left(\frac{\partial^2 V}{\partial x^2}+\frac{\partial^2 V}{\partial y^2}+\frac{\partial^2 V}{\partial z^2}\right)=-\frac{\rho}{\epsilon} \tag{2.36}$$

と表したものがよく使われる。

スカラ量として電磁気学で用いる電位 V に ∇ を作用させると，勾配ベクトルが得られる。スカラ量 V の勾配は

$$\nabla V = \mathrm{grad}\, V = \boldsymbol{i}\frac{\partial V}{\partial x} + \boldsymbol{j}\frac{\partial V}{\partial y} + \boldsymbol{k}\frac{\partial V}{\partial z} \tag{2.37}$$

で定義される。スカラ量である電位 V の勾配は $\mathrm{grad}\, V = \nabla V$ でベクトル量となるが，この発散 $\mathrm{div} = \nabla\cdot$ をとると再びスカラ量となる。つまり

$$\begin{aligned}\nabla\cdot\nabla V = \mathrm{div}\,\mathrm{grad}\, V &= \left(\boldsymbol{i}\frac{\partial}{\partial x} + \boldsymbol{j}\frac{\partial}{\partial y} + \boldsymbol{k}\frac{\partial}{\partial z}\right)\cdot\left(\boldsymbol{i}\frac{\partial}{\partial x} + \boldsymbol{j}\frac{\partial}{\partial y} + \boldsymbol{k}\frac{\partial}{\partial z}\right)V \\ &= \frac{\partial^2 V}{\partial x^2} + \frac{\partial^2 V}{\partial y^2} + \frac{\partial^2 V}{\partial z^2} \equiv \nabla^2 V \end{aligned} \tag{2.38}$$

となり，この ∇^2 記号のことを**ラプラシアン**（Laplacian）と呼ぶ。直交座標表示でスカラ関数 $\phi(x, y, z)$ にラプラシアンを作用させた式

$$\nabla^2\phi(x, y, z) = \frac{\partial^2}{\partial x^2}\phi(x, y, z) + \frac{\partial^2}{\partial y^2}\phi(x, y, z) + \frac{\partial^2}{\partial z^2}\phi(x, y, z) = 0 \tag{2.39}$$

を**ラプラスの式**と呼ぶ。また式 (2.38) と式 (2.39) の右辺を電荷密度 ρ/ϵ と等値であるとすると，先に述べたポアソンの式は

$$\nabla^2 V = -\frac{\rho}{\epsilon} \tag{2.40}$$

と表すことができる。

クーロン

クーロン（Charles-Augustin de Coulomb, 1736 年 6 月 14 日–1806 年 8 月 23 日，フランス）はパリの名門校 Collège des Quatre-Nations を卒業後，モンペリエにて父と共に市のアカデミーで仕事をしながら数学の教育を受けた。1764 年に陸軍士官学校を卒業後，摩擦の研究を行い，ねじれ天秤測定器を考案，二つの電荷に働く力は電荷の積に比例し，距離の 2 乗に反比例することを発見した。これが**クーロンの法則**である。1785 年には電磁気に関する論文を発表している。

ところで，式 (2.32) または式 (2.33) で与えられる

$$\mathrm{div}\,\boldsymbol{D} = \rho \tag{2.41}$$

なる関係は電磁気学で最も重要な公式であり，後述するマクスウェルの電磁方程式の第 1 番目の式である。

微小体積 $\mathrm{d}v$ を

$$\mathrm{d}v = \mathrm{d}x\mathrm{d}y\mathrm{d}z \tag{2.42}$$

と置くと，式 (2.32)，式 (2.33) はつぎのように表される。

$$\int_v \mathrm{div}\ \boldsymbol{D}\,\mathrm{d}v = \int_v \rho\,\mathrm{d}v \tag{2.43}$$

一方，この微小体積を含む閉曲面 S についてガウスの定理を用いると

$$\int_S \boldsymbol{D}\cdot\mathrm{d}\boldsymbol{S} = \int_S \boldsymbol{D}\cdot\boldsymbol{n}\mathrm{d}S = \int_v \rho\,\mathrm{d}v \tag{2.44}$$

ここに，$\boldsymbol{n}$ は面 $\mathrm{d}\boldsymbol{S}$ の法線方向の単位ベクトルである。これらの 2 式 (2.43) と (2.44) から次式を得る。

$$\int_S \boldsymbol{D}\cdot\boldsymbol{n}\mathrm{d}S = \int_v \mathrm{div}\,\boldsymbol{D}\,\mathrm{d}v \tag{2.45}$$

これを**発散の定理**という。

章　末　問　題

(2.1)　電荷量の大きさを知るために，つぎの問いに答えよ。

(1)　$q = 1\,\mathrm{C}$ の 2 個の電荷が距離 $r = 1\,\mathrm{m}$ の間隔で置かれているときに働く力を見積もってみよう。また，その力は質量いくらの物体の重力に相当するかを示せ。

(2)　電荷が $q = 1.0\times10^{-6}$〔C〕$= 1.0\,\mu\mathrm{C}$，距離 $r = 1.0\times10^{-6}$〔m〕$= 1.0\,\mu\mathrm{m}$ の場合は，どのようになるか。

(3)　この大きさを水素原子の場合と比較せよ。

(2.2)　図 **2.4** を参考にして，コンデンサの問いに答えよ。

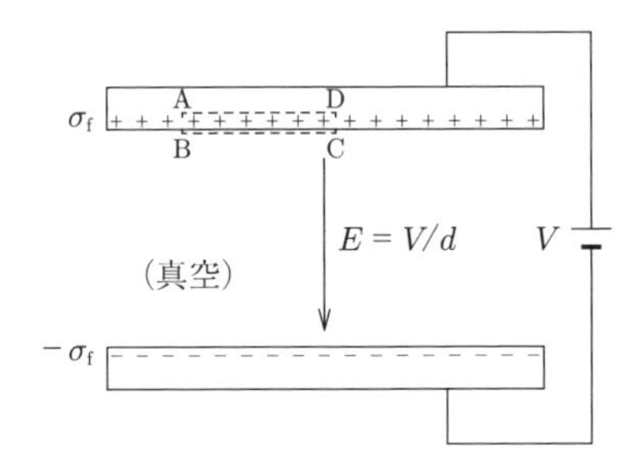

図 2.4　表面積 S，電極間隔 d の平行平板に電圧 V を印加したときに平行平板表面に蓄えられる電荷の面密度 $\pm\sigma$〔$\mathrm{C/m^2}$〕

(1)　真空中（空気中）置かれた，平行平板の面積 S〔$\mathrm{m^2}$〕，間隔 d〔m〕の静電容量 C は $Q = CV$〔C〕の関係で定義される。ここに，$\pm Q$ は平行平板の面積 S が蓄える電荷量で，V はこの電極間に加えた電圧である。このときの静電容量 C〔F〕を求めよ。

(2)　$S = 10 \times 10$〔$\mathrm{cm^2}$〕，$d = 1\,\mathrm{mm}$ のときの静電容量を求めよ。

(3)　(2) の静電容量に，電圧 10 V のもとで蓄えられる電荷量を計算せよ。

(4)　大きな容量の静電容量を作るには d が小さく，S が大きく，誘電率 $\kappa\epsilon_0$ の大きい物質で，耐圧の高いものが必要である。電解コンデンサがよく用いられるが，使われる材料と電極を調べよ。

(2.3)　図 **2.5** で点電荷 $q_+ = +q$ と $q_- = -q$ が中心 O から距離 r_+ と r_- にあるとき，$d = r_+ + r_-$ とすると $\mu_0 = q\,d$ を電気双極子モーメントと定義する。この双極子モーメントが一様な電界 $\boldsymbol{E}$ の中に置かれたとき，つぎの問いに答えよ。

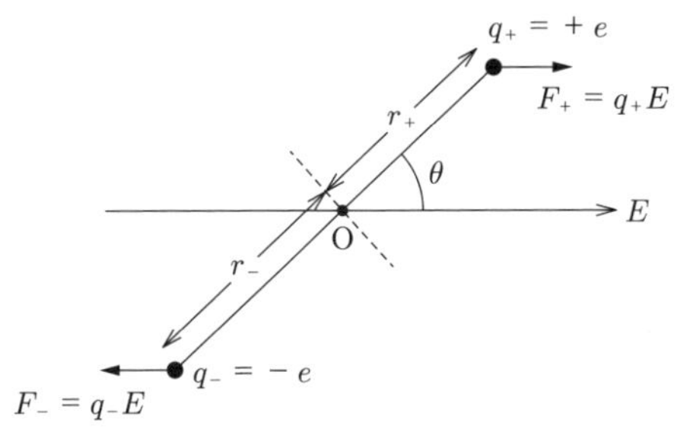

図 2.5　電気双極子が電界 $\boldsymbol{E}$ の中に置かれたときに働くトルクとポテンシャル・エネルギーを求めるための図

(1)　電気双極子モーメント $\boldsymbol{\mu}$ とトルク $\boldsymbol{T}$ の関係を導け。

(2)　電気双極子モーメントの持つポテンシャル・エネルギー U を求めよ。

(3)　このポテンシャル・エネルギーの符号と極大と極小のポテンシャル・エネルギーについて述べよ。

(2.4) 図 **2.6** に示すように点 O に点電荷 q_0 があり，点 $\mathrm{P}(\boldsymbol{r}_\mathrm{i})$ から点 $\mathrm{R}(\boldsymbol{r})$ を経て点 $\mathrm{Q}(\boldsymbol{r}_\mathrm{f})$ まで電荷 q_r を移動させたときのポテンシャル・エネルギーについてつぎの手順で考察せよ。

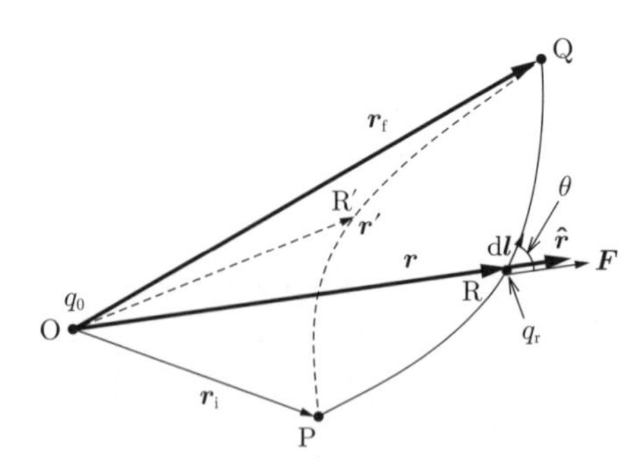

図 **2.6**　点 O に電荷 q_0 があり，点 $\mathrm{P}(\boldsymbol{r}_\mathrm{i})$ から点 $\mathrm{R}(\boldsymbol{r})$ を経て点 $\mathrm{Q}(\boldsymbol{r}_\mathrm{f})$ まで，点電荷 q_r を動かしたときの電気エネルギーの変化を計算するための図

(1)　点 P における電界を求めよ。

(2)　点 P に置かれた電荷を q_r とする。この点での電荷 q_r に働く力を求めよ。

(3)　点 P から点 Q まで電荷 q_r を動かしたときの仕事量を求め，ポテンシャル・エネルギーの変化量を求めよ。この結果からポテンシャル・エネルギーは始状態と終状態の位置で決まり，その経路に依存しないことを示せ。

(2.5) 水素原子の電子軌道についてつぎの問いに答えよ。ただし，電子の基底状態における軌道半径（ボーア半径）を $a_\mathrm{B} = 0.529 \times 10^{-10}$〔m〕とする。

(1)　水素原子のプロトン（陽子）の作る距離 r における電界の強さを求めよ。

(2)　電子の軌道半径を r として，回転運動の遠心力（向心力と反対の向き）と運動エネルギーを示せ。

(3)　電子の運動量エネルギーとポテンシャル・エネルギーの和である全エネルギーを求めよ。

(4)　$r = a_\mathrm{B}$ と置き，電子の軌道エネルギーを計算せよ。

3 磁　　　界

本章では，**磁界**（**磁場**ともいう）中での荷電粒子の運動，ビオ・サバールの法則やアンペールの法則など電流が作る磁界の強さを表す重要な現象について述べる。磁石に関する磁気モーメントなどについては触れない。電流を流すとその周りに磁界を発生する現象について詳述する。また，ベクトルの線積分を面積分に置き換えるストークスの定理の証明を導く。磁界中で荷電粒子に働く力であるローレンツ力や 2 本の平行導線の間に働く力については 4 章で詳述する。

人類は太古の昔から磁石の存在を知っており，航海時代には船舶の航路を決める磁気コンパスに用いられた。しかし，磁界が電流で発生できるようになったのは，ボルタ（1745–1827）が 1800 年に蓄電池（ボルタパイル）の製作に成功してからである。ボルタ電池の発明は電磁気学の完成に欠かせない道具となったが，ボルタ電池を用い，後述の電磁誘導を発見して，電磁気学の完成に寄与したのはファラデーである。

3.1　磁石が作る磁界と電流が誘起する磁界

磁石は，**図 3.1** に示すように，磁界が N 極から出て途切れることなく S 極に入る。したがって，どの空間に閉局面をおいても，この閉局面に入る線と出ていく線とは等しい。このことは，2 章の電界や電束密度のところで述べたことからわかるように，磁束密度の発散はゼロであることを示している。後に磁束密度を $\boldsymbol{B}$ で定義するが，この発散がないことは

$$\boldsymbol{\nabla} \cdot \boldsymbol{B} = \mathrm{div}\, \boldsymbol{B} = 0 \tag{3.1}$$

の性質を持つことになる。

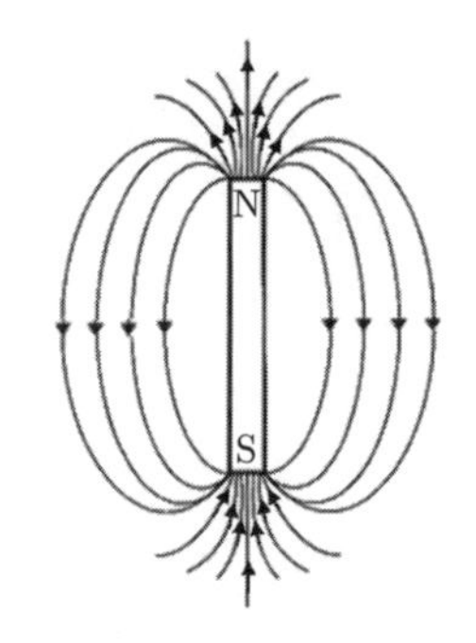

図 3.1　磁石の作る磁界は N 極から出て S 極に連続してつながっている。

1800 年にボルタの電池が作られてからヨーロッパ各地で種々の研究が行われ，英国ではデイビーやファラデーが電気化学の研究に用い，この分野の発展に大きな貢献をした。1820 年にエルステッド（Hans Christian Ørsted; デンマーク，1777–1851）はボルタの電池を用い，電流が流れている線の近くにあった磁石の針が動くことを発見し，電流から磁界が発生できることを示した。この研究はただちにヨーロッパ中に広がり，多くの研究者が電流の磁気作用について実験をするきっかけとなった。中でもフランスのアンペール（André-Marie Ampère; フランス，1775–1836），ビオ（Jean-Baptiste Biot; フランス，1774–1862）とサバール（Félix Savart; フランス，1791–1841）による研究は電流の磁気作用

ボルタ

ボルタ（Alessandro Giuseppe Antonio Anastasio Volta, 1745 年 2 月 18 日–1827 年 3 月 5 日，イタリア）はイタリア北部の湖水地方コモに生まれ，1774 年にコモ国立ギムナジウムの物理学教授となるが，1779 年にはミラノ近くのパヴィア大学教授となる。イタリアのボローニア大学のガルバーニ教授が 1780 年にカエルの脚に異なる金属をつないでそれを脚の筋肉に接触させるとカエルの脚が跳ねることを発見し，1791 年にカエルの脚の筋肉が電気を発生させる現象であると報告した。ボルタはこの解釈に疑問を抱き実験を重ね，つないだ二つの金属を電解液に浸すと金属間に起電力が発生することを明らかにし，1800 年にボルタパイルと呼ばれる蓄電池を発明した。これより人類は静電気ではなく定常電流を流せる蓄電池を手にすることができたのである。

を定式化することになり，電磁気学の完成に大きな貢献をなした。

磁界の性質を定式化するのに貢献したのは，フランスの科学者，ビオ，サバールとアンペールである。種々の実験を積み重ね電流の磁気作用の法則の確立に貢献した。その結果を総合すると以下のとおりである。

① 線状電流の作る磁束密度 B は電流の大きさ I に比例する。

$$B \propto I \tag{3.2}$$

② 長い直線状の電流 I の作る磁束密度 B は電流 I の流れる線からの距離を R とすると，距離に反比例する。

$$B \propto \frac{1}{R} \tag{3.3}$$

③ 線状電流の作る磁束密度は，電流ベクトルを $\boldsymbol{I}$ とし，この線状電流から $\boldsymbol{R}$ の距離にある点でその向きは電流と距離のベクトル両方に直交した $\boldsymbol{I} \times \boldsymbol{R}$ 方向となりつぎのようになる。

$$\boldsymbol{B} \propto \frac{1}{R^2}(\boldsymbol{I} \times \boldsymbol{R}) \tag{3.4a}$$

あるいは電流 $\boldsymbol{I}$ を $I\boldsymbol{e}_I$（電流方向の単位ベクトルを $\boldsymbol{e}_I$ とする）に流し，電流源からの距離ベクトルを $\boldsymbol{R}$ とすると $\boldsymbol{R} = R\boldsymbol{e}_R$ （$\boldsymbol{R}$ 方向の単位ベク

エルステッド

エルステッド（Hans Christian Ørsted, 1777 年 8 月 14 日–1851 年 3 月 9 日，デンマーク）は 1820 年 4 月 21 日にコペンハーゲン大学での講義中に実験器具をいじっていたとき，偶然に電源（ボルタパイル）のスイッチを入れたところ，傍らにあった方位磁針が動いたことを見いだし，電流が磁界を発生させることを初めて確認した。このニュースはただちにヨーロッパ諸国の研究者に知れわたり，のちにビオ・サバールの法則，アンペールの法則の発見につながり，最終的にファラデーが磁界から電流を取り出せる電磁誘導の法則の発見につながった。なお，SI 単位系が確立するまで磁束密度の単位としてエルステッド〔Oe〕が用いられていた。

トルを $\boldsymbol{e}_R$ とする）であるから，つぎのように表すこともできる。

$$\boldsymbol{B} \propto \frac{I}{R}(\boldsymbol{e}_I \times \boldsymbol{e}_R) \tag{3.4b}$$

3.2　ビオ・サバールの法則

電流の作る磁界については電荷の作る電界と電束密度（電気変位）と同様に表すと便利である。この方法を考案したのがビオとサバールである。点電荷の作る電界についてはすで2章で詳述した。点電荷 $\mathrm{d}q$ によって距離ベクトル $\boldsymbol{r}$ だけ離れた点における電束密度 $\boldsymbol{D} = \epsilon_0 \boldsymbol{E}$（$\boldsymbol{E}$ は電界）の間には次式で表されるクーロンの法則が成り立つ。

$$\mathrm{d}\boldsymbol{D} = \frac{\mathrm{d}q}{4\pi r^2}\boldsymbol{e}_r, \quad \mathrm{d}\boldsymbol{E} = \frac{\mathrm{d}q}{4\pi\epsilon_0 r^2}\boldsymbol{e}_r \tag{3.5}$$

磁束密度に対しては，電流素 $I\mathrm{d}\boldsymbol{l}$ の作る磁束密度 $\mathrm{d}\boldsymbol{B}$ をクーロンの法則と同様の仮定から導けば，磁界に関する実験結果を説明できることを示したのがビオとサバールである。**図 3.2** に示すような線の微小区間 $\mathrm{d}\boldsymbol{l}$ の電流素 $I\mathrm{d}\boldsymbol{l}$ の作る磁束密度 $\mathrm{d}\boldsymbol{B}$ をつぎのように表す。

$$\mathrm{d}\boldsymbol{B} = \frac{\mu_0 I \mathrm{d}\boldsymbol{l}}{4\pi r^2} \times \boldsymbol{e}_r \text{〔T〕} \tag{3.6}$$

ここに $\boldsymbol{e}_r$ は $\boldsymbol{r}$ の単位ベクトルで，$\boldsymbol{r} = r\boldsymbol{e}_r$ あるいは $|\boldsymbol{e}_r| = 1$ である。式(3.6) を**ビオ・サバールの法則**と呼ぶ。μ_0 は**真空の透磁率**（permeability of free

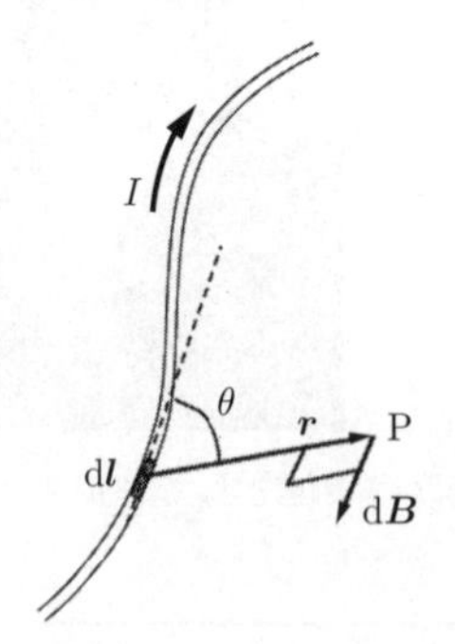

図 3.2　ビオ・サバールの法則。電流素 $I\mathrm{d}\boldsymbol{l}$ が点 P に作る磁束密度 $\mathrm{d}\boldsymbol{B}$ は電流強度 I に比例し，距離の2乗に反比例する。その方向は $\mathrm{d}\boldsymbol{l} \times \boldsymbol{r}$ の向き，つまり電流の流れる方向と距離ベクトル $\boldsymbol{r}$ に直交する向きである。

space）と呼ばれ，磁束密度の単位をテスラ〔T〕で定義する。透磁率 μ_0 は，磁界の強さ（ローレンツ力）を SI 単位系に合わせるための定数で，$\mu_0 = 4\pi \times 10^{-7}$〔T · m/A〕あるいは〔N · A^{-2}〕となる。テスラの単位は後述のローレンツ力が SI 単位のニュートン〔N〕となるように決めたもので

$$1\,\mathrm{T} = 1\,\mathrm{N \cdot s/(C \cdot m)} = 1\,\mathrm{N/(A \cdot m)} \tag{3.7}$$

と定義される。よく用いられる磁束密度の単位ガウス〔G〕との間には $1\,\mathrm{G} = 10^{-4}\,\mathrm{T}$ の関係がある。なお，媒質中では真空の透磁率を $\mu_r\mu_0$ と置き，この μ_r を比透磁率と呼ぶ[10)]。

上の二つの式 (3.5) と式 (3.6) を比較すると，電束密度 $\mathrm{d}\boldsymbol{D}$ を与える電荷 $\mathrm{d}q$ の代わりに，電流素 $I\mathrm{d}\boldsymbol{l}$ が磁束密度 $\mathrm{d}\boldsymbol{B}$ を与えることになる。また，ビオ・サバールやアンペールの実験結果から電流の作る磁束密度は電流 $I\mathrm{d}\boldsymbol{l}$ と $\boldsymbol{r}$ のベクトル積の方向となる。つまり，電流の方向に進む右ねじを回転させるとき，ねじの回転方向が誘起される磁束密度の向きである。これを**右ねじの法則**と呼ぶ。図 3.2 において電流が紙面に沿って流れている場合，誘起される磁束密度は紙面に垂直で上から下に向かう方向である。このようなことから，ベクトル方向を紙面上で表すために**図 3.3** のような記号が用いられる。この記号は紙面の裏から紙面の表に向かうように見える矢の先端 $\odot$ と，紙面の表から裏に向かう矢の羽根の部分を用いて $\otimes$ で表したものと記憶すれば便利である。

ビオ・サバールの法則を用いた計算の一例として，**図 3.4** に示すような線状の電流 I が z 方向に流れている場合の点 P における磁束密度を求めてみる。

ビオとサバール

ビオ（Jean Baptiste Biot, 1774 年 4 月 21 日–1862 年 2 月 3 日，フランス）とサバール（Félix Savart, 1791 年 6 月 30 日–1841 年 3 月 16 日，フランス）はフランスの物理学者，科学者でエルステッドの実験結果を知り，ただちに電流の作る磁界についての実験と数式化を行った。**ビオ・サバールの法則**は，本文にあるように電荷の作る電界に対応させて電流の作る磁界を計算する法則である。

ビオ

サバール

図 **3.3** ベクトルの方向を示す方法として，紙面に平行な方向をに矢を書き，紙面に対して裏から表への方向を記号 ⊙ で，表から裏の方向を記号 ⊗ で表す。

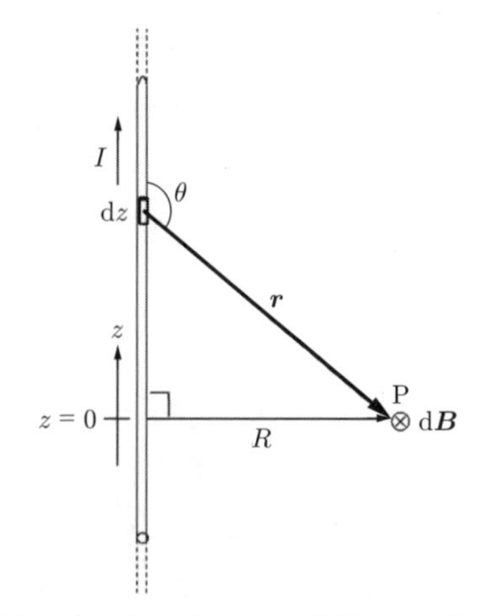

図 **3.4** ビオ・サバールの法則から，長い直線状の導線に電流 I が z 方向に流れている場合の点 P における磁束密度。電流素 $I\mathrm{d}z$ の作る磁束密度を $z=-\infty$ から $+\infty$ までを積分で求める。

電流素 $I\mathrm{d}z$ が作る磁束密度は

$$\mathrm{d}\boldsymbol{B} = \frac{\mu_0}{4\pi}\frac{I\mathrm{d}z}{r^2}(\boldsymbol{e}_I \times \boldsymbol{e}_r) \tag{3.8}$$

で，向きは電流方向の単位ベクトル $\boldsymbol{e}_I$ とベクトル $\boldsymbol{r}$ に直交する紙面の上から下に向かう方向で図に示すように ⊗ で表される。距離 r は

$$r = (R^2 + z^2)^{1/2} \tag{3.9}$$

で電流素 $I\mathrm{d}z$ と $\boldsymbol{r}$ のなす角を θ とすると

$$\sin\theta = \frac{R}{(R^2 + z^2)^{1/2}} \tag{3.10}$$

となる。z 方向に $-\infty$ から ∞ まで積分すると，求める磁束密度 B は

$$\begin{aligned} B &= \int_{-\infty}^{\infty} \frac{\mu_0 I}{4\pi(R^2 + z^2)}\sin\theta\mathrm{d}z = \int_{-\infty}^{\infty} \frac{\mu_0 I}{4\pi(R^2 + z^2)}\frac{R}{(R^2 + z^2)^{1/2}}\mathrm{d}z \\ &= \frac{\mu_0 I}{4\pi}\frac{1}{R}\left\{\left[\frac{z/R}{(1 + (z/R)^2)^{1/2}}\right]_{z=\infty} - \left[\frac{z/R}{(1 + (z/R)^2)^{1/2}}\right]_{z=-\infty}\right\} \end{aligned}$$

$$= \frac{\mu_0 I}{4\pi}\frac{1}{R}[(1)-(-1)] = \frac{\mu_0 I}{2\pi R} \tag{3.11}$$

で与えられる。この式をベクトル形式で表すとつぎのようになる。

$$\boldsymbol{B} = \frac{\mu_0 I}{2\pi R}\boldsymbol{e}_I \times \boldsymbol{e}_R \tag{3.12}$$

ここに，$\boldsymbol{e}_I$ は電流 $\boldsymbol{I}$ の z 方向を表す単位ベクトル，$\boldsymbol{e}_R$ は電流線に垂直な方向で点 P までのベクトル $\boldsymbol{R}$ の単位ベクトルである。この式はビオ・サバールの法則を直線電流の場合に適用して求めたもので，後にアンペールの法則を導くうえで重要な関係である。

例題 3.1　**図 3.5** に示すようなループ状の電流が z 方向の中心線に沿った任意の点 P に作る磁束密度 $\boldsymbol{B}$ を求めよ。

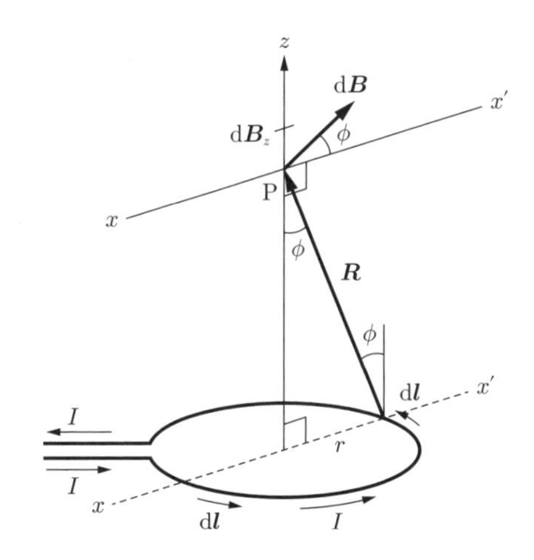

図 3.5　ビオ・サバールの法則を用いて，ループ状の電流が z 軸上の任意の点 P に作る磁束密度を求める。

【解答】　点 P における磁束密度 $\mathrm{d}\boldsymbol{B}$ の z 方向成分は

$$\mathrm{d}B_z = \mathrm{d}B\sin\phi \tag{3.13}$$

で与えられるから，ビオ・サバールの法則より

$$\mathrm{d}\boldsymbol{B} = \frac{\mu_0 I}{4\pi}\frac{\mathrm{d}\boldsymbol{l}}{R^2}\boldsymbol{e}_l \times \boldsymbol{e}_R \tag{3.14}$$

となるので，この z 方向成分は次式で与えられる。ここに，$\boldsymbol{e}_l$ は $\mathrm{d}\boldsymbol{l}$ 方向の単位ベクトルである。

$$\mathrm{d}B_z = \frac{\mu_0 I}{4\pi}\frac{\mathrm{d}l}{R^2}\sin\phi \tag{3.15}$$

全磁束密度 $\boldsymbol{B}$ は，電流素をループに沿って積分すれば求まる。つまり

$$B_z = \int_{\text{loop}} \frac{\mu_0 I \sin\phi}{4\pi R^2}\mathrm{d}l = \frac{\mu_0 I \sin\phi}{4\pi R^2}\int_{\text{loop}} \mathrm{d}l \tag{3.16}$$

右辺のループ積分は $2\pi r$ となるから

$$R^2 = z^2 + r^2, \qquad \sin\phi = \frac{r}{R} = \frac{r}{(z^2+r^2)^{1/2}} \tag{3.17}$$

なる関係を用いてつぎの結果を得る。

$$B_z = \frac{\mu_0 I}{2}\frac{r^2}{(z^2+r^2)^{3/2}} \tag{3.18}$$

この結果，磁束密度の方向を考慮して

$$\boldsymbol{B} = \frac{\mu_0 I}{2}\frac{r^2}{(z^2+r^2)^{3/2}}\boldsymbol{e}_z \tag{3.19}$$

となる。ここに $\boldsymbol{e}_z$ は z 方向の単位ベクトルである。したがって，ループの中心部 $z=0$ での磁束密度は $B=\mu_0 I/(2r)$ となる。　◇

3.3　磁界に関するガウスの法則

前節で述べたように，磁束密度 $\boldsymbol{B}$ に関するビオ・サバールの法則は，電束密度 $\boldsymbol{D}$（電気変位）に関するクーロンの法則に対応している。2 章ではクーロンの法則からガウスの法則

$$\int_S \boldsymbol{D}\cdot\mathrm{d}\boldsymbol{S} = \epsilon_0\int_S \boldsymbol{E}\cdot\mathrm{d}\boldsymbol{S} = \epsilon_0\varPhi_\mathrm{e} = q \tag{3.20}$$

を導いた。ここに，$\mathrm{d}\boldsymbol{S}$ は閉曲面 S の法線方向の微小面積（面素）で，$\varPhi_\mathrm{e}$ は閉局面 S から発散する（出ていく）全電束（全電気力線）で，これが面 S で閉じられた空間内に存在する電荷量 q に等しい。電束に関するガウスの法則と同様に磁束 $\varPhi_\mathrm{m}$ についてもガウスの法則が成り立つと考えるのが自然である。図 **3.6** に示すように任意の面 $\boldsymbol{S}$ を考え，その微小な面素 $\mathrm{d}\boldsymbol{S}$ を面 $\boldsymbol{S}$ に対して外

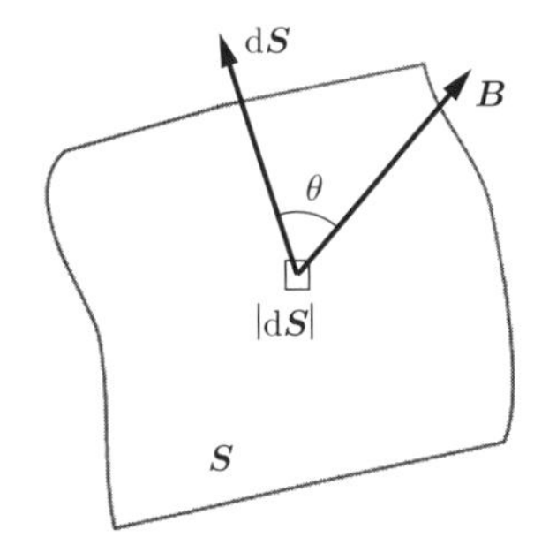

図 **3.6**　磁束 $\varPhi_\mathrm{m}$ に関するガウスの法則を導くための図。任意の面 S における微小面素 dS の法線方向ベクトルを dS として磁束密度ベクトル B となす角を θ とする。dS は面に対して外向きでその大きさは dS で，この面内では磁束密度は一定であると考えることができる。

向き法線方向にとる。このベクトルと θ の角をなす方向の磁束密度ベクトルを $\boldsymbol{B}$ とする。

面素が小さいのでこの中での磁束密度ベクトルは一定であると考えられる。この微小面素から出ていく微小磁束 $\mathrm{d}\varPhi_\mathrm{m}$ は

$$\mathrm{d}\varPhi_\mathrm{m} = \boldsymbol{B} \cdot \mathrm{d}\boldsymbol{S} = B\cos\theta\,\mathrm{d}\boldsymbol{S} \tag{3.21}$$

で与えられる。この式は電束密度ベクトル $\mathrm{d}\boldsymbol{D}$ に対する場合もまったく同じで，式 (3.5) からつぎのようになる。

$$\mathrm{d}\varPhi_\mathrm{e} = \boldsymbol{D} \cdot \mathrm{d}\boldsymbol{S} = D\cos\theta\,\mathrm{d}\boldsymbol{S} \tag{3.22}$$

図 3.6 において，面 $\mathrm{d}\boldsymbol{S}$ は閉局面であると仮定すると，この面全体から出ていく磁束は次式で与えられる。

$$\varPhi_\mathrm{m} = \int_\mathrm{S} \mathrm{d}\varPhi_\mathrm{m} = \int_\mathrm{S} \boldsymbol{B} \cdot \mathrm{d}\boldsymbol{S} \tag{3.23}$$

なお，磁束 $\varPhi_\mathrm{m}$ の単位はウェーバ〔Wb〕で定義され，テスラ〔T〕との間にはつぎの関係がある。

$$1\,\mathrm{Wb} = 1\,\mathrm{T} \cdot \mathrm{m}^2 \tag{3.24}$$

磁束密度に関するガウスの法則を導くために**図 3.7** を用いて説明する。

図 (a) では，直線状に流れる電流 $\boldsymbol{I}$ の電流素 $I\mathrm{d}\boldsymbol{l}$ を囲む半径 R の平面の法線方向のベクトルを持つ面素 $\mathrm{d}\boldsymbol{S}$ を考える。このとき面素に平行な成分を持つ磁束密度 $\boldsymbol{B}$

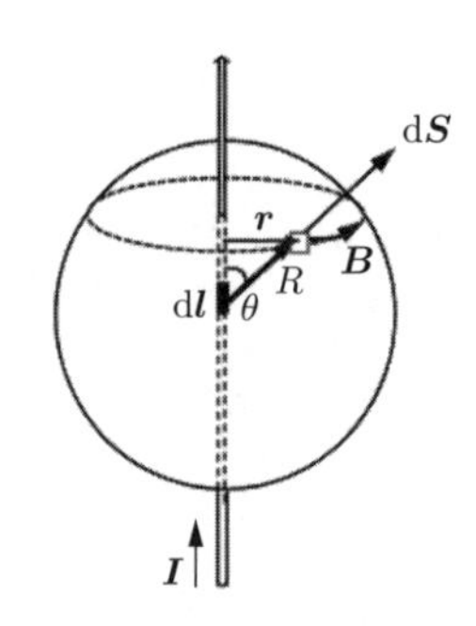

(a)　半径 R の球面で電流を囲んでいる場合

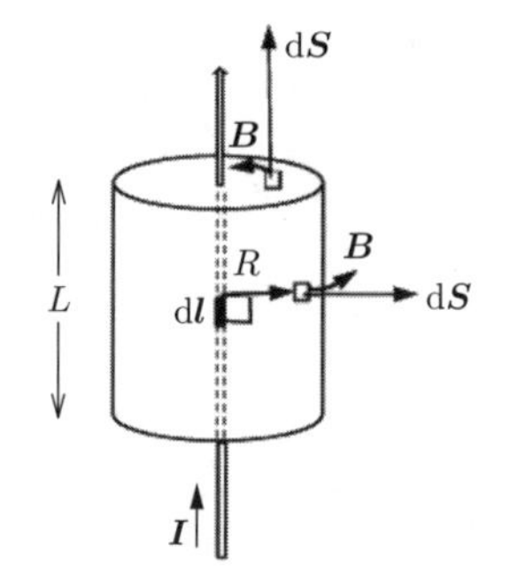

(b)　長さ L の円柱で電流を囲んでいる場合

図 3.7　磁束密度に関するガウスの法則を導くための図で，直線状の長い導線に電流 $\boldsymbol{I}$ が流れている場合

$$\boldsymbol{B} = \frac{\mu_0 I}{2\pi r}\boldsymbol{e}_I \times \boldsymbol{e}_r \tag{3.25}$$

が誘起される。ここに，$r = R\sin\theta$ であり，$\boldsymbol{e}_I$ は電流 $\boldsymbol{I}$ 方向の単位ベクトルで，$\boldsymbol{e}_r$ は電流源から点 R への垂線 $\boldsymbol{r}$ 方向の単位ベクトルである。磁束密度 $\boldsymbol{B}$ は球面に沿うベクトルで，面素 $\mathrm{d}\boldsymbol{S}$ に直交している。したがって

$$\boldsymbol{B}\cdot\mathrm{d}\boldsymbol{S} = 0 \tag{3.26}$$

となる。

また，図 (b) のような円柱上の閉局面を仮定すると，側面，下面，上面ともに磁束密度 $\boldsymbol{B}$ は面素 $\mathrm{d}\boldsymbol{S}$ に直交しているので $\boldsymbol{B}\cdot\mathrm{d}\boldsymbol{S} = 0$ となり，式 (3.26) の関係式が成り立つ。ただし，円柱の場合には式 (3.25) において $r \to R$ とすればよい。

これらのことから球面や円柱面のような平面 $\boldsymbol{S}$ に対して

$$\varPhi_\mathrm{m} = \int_S \boldsymbol{B}\cdot\mathrm{d}\boldsymbol{S} = 0 \tag{3.27}$$

なる関係が成り立つ。つまり閉局面を出ていく磁束はゼロとなる。この関係を**磁束密度に関するガウスの法則**と呼ぶ。これらの例題では閉局面が滑らかでへこみがないものと考えている。一般には閉局面がくぼみを持つ場合もある。その

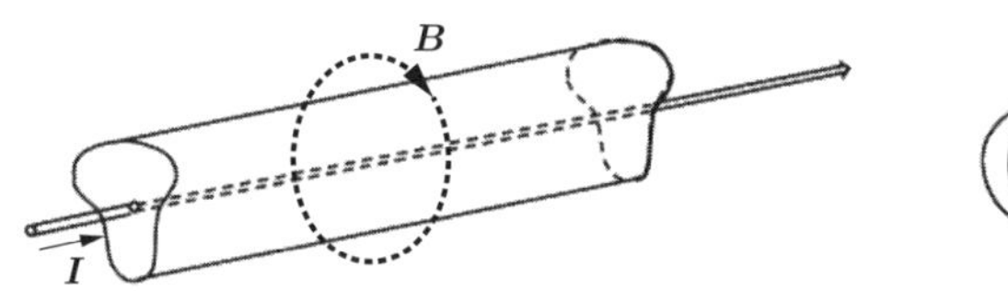

(a) 直線状の長い導線に電流 $\boldsymbol{I}$ を取り囲む閉局面がひずんでいるため一部の面で磁束が外部に抜けているが，同数の磁束が入りこむため閉局面全体で出ていく磁束 ϕ_{m} はゼロとなる。

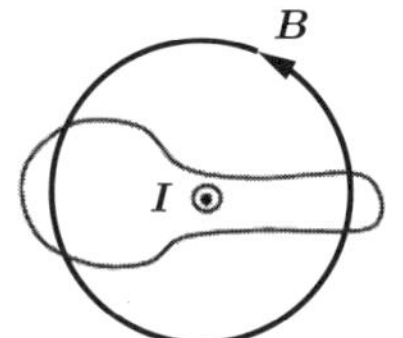

(b) 断面図

図 3.8　一般的な閉局面に対する磁束密度に関するガウスの法則

例が図 **3.8** で，磁束は入りこむ数と出ていく数が等しく $\Phi_{\mathrm{m}} = 0$ となり，ガウスの法則は成立する。この磁束密度に対するガウスの法則は磁束が閉曲線となっていることによる。

3.4　アンペールの法則

磁束密度に関するガウスの法則は，閉局面からの正味の磁束密度の発散はゼロであることを示しているが，このことを利用して磁気現象を論じるのは無理である。そこで本節ではアンペールに従い，磁界に関する式を一般化する方法について述べる。

図 3.9 に示すように直線状電流 I が流れているとき，この電流の円周方向に磁界が誘起され，その磁束密度 $\boldsymbol{B}$ は電流に比例し，電流源から磁束密度を求める点 P までの距離 $\boldsymbol{r}$ に反比例する。この現象はエルステッド，ビオ，サバールやアンペールなどによる一連の実験結果と一致する。このとき誘起される磁束密度は式 (3.12) で求めたように

$$\boldsymbol{B} = \frac{\mu_0 I}{2\pi r}\boldsymbol{e}_I \times \boldsymbol{e}_r \tag{3.28}$$

ここに，$\boldsymbol{e}_I$ は電流方向の単位ベクトルで，$\boldsymbol{e}_r$ は電流源から点 P までのベクトル $\boldsymbol{r}$ の単位ベクトルであり，誘起される磁束密度 $\boldsymbol{B}$ は電流源 $\boldsymbol{I}$ と距離ベクトル $\boldsymbol{r}$ に直交する $\boldsymbol{e}_I \times \boldsymbol{e}_r$ の方向で，図に示したような向きである。これはまた

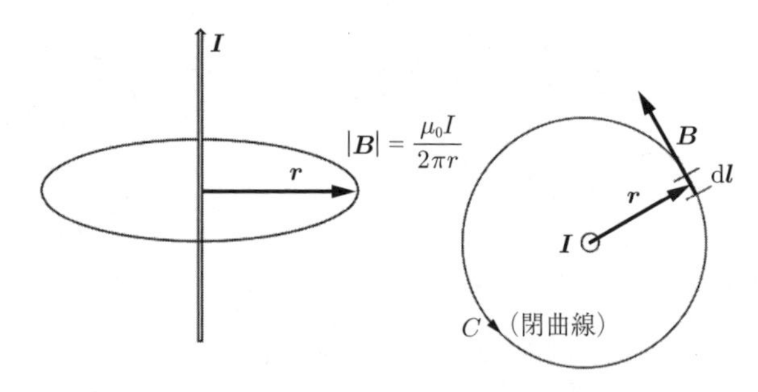

(a)　立体表示　　　(b)　電流と直交する面での電流方向と磁界の方向

図 3.9　直線電流の周りに磁界が誘起され，その強さは電流の大きさ $|\boldsymbol{I}|$ に比例し，電流からの距離 $\boldsymbol{r}$ に反比例する。その向きは $\boldsymbol{I} \times \boldsymbol{r}$，つまり電流と距離ベクトルのベクトル積の方向である。

つぎのように表される。

$$B \cdot 2\pi r = \mu_0 I \tag{3.29}$$

そこで，この関係を一般化し，図 (b) に示すように，電流源 $\boldsymbol{I}$ を含み，これと直交するようにとった任意の閉曲線 C に沿っての磁束密度 $\boldsymbol{B}$ の線積分を次式のように表し，これを**アンペールの法則**と呼ぶ。

$$\oint_C \boldsymbol{B} \cdot \mathrm{d}\boldsymbol{l} = \mu_0 I \tag{3.30}$$

これより式 (3.28) は容易に導ける。

ところで，この電流が断面積 S〔m^2〕内を電流密度（単位面積当りの電流）$\boldsymbol{J}$〔$\mathrm{A/m}^2$〕で分布して流れている場合は，式 (3.30) はつぎのように表される。

$$\oint_C \boldsymbol{B} \cdot \mathrm{d}\boldsymbol{l} = \mu_0 \int_S \boldsymbol{J} \cdot \mathrm{d}\boldsymbol{S} \tag{3.31}$$

ただし，$\mathrm{d}\boldsymbol{S}$ は断面内の微小面積である。正式にはこの式を**アンペールの法則**と呼ぶ。

ここで，電束密度（電気変位）$\boldsymbol{D}$ に対する電界 $\boldsymbol{E}$ に関する定義

$$\boldsymbol{D} = \epsilon_0 \boldsymbol{E} \tag{3.32}$$

と対比して磁束密度 $\boldsymbol{B}$ についても

$$\boldsymbol{B} = \mu_0 \boldsymbol{H} \tag{3.33}$$

と定義する。このとき $\boldsymbol{H} = \boldsymbol{B}/\mu_0$ を**磁界の強さ**（単に**磁界**）と呼ぶ。あとにマクスウェルの方程式を導くが，マクスウェルの方程式では電流と関係づけるのに磁界 $\boldsymbol{H}$ が用いられる。なお

$$\boldsymbol{H} = \frac{I}{2\pi r}\boldsymbol{e}_I \times \boldsymbol{e}_r \tag{3.34}$$

と表されるので磁界 $\boldsymbol{H}$ の単位は〔A/m〕である。これよりアンペールの法則は

$$\oint_C \boldsymbol{H} \cdot \mathrm{d}\boldsymbol{l} = \int_S \boldsymbol{J} \cdot \mathrm{d}\boldsymbol{S} = I \tag{3.35}$$

と表すこともできる。

このように磁界 $\boldsymbol{H}$ は電流と直結しているので，マクスウェルの方程式では磁界 $\boldsymbol{H}$ を用いた式がよく採用される。一方，磁束密度 $\boldsymbol{B}$ は後述のように磁界中で荷電粒子が受ける力を表すローレンツ力を定義するのに便利なのでしばしば用いられる。

アンペール

アンペール（Andre-Marie Ampere, 1775 年 1 月 20 日–1836 年 6 月 10 日，フランス）は，フランスのリヨンで生まれ，そこで幼少期を過ごす。裕福な商人であった父はジャン・ジャック・ルソーの信奉者で，ルソーの「子供は自然から直接学べ」という教えをアンペールに実施，後にはラテン語を習得し，オイラーやベルヌーイの理論を読破，数学に秀でた研究者となった。1804 年にエコール・ポリテクニクで数学を教え，パリ大学でも教鞭をとった。1824 年には Collège de France の名誉職である実験科学の学科主任のポストも与えられている。

アンペールは 1820 年の 9 月に友人のアラゴー（François Arago）から，エルステッド（デンマーク）が導線に電流を流すとその導線の近くにあった方位磁針がふれるという実験結果を得たことを教えられ，数々の実験を試みた。その結果，電流の流れている 2 本の平行導線の間に働く力を測定し，**アンペールの法則**を見いだした。あとに，電流の単位としてアンペア〔A〕が採用された。

ここで，磁界 $\boldsymbol{H}$，磁束密度 $\boldsymbol{B}$ に関係する単位をまとめて示す。

$$\boldsymbol{H}:〔\mathrm{A/m}〕 \tag{3.36}$$

$$\boldsymbol{B} = \mu_0 \boldsymbol{H}:〔\mathrm{T}〕=〔\mathrm{N/(A \cdot m)}〕 \tag{3.37}$$

$$\mu_0:〔\mathrm{N/A^2}〕=〔\mathrm{T \cdot m/A}〕 \tag{3.38}$$

3.5　ストークスの定理

いま，**図 3.10** に示すようなベクトル $\boldsymbol{A}$ の場の中で一つの閉じた曲線 C とそれを周辺とする曲面 S を考える。**ストークスの定理**（Stokes's theorem）は，「ベクトル $\boldsymbol{A}$ の曲線 C への接線方向の成分を曲線 C にそって積分した線積分は，曲面 S について rot $\boldsymbol{A}$ の法線成分を面積分したものに等しくなる」というもので，式で表すとつぎのようになる。

$$\oint_C \boldsymbol{A} \cdot \mathrm{d}\boldsymbol{l} = \int_S \mathrm{rot}\ \boldsymbol{A} \cdot \mathrm{d}\boldsymbol{S} = \int_S \mathrm{rot}\ \boldsymbol{A} \cdot \boldsymbol{n} \mathrm{d}S \tag{3.39}$$

ただし, $\mathrm{d}\boldsymbol{l}$ は曲線 C に沿った接線方向の微小ベクトル, $\boldsymbol{n}$ は微小面積 $\mathrm{d}\boldsymbol{S} = \boldsymbol{n}\mathrm{d}S$ の法線方向の単位ベクトルで，その向きは $\boldsymbol{n}$ と C の周積分の方向が右ねじの関係になるようにとるものとする。

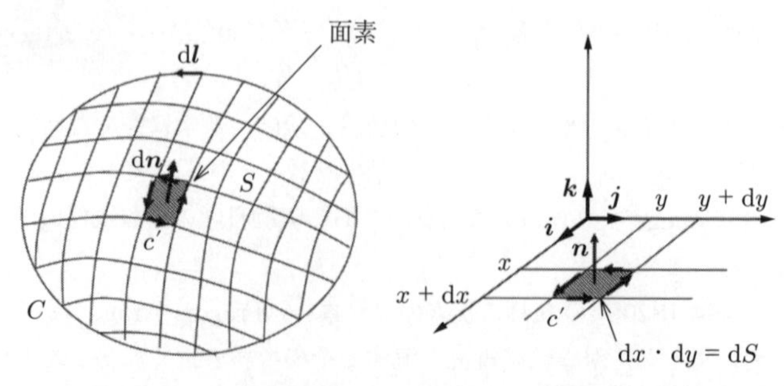

(a)　周辺が C で囲まれた局面 S を微小な面素に分割

(b)　面素に沿っての線積分を行うと，rot $\boldsymbol{A}$ の法線成分を面積分したものと等しくなる。

図 3.10　ストークスの定理を求めるための図

式 (3.39) で与えられるストークスの定理はつぎのように証明される。まず，図 (a) に示すように，曲線 C で囲まれた曲面 S を多数の微小面積に分割し，各面素についての線積分を矢印の方向に行って，これらを加え合わせると，たがいに隣接する面素に沿った線積分は打ち消されるので，最後に残るのは曲線 C に沿っての線積分の値となる。

一方，各面素についての面積分の和は明らかに曲面 S についての面積分に等しい。したがって，小さな 1 個の面素についての線積分が，その面素についての $\mathrm{rot}\ \boldsymbol{A}\cdot\boldsymbol{n}$ の面積分に等しいことを証明すれば，式 (3.39) のストークスの定理が証明されることになる。そこで，図 (b) に示すような，xy 平面上の微小面積 $\mathrm{d}x\cdot\mathrm{d}y$ を考える。この微小面積 $\mathrm{d}x\cdot\mathrm{d}y$ の線積分を図の矢印の方向にとると，右ねじの関係からその面の法線方向の単位ベクトル $\boldsymbol{n}$ は z 軸方向を向くので $\boldsymbol{n}$ と $\boldsymbol{k}$ は一致する。この微小面積について式 (3.39) の右辺を計算するとつぎのようになる。

$$
\begin{aligned}
\mathrm{rot}\ \boldsymbol{A}\cdot\boldsymbol{n}\,\mathrm{d}S &= \boldsymbol{\nabla}\times\boldsymbol{A}\cdot\boldsymbol{n}\,\mathrm{d}S \\
&= \left\{\boldsymbol{i}\left(\frac{\partial A_z}{\partial y}-\frac{\partial A_y}{\partial z}\right)+\boldsymbol{j}\left(\frac{\partial A_x}{\partial z}-\frac{\partial A_z}{\partial x}\right)+\boldsymbol{k}\left(\frac{\partial A_y}{\partial x}-\frac{\partial A_x}{\partial y}\right)\right\}\cdot\boldsymbol{n}\,\mathrm{d}S \\
&= \left(\frac{\partial A_y}{\partial x}-\frac{\partial A_x}{\partial y}\right)\mathrm{d}x\mathrm{d}y
\end{aligned}
\tag{3.40}
$$

上の結果を導くのに，ベクトルの内積の公式 $\boldsymbol{i}\cdot\boldsymbol{n}=\boldsymbol{j}\cdot\boldsymbol{n}=0$, $\boldsymbol{k}\cdot\boldsymbol{n}=1$ の関係と，$\mathrm{d}S=\mathrm{d}x\mathrm{d}y$ を用いた。

一方，この微小面積の周辺についての線積分，すなわち，式 (3.39) の左辺の計算を行うとつぎのようになる。ただし，ベクトル $\boldsymbol{A}$ の値を各辺の中点での値をとることにする。

$$
\begin{aligned}
&A_x(x+\mathrm{d}x/2,y)\mathrm{d}x+A_y(x+\mathrm{d}x,y+\mathrm{d}y/2)\mathrm{d}y \\
&\quad -A_x(x+\mathrm{d}x/2,y+\mathrm{d}y)\mathrm{d}x-A_y(x,y+\mathrm{d}y/2)\mathrm{d}y \\
&\quad =\left(A_x(x,y)+\frac{\partial A_x}{\partial x}\frac{\mathrm{d}x}{2}\right)\mathrm{d}x+\left(A_y(x,y)+\frac{\partial A_y}{\partial x}\mathrm{d}x+\frac{\partial A_y}{\partial y}\frac{\mathrm{d}y}{2}\right)\mathrm{d}y \\
&\qquad -\left(A_x(x,y)+\frac{\partial A_x}{\partial x}\frac{\mathrm{d}x}{2}+\frac{\partial A_x}{\partial y}\mathrm{d}y\right)\mathrm{d}x-\left(A_y(x,y)+\frac{\partial A_y}{\partial y}\frac{\mathrm{d}y}{2}\right)\mathrm{d}y
\end{aligned}
$$

$$= \left(\frac{\partial A_y}{\partial x} - \frac{\partial A_x}{\partial y} \right) \mathrm{d}x\mathrm{d}y \tag{3.41}$$

式 (3.40) と式 (3.41) はまったく同じ値であるから，この微小面積についての rot $\boldsymbol{A} \cdot \boldsymbol{n}$ の面積分と $\boldsymbol{A}$ の微小面積の周辺についての線積分は等しいことが証明された。したがって，任意の平曲面 S についてのストークスの定理の式 (3.39) の成立することが証明された。ストークスの定理は面積分を線積分に変える場合，あるいはその逆の場合に用いられる。

章 末 問 題

(3.1)　ビオ・サバールの法則から導いた半径 r のループ電流 I による磁束密度 $\boldsymbol{B}$ の関係式 (3.19)

$$\boldsymbol{B} = \frac{\mu_0 I}{2} \frac{r^2}{(z^2 + r^2)^{3/2}} \boldsymbol{e}_z$$

を用いて，図 **3.11** のような領域 C で囲まれた $abcd$ の線に沿っての磁束密度の積分からアンペールの法則

$$\int_C \boldsymbol{B} \cdot \mathrm{d}\boldsymbol{l} = \mu_0 I$$

が得れられることを証明せよ。

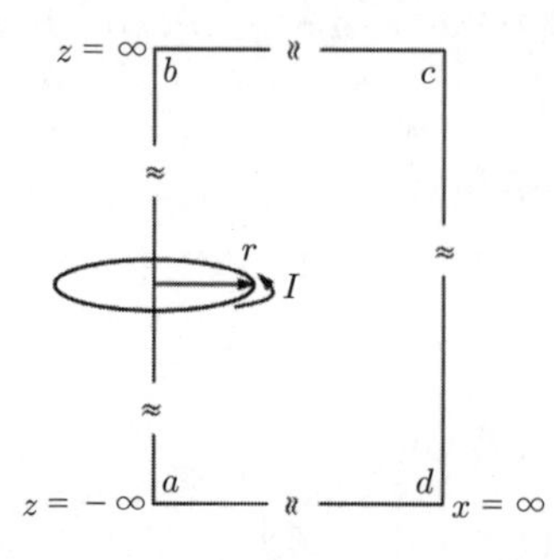

図 **3.11**　ループ状の電流が作る磁束密度の線積分からアンペールの法則を導くための図

(3.2)　水素原子は電荷 $+e$ を持つ陽子の周りを電荷 $-e$ の電子が回転運動をしているボーア模型で表される。基底準位の電子の軌道半径は $a_{\mathrm{B}} = 0.529\,\mathrm{Å}$（$1\,\mathrm{Å} = 10^{-10}\,\mathrm{m}$）である。この電子が陽子点に作る磁束密度を求めよ。

(3.3) **図 3.12** に示すような有限長の直線電流による磁束密度をビオ・サバールの式から求めよ。

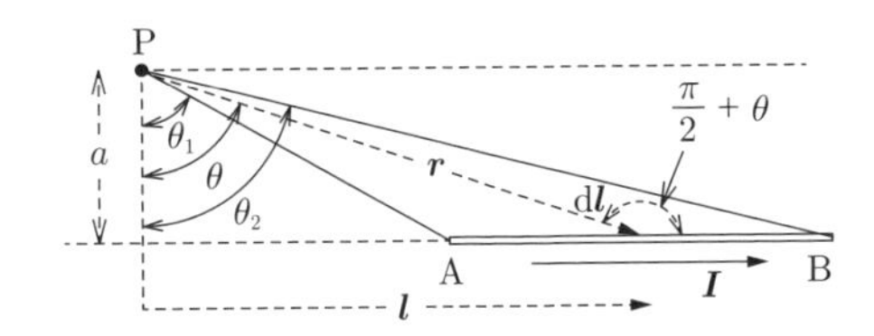

図 3.12　有限長の直線電流による磁束密度を求めるための図

(3.4) 前問の結果から無限長の導線電流による磁束密度がアンペールの式となることを示せ。

(3.5) **図 3.13** に示すような一辺の長さが a の正方形導線回路に電流 I が流れているとき，回路の中心における磁束密度 B を求めよ。

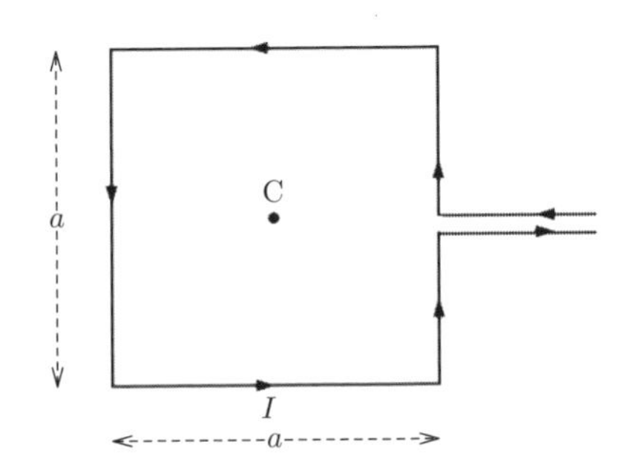

図 3.13　正方形導線回路の中心における磁束密度を求めるための図

(3.6) **図 3.14** に示すように，半径 a〔m〕の 2 個のコイル A，B が間隔 b で置かれている。このとき軸の中心 O から x だけ離れた点 P における磁束密度 B を求めよ。また，$a=b$ のとき点 O 付近の磁束密度分布がほとんど一定となる。このような回路構成を**ヘルムホルツ・コイル**（Helmholtz coil）と呼ぶ。

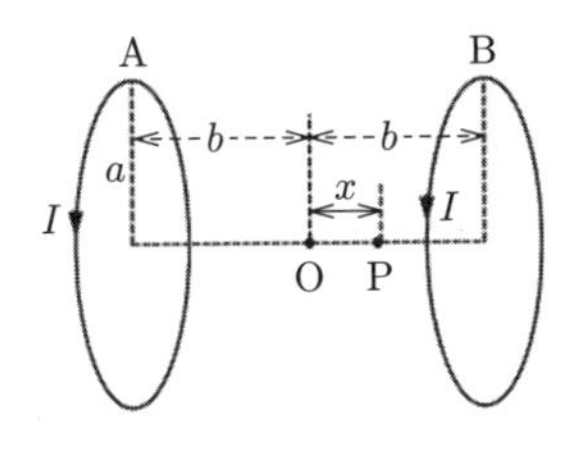

図 3.14　正方形導線回路の中心における磁束密度を求めるための図

4 電　磁　誘　導

本章では，ファラデーの電磁誘導から種々の現象を説明するとともにアンペールの法則との関連，マクウェルの変位電流とベクトル・ポテンシャルによる磁界の定義などを述べる。

4.1 ファラデーの電磁誘導の法則

ファラデー（Michael Faraday, 1791–1867, イギリス）はエルステッドやアンペールらによって，電流が磁界を誘起することが見いだされたのを知り，磁界から起電力（電流を流すもとになる力）が取り出せるはずであると確信した。1831 年に磁界から電流を取り出す実験に成功した（図 **4.1**）。鉄心に二つのコイルを巻き，一次コイルと二次コイルを電気的に絶縁し，一次コイルに電池を

(a)　ファラデーの電磁誘導コイル

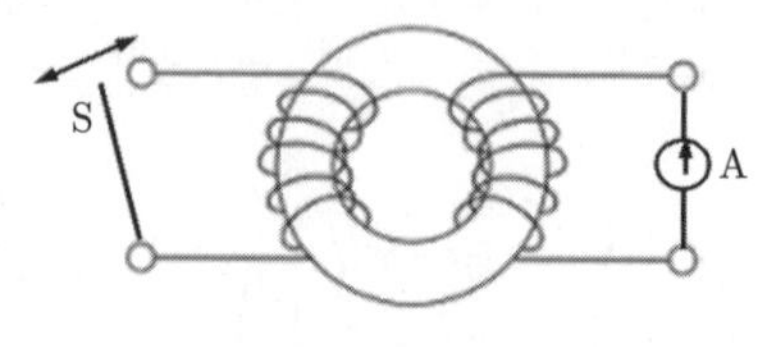

(b)　模式図

図 **4.1**　人類が初めて磁界から電流を取り出すことに成功したファラデーの電磁誘導コイル（トランス）（王立協会，Royal Institution of Great Britain, 所蔵），および模式図。スイッチ S を閉じると電流計が振れるがすぐに止まる。スイッチを開放すると反対方向の電流が流れすぐに電流計の振れが止まる。

接続しスイッチ S で電気を流したり切ったりするとき，二次コイルの電流計 A が振れることを見いだした。これは人類が初めて磁界から電流を取り出した電磁誘導の実験である。

その後，**図 4.2** に示すようなコイルと磁石を使った実験から，電磁誘導によって誘起される誘導起電力（emf）は，コイルの中に含まれる磁束の時間変化割合に比例するという，**ファラデーの法則**が導き出された。

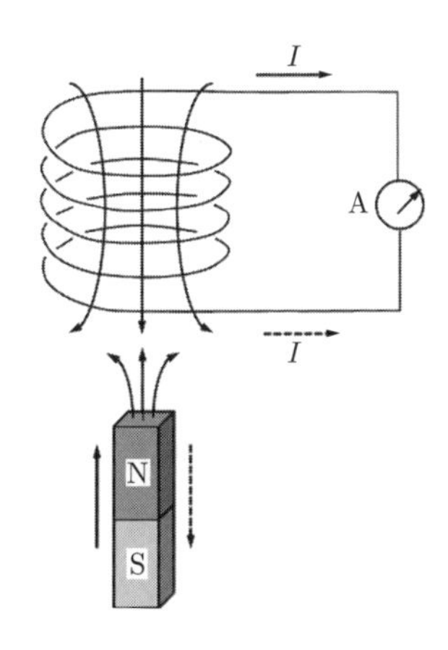

図 4.2 電磁誘導は磁束 Φ_{m}（コイル内を通る全磁束）の時間変化がある場合に起こる。コイルに磁石を近づけたり離したりすると，コイルに接続された電流計やガルバノメータ（GM: Galvano-Meter）で電流あるいは誘導起電力を観測することができる。誘起起電力 V と磁束 Φ_{m} の時間変化の間の関係式 (4.34) で与えられる $V = -\mathrm{d}\Phi_{\mathrm{m}}/\mathrm{d}t$ をファラデーの法則と呼ぶ。

ファラデーによる一連の実験から電磁誘導の定式化がなされた。導線が磁界をよぎるか導線のリング内の磁束が時間変化するとき，導線に誘起される起電力 V は，導線がよぎる面積や面内の磁束 Φ の変化割合に比例するといういわゆるファラデーの法則が導かれた。この結果は後に

$$V = -\frac{\mathrm{d}\Phi}{\mathrm{d}t} \tag{4.1}$$

と定式化され，マクスウェルの方程式の完成に大きな寄与をした。この式は**ファラデー・ノイマンの法則**（Faraday–Neumann law）と呼ばれることがある。ノイマン（Franz Emst Neumann, 1798–1895, ドイツ）がファラデーの法則を 1840 年代に定式化したことから，しばしばノイマンの法則とも呼ばれる。ここに，V の単位は〔V〕，磁束 Φ は〔Wb〕=〔T·m〕，時間 t は〔s〕であり，〔Wb〕はウェーバ（Weber）と呼ばれ，つぎのような関係がある。

$$1\,\mathrm{Wb} = 1\,\mathrm{T}\cdot\mathrm{m}^2 = 1\,\mathrm{V}\cdot\mathrm{s}$$

ファラデー・ノイマンの法則は電磁誘導の基本原理を与えるもので，以下に種々の場合について述べる。初めに線束（磁束）の時間変化について一般的な定理と，荷電粒子が磁束により受けるローレンツの力について説明する。

4.2　ファラデーの法則の定式化

ファラデーの法則を変形して，後に用いるマクスウェルの方程式の一つとなるものを導出しよう。初めに**図 4.3** に示すように，磁束とループ面が直交しておらず角度 θ だけ傾いている一般的な場合を考える。このとき磁束 Φ は

$$\Phi = \int_S \boldsymbol{B}\cdot\mathrm{d}\boldsymbol{S} \tag{4.2}$$

で与えられる。ここに，$\mathrm{d}\boldsymbol{S}$ は面 S の法線方向の面積素ベクトル（面素ベクトル）である。外部電源がない場合，この回路の導線の抵抗を R とすると，誘起される起電力 V は 5.4 節で述べるオームの法則からつぎのようになる。

$$V = IR = -\frac{\mathrm{d}}{\mathrm{d}t}\int_S \boldsymbol{B}\cdot\mathrm{d}\boldsymbol{S} \tag{4.3}$$

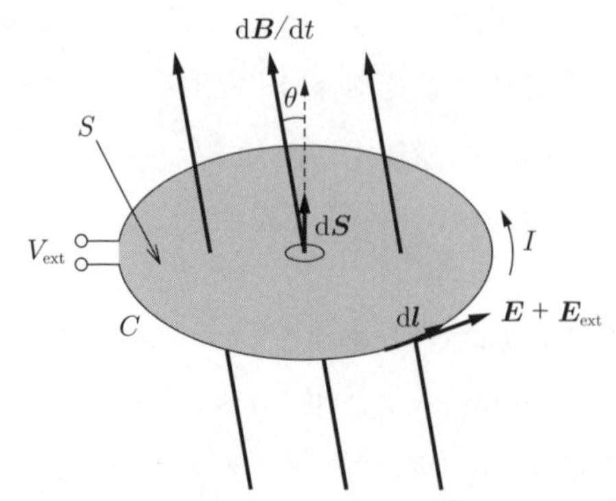

図 4.3　ファラデーの電磁誘導を求めるための図。外部起電力 V_{ext}，電界 $\boldsymbol{E}+\boldsymbol{E}_{\text{ext}}$ と磁束密度 $\boldsymbol{B}$ の時間変化を関係づけるための図

いま，この回路が図に示すように，外部起電力 V_{ext} を含む場合には，上式は

$$IR = V_{\text{ext}} - \frac{\mathrm{d}}{\mathrm{d}t}\int_S \boldsymbol{B}\cdot\mathrm{d}\boldsymbol{S} \tag{4.4}$$

と書き換える必要がある。外部起電力は電池，ペルチエ効果による熱起電力，太

陽光によるソーラー・バッテリーなどによる起電力が考えられる。この導線の導電率を σ とすると，電流密度 $\boldsymbol{J}$ はオームの法則に従うから

$$\boldsymbol{J} = \sigma (\boldsymbol{E} + \boldsymbol{E}_{\mathrm{ext}}) \tag{4.5}$$

である。ここに，$\boldsymbol{E}$ は電磁誘導で回路に誘起される電界，$\boldsymbol{E}_{\mathrm{ext}}$ は外部起電力に起因する電界である。この回路に沿って $\boldsymbol{E}_{\mathrm{ext}}$ を周積分すれば

$$V_{\mathrm{ext}} = \oint \boldsymbol{E}_{\mathrm{ext}} \cdot \mathrm{d}\boldsymbol{l} \tag{4.6}$$

である。導線の断面積を S とすると，$I = |\boldsymbol{J}|S$ であるから

$$\oint (\boldsymbol{E} + \boldsymbol{E}_{\mathrm{ext}})\,\mathrm{d}\boldsymbol{l} = \oint \frac{\boldsymbol{J} \cdot \mathrm{d}\boldsymbol{l}}{\sigma} = I \oint \frac{\mathrm{d}l}{\sigma S} = IR \tag{4.7}$$

となる。この結果を用いると

$$IR = V_{\mathrm{ext}} + \oint \boldsymbol{E} \cdot \mathrm{d}\boldsymbol{l} \tag{4.8}$$

なる関係が得られる。この式は，電流が時間変化する場合の電界 $\boldsymbol{E}$，外部起電力 V_{ext} と電流 I の間に成立する重要な関係式である。

$\boldsymbol{E}$ が静電界である場合，$\mathrm{rot}\,\boldsymbol{E} = 0$ で，電界 $\boldsymbol{E}$ に沿った周積分は $\oint \boldsymbol{E} \cdot \mathrm{d}\boldsymbol{l} = 0$ となるが，電界 $\boldsymbol{E}$ が時間変化する一般的な場合には，式 (4.8) で与えられるように $\oint \boldsymbol{E} \cdot \mathrm{d}\boldsymbol{l} \neq 0$ であるから $\mathrm{rot}\boldsymbol{E} \neq 0$ である。式 (4.4) と式 (4.8) よりつぎの関係が得られる。

$$\oint_C \boldsymbol{E} \cdot \mathrm{d}\boldsymbol{l} = -\frac{\mathrm{d}}{\mathrm{d}t} \int_S \boldsymbol{B} \cdot \mathrm{d}\boldsymbol{S} = -\frac{\mathrm{d}\Phi}{\mathrm{d}t} \tag{4.9}$$

この式はマクスウェルが求めた**ファラデーの電磁誘導の法則**である。

4.3 電　磁　誘　導

4.3.1 磁束の時間変化割合

図 **4.4** に示すような磁束密度 $\boldsymbol{B}$ を含む面 S および閉曲線 C が変化するときの磁束の変化を調べる。磁束密度 $\boldsymbol{B}$（任意のベクトルとしてもよい）があり，

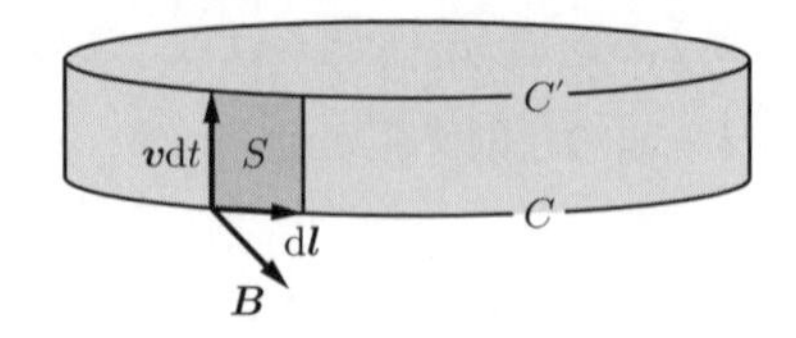

図 4.4　面の周辺曲線の移動による線束 Φ の変化

その磁束（線束）Φ

$$\Phi = \int_S \boldsymbol{B} \cdot \mathrm{d}\boldsymbol{S} = \int_S B_n \mathrm{d}S \tag{4.10}$$

が時間 $\mathrm{d}t$ の間に変化する量，全微分をつぎの二つの場合について求める。

① 積分領域の面は静止しているが，ベクトル量 $\boldsymbol{B}$ が時間変化することによる Φ の変化は

$$\mathrm{d}\Phi_1 = \mathrm{d}t \int_S \frac{\partial B_n}{\partial t} \mathrm{d}S \tag{4.11}$$

で与えられる。

② ベクトル $\boldsymbol{B}$ は時間的に変化しないが，周積分する閉曲線 C が移動することによる Φ の変化がある場合を考える。移動の速度を $\boldsymbol{v}$ とすると，C は $\mathrm{d}t$ の間に $\boldsymbol{v}\mathrm{d}t$ だけ移動し，C' に移る。曲線 C の線素を $\mathrm{d}\boldsymbol{l}$ とすると，移動による面積は $\mathrm{d}\boldsymbol{S} = \mathrm{d}t(\boldsymbol{v} \times \mathrm{d}\boldsymbol{l})$ であるから，この領域を通過する線束は $B_n \mathrm{d}S = \boldsymbol{B} \cdot (\boldsymbol{v} \times \mathrm{d}\boldsymbol{l})\,\mathrm{d}t = (\boldsymbol{B} \times \boldsymbol{v}) \cdot \mathrm{d}\boldsymbol{l}\,\mathrm{d}t$ である†。この場合の線束の変化は 3.5 節で述べたストークスの定理を用いてつぎのようになる。

$$\mathrm{d}\Phi_2 = \mathrm{d}t \oint_C (\boldsymbol{B} \times \boldsymbol{v}) \cdot \mathrm{d}\boldsymbol{l} = \mathrm{d}t \int_S \mathrm{rot}(\boldsymbol{B} \times \boldsymbol{v}) \cdot \mathrm{d}\boldsymbol{S} \tag{4.12}$$

以上の結果をまとめると，線束の変化は $\mathrm{d}\Phi = \mathrm{d}\Phi_1 + \mathrm{d}\Phi_2$ であるから

$$\frac{\mathrm{d}\Phi}{\mathrm{d}t} = \frac{\mathrm{d}}{\mathrm{d}t} \int_S \boldsymbol{B} \cdot \mathrm{d}\boldsymbol{S} = \int_S \left[\frac{\partial \boldsymbol{B}}{\mathrm{d}t} + \mathrm{rot}\,(\boldsymbol{B} \times \boldsymbol{v}) \right] \cdot \mathrm{d}\boldsymbol{S} \tag{4.13}$$

となる。この式は任意のベクトル $\boldsymbol{B}$ について成立するもので，ベクトル $\boldsymbol{B}$ 自身および面 S が変化する場合における，S を貫くベクトル $\boldsymbol{B}$ の線束 Φ の時間に関する全微分係数を与える。

---

† つぎのベクトルの公式を用いた。

$$\boldsymbol{A} \cdot (\boldsymbol{B} \times \boldsymbol{C}) = \boldsymbol{B} \cdot (\boldsymbol{C} \times \boldsymbol{A}) = \boldsymbol{C} \cdot (\boldsymbol{A} \times \boldsymbol{B})\,(\equiv (\boldsymbol{A} \times \boldsymbol{B}) \cdot \boldsymbol{C})$$

4.2節で述べたように，マクスウェルが導いたファラデーの電磁誘導の式 (4.9)，つまり

$$\oint_C \boldsymbol{E} \cdot \mathrm{d}\boldsymbol{l} = -\frac{\mathrm{d}\varPhi_\mathrm{m}}{\mathrm{d}t} \tag{4.14}$$

が成り立つ。したがって，形式的に

$$\oint_C \boldsymbol{E} \cdot \mathrm{d}\boldsymbol{l} \to V = -\frac{\mathrm{d}\varPhi_\mathrm{m}}{\mathrm{d}t} \tag{4.15}$$

と置き換えることができる。これらの結果

$$\oint_C \boldsymbol{E} \cdot \mathrm{d}\boldsymbol{l} = -\frac{\mathrm{d}\varPhi_\mathrm{m}}{\mathrm{d}t} = -\int_S \left[\frac{\partial \boldsymbol{B}}{\partial t} + \mathrm{rot}(\boldsymbol{B} \times \boldsymbol{v})\right] \cdot \mathrm{d}\boldsymbol{S} \tag{4.16}$$

となるが，3章で述べたストークスの定理の式 (3.39) を用いて書き直すとつぎのようになる。

$$\mathrm{rot}\,\boldsymbol{E} = -\left[\frac{\partial \boldsymbol{B}}{\partial t} + \mathrm{rot}\,(\boldsymbol{B} \times \boldsymbol{v})\right] \tag{4.17}$$

4.3.2 定常磁界中のローレンツ力

磁束密度 $\boldsymbol{B}$ の時間変化がない場合を考えると $\partial \boldsymbol{B}/\partial t = 0$ であるから，電界 $\boldsymbol{E}$ に関しては式 (4.17) より

$$\mathrm{rot}\,\boldsymbol{E} = -\mathrm{rot}\,(\boldsymbol{B} \times \boldsymbol{v}) \tag{4.18}$$

あるいは

$$\boldsymbol{E} = \boldsymbol{v} \times \boldsymbol{B} = -\boldsymbol{B} \times \boldsymbol{v} \tag{4.19}$$

の関係が得られる。さらに，3.5節のストークスの定理の式 (3.39) を用いて式 (4.18) をつぎのように変形することができる。

$$\oint_C \boldsymbol{E} \cdot \mathrm{d}\boldsymbol{l} = -\int_S \mathrm{rot}\,(\boldsymbol{B} \times \boldsymbol{v})\mathrm{d}\boldsymbol{S} = -\oint_C (\boldsymbol{B} \times \boldsymbol{v}) \cdot \mathrm{d}\boldsymbol{l} \tag{4.20}$$

これより，定常磁界（磁束密度 $\boldsymbol{B}$）中での導線回路 C が速度 $\boldsymbol{v}$ で移動するとき，その回路に誘起される起電力は

$$V = -\oint_C (\boldsymbol{B} \times \boldsymbol{v}) \cdot \mathrm{d}\boldsymbol{l} = \oint_C (\boldsymbol{v} \times \boldsymbol{B}) \cdot \mathrm{d}\boldsymbol{l} \tag{4.21}$$

となる。定常磁場中で回路，あるいはその一部が移動するために生ずる電磁誘導は**運動電磁誘導**（motional induction）と呼ぶ。この回路の微小部分 $\mathrm{d}\boldsymbol{l}$ が単位時間に描く面積は $(\mathrm{d}\boldsymbol{l} \times \boldsymbol{v})$ であるから，$\boldsymbol{B} \cdot (\mathrm{d}\boldsymbol{l} \times \boldsymbol{v})$ は単位時間に回路の微小部分が切断する磁束に等しい。つまり上式は，定常磁場内の回路，あるいはその一部分が動くとことによって誘起される運動誘導起電力は，回路が毎秒切断する磁束に等しいことを表している。

つぎに，磁界（磁束密度 $\boldsymbol{B}$）中で運動する荷電流子に働くローレンツ力（Lorentz force）について述べる。図 **4.5** に示すように点電荷 q の粒子が均一磁束密度 $\boldsymbol{B}$ 内で速度 $\boldsymbol{v}$ で運動している場合を考える。図において，面の移動が電荷 q を含み速度 $\boldsymbol{v}$ で移動する回路であると考えると，式 (4.19) より電界 $\boldsymbol{E} = \boldsymbol{v} \times \boldsymbol{B}$ が誘起されるから，この点電荷 q に働く力 $\boldsymbol{F}$ は

$$\boldsymbol{F} = q\boldsymbol{E} = q(\boldsymbol{v} \times \boldsymbol{B}) \tag{4.22}$$

となる。

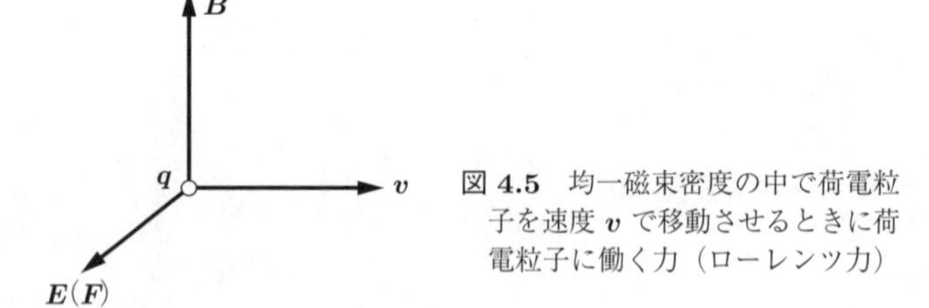

図 **4.5**　均一磁束密度の中で荷電粒子を速度 $\boldsymbol{v}$ で移動させるときに荷電粒子に働く力（ローレンツ力）

これらの結果から，電界 $\boldsymbol{E}$ と磁束密度 $\boldsymbol{B}$ が共存する系では，荷電粒子 q は電界から $q\boldsymbol{E}$，磁束密度 $\boldsymbol{B}$ から $q\boldsymbol{v} \times \boldsymbol{B}$ の力を受けるから，運動電荷に働く力は次式で与えられる。

$$\boldsymbol{F} = q\,(\boldsymbol{E} + \boldsymbol{v} \times \boldsymbol{B}) \tag{4.23}$$

この式を**ローレンツ力**と呼ぶ。ローレンツ力という名称の由来は，電気力学や特殊相対性原理の研究で大きな成果を挙げたオランダの科学者ローレンツ（Hendrik Antoon Lorentz, 1853–1928, オランダ）による。

4.3.3 電流が流れている導体に外部磁界が作用する電磁力

電流が流れている導線が定常磁界内に置かれると，その導線は力を受ける。この力を**電磁力**（electromagnetic force）と呼ぶ。実験によると，電流が流れている直線導線が定常磁界中にあるときに受ける力は，① 電流の強さ $\boldsymbol{I}$ および導線の長さ L に比例し，② 外部磁束密度 B に比例し，③ 電磁力 $\boldsymbol{F}$ は電流 $\boldsymbol{I}$ と磁束密度 $\boldsymbol{B}$ のベクトル積 $L\boldsymbol{I} \times \boldsymbol{B}$ の方向に働く。このとき

$$LIB = [\mathrm{m}][\mathrm{A}]\left[\frac{\mathrm{V \cdot s}}{\mathrm{m}^2}\right] = \left[\frac{\mathrm{J}}{\mathrm{m}}\right] = [\mathrm{N}] \tag{4.24}$$

なる関係が成立する。そこで，この電磁力を

$$\boldsymbol{F} = L(\boldsymbol{I} \times \boldsymbol{B}) \tag{4.25}$$

と定義する。この力は 4.6 節に述べるように，電流が点電荷の運動で運ばれるとして，ローレンツ力を用いても求めることができる。

4.3.4 閉回路の運動による電磁誘導

いま，**図 4.6** のような U 字状導線を x, y 面に平行におき，これに直交するような一様磁束密度 $\boldsymbol{B}$ を z 方向 $\odot$ に印加する。直線状導線を y 方向と平行に U 字導線回路に載せ，これを定速度 $\boldsymbol{v}$ で x 方向にスライドさせると，式 (4.19)

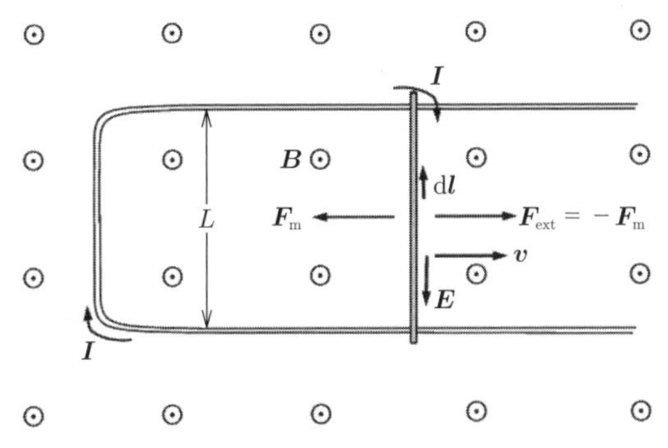

図 4.6　z 方向 $\odot$ に一様な磁束密度が印加されている中に x, y 面に U 字型の導線を置き，y 方向と平行に直線状導線を載せ，U 字導線上を滑らすと電荷は蓄積されずに電流 I となって流れる。

より電界 $\boldsymbol{E}\ (=\boldsymbol{v}\times\boldsymbol{B})$ が $-y$ 方向に誘起され，U 字導線を含む閉じた回路中を電流 I として流れる。このとき，回路の移動導線 L の磁束 $\varPhi_{\mathrm{m}}$ を切断する単位時間当りの面積は vL であるから，誘起される起電力は式 (4.21) から

$$V=-\frac{\mathrm{d}\varPhi_{\mathrm{m}}}{\mathrm{d}t}=-\oint_C(\boldsymbol{B}\times\boldsymbol{v})\cdot\mathrm{d}\boldsymbol{l}=-\int_0^L Bv\mathrm{d}l=-BvL \tag{4.26}$$

となり，誘導起電力 V は閉回路の可動導線が移動する速度 v とその長さ L と磁束密度 B の積に等しい。つまり，単位時間に移動導線がよぎる磁束 BvL が誘導起電力を与える。

つぎに，この可動導線による仕事について考察してみる。導線には磁束密度による力 $\boldsymbol{F}_{\mathrm{m}}$ と導線を動かす外力 $\boldsymbol{F}_{\mathrm{ext}}$ が働いてつり合う。この条件からつぎのような関係が導かれる。導線に働く力については，ローレンツ力を用いて 4.6 節でも述べるが（後述の式 (4.50) または式 (4.51) を参照），ここでは，上に述べた電磁力の式 (4.25) を用い，可動導線内の電流の方向を $\boldsymbol{I}=-I\boldsymbol{e}_y$ とすると長さ L の導線に働く力は

$$\boldsymbol{F}_{\mathrm{m}}=L\boldsymbol{I}\times\boldsymbol{B}=LIB(-\boldsymbol{e}_y\times\boldsymbol{e}_z)=-LIB\boldsymbol{e}_x \tag{4.27}$$

となる。つまり，$\boldsymbol{F}_{\mathrm{ext}}=-\boldsymbol{F}_{\mathrm{m}}$ の外力が作用している。

この磁束密度による力 $\boldsymbol{F}_{\mathrm{m}}$ に抗して x 方向に $\mathrm{d}\boldsymbol{x}=\mathrm{d}x\cdot\boldsymbol{e}_x$ だけ導線を移動させることによる仕事の量 $\mathrm{d}W$ は $L\mathrm{d}x=\mathrm{d}S$ として

$$\mathrm{d}W=F_{\mathrm{m}}\mathrm{d}x=-IBL\mathrm{d}x=-IB\mathrm{d}S \tag{4.28}$$

で与えられる。電流，磁界，移動方向が直交系をなさず，一般的なベクトル $(\boldsymbol{x},\boldsymbol{y},\boldsymbol{z})$ でその単位ベクトルを $(\boldsymbol{e}_x,\boldsymbol{e}_y,\boldsymbol{e}_z)$ として右手系をなしているとき，電流が $\boldsymbol{I}=I\boldsymbol{e}_I=-I\boldsymbol{e}_y$，磁束密度が $\boldsymbol{B}=B\boldsymbol{e}_z$，運動方向が $\mathrm{d}\boldsymbol{x}=\mathrm{d}x\boldsymbol{e}_x$ 方向を向いているとするとつぎのようになる。

$$\begin{aligned}\mathrm{d}W&=\boldsymbol{F}_{\mathrm{m}}\cdot\mathrm{d}\boldsymbol{x}=L(\boldsymbol{I}\times\boldsymbol{B})\cdot\mathrm{d}\boldsymbol{x}=L(\mathrm{d}\boldsymbol{x}\times\boldsymbol{I})\cdot\boldsymbol{B}=L\mathrm{d}xI(\boldsymbol{e}_x\times\boldsymbol{e}_I)\cdot\boldsymbol{B}\\&=-LI\boldsymbol{B}\cdot(\boldsymbol{e}_x\times\boldsymbol{e}_y)\,\mathrm{d}x=-I\boldsymbol{B}\cdot\mathrm{d}\boldsymbol{S}\end{aligned} \tag{4.29}$$

ここで，50 ページの脚注に示したベクトルの公式を用い，また $L(\boldsymbol{e}_x \times \boldsymbol{e}_y)\,\mathrm{d}x = L\mathrm{d}x\,\boldsymbol{e}_z = \mathrm{d}S\,\boldsymbol{e}_z \equiv \mathrm{d}\boldsymbol{S}$ と置いた。図のような直交座標表示を用いると，$\mathrm{d}\boldsymbol{S}$ は z 方向のベクトルで大きさは $L\mathrm{d}x$ となり，導線が移動した面積 $\mathrm{d}S$ に等しいから，上に求めた式 (4.28) の結果と同じになる。

ところで 3 章で述べたように磁束に関して式 (3.21) の関係

$$\mathrm{d}\varPhi_{\mathrm{m}} = \boldsymbol{B} \cdot \mathrm{d}\boldsymbol{S} \tag{4.30}$$

があるので，式 (4.29) にこの関係を代入して，磁界中での仕事量は

$$\mathrm{d}W = -I\mathrm{d}\varPhi_{\mathrm{m}} \tag{4.31}$$

で表され，磁束により単位時間当りになされる仕事は $\mathrm{d}W/\mathrm{d}t$ であるからこれを P とするとつぎのように表される。

$$P = \frac{\mathrm{d}W}{\mathrm{d}t} = \frac{-I\mathrm{d}\varPhi_{\mathrm{m}}}{\mathrm{d}t} = I\left(-\frac{\mathrm{d}\varPhi_{\mathrm{m}}}{\mathrm{d}t}\right) \tag{4.32}$$

一方，電圧 V の下で電流 I のなす仕事は 5.4 節で述べるジュールの法則で

$$P = IV \tag{4.33}$$

で与えられるから

$$V = -\frac{\mathrm{d}\varPhi_{\mathrm{m}}}{\mathrm{d}t} \tag{4.34}$$

の関係が成立する。つまり，電磁力の法則を用い，5.4 節で述べるジュールの法則のもとでは，$-\mathrm{d}\varPhi_{\mathrm{m}}/\mathrm{d}t$ が電磁誘導による起電力 (emf, electro-motive force) を与えるという，**ファラデー・ノイマンの法則**の成立することが示される。

4.3.5 有限長直線導体の運動による電磁誘導

図 4.1 に示したファラデーのトランス（変圧器）の動作や，図 4.2 の実験から，磁束が時間変化をするか，あるいは磁界中を導線が動くときに電流が誘起されることが証明された。これらの現象は磁束の時間変化に関係しており，磁束が回路をよぎることによって誘導起電力が発生する結果で説明できた。定常

磁界中を有限長の導線が定速度で移動するときに誘起される電界について考察してみる。いま，**図 4.7** に示すように一様な磁束密度 $\boldsymbol{B}$ が z 方向に印加されており，y 方向の長さ L の導線を x 方向に速度 $\boldsymbol{v}$ で動かすとき，導線には式 (4.19) で表される電界 $\boldsymbol{E}$ が誘起される。

$$\boldsymbol{E} = \boldsymbol{v} \times \boldsymbol{B} = -\boldsymbol{B} \times \boldsymbol{v} \tag{4.35}$$

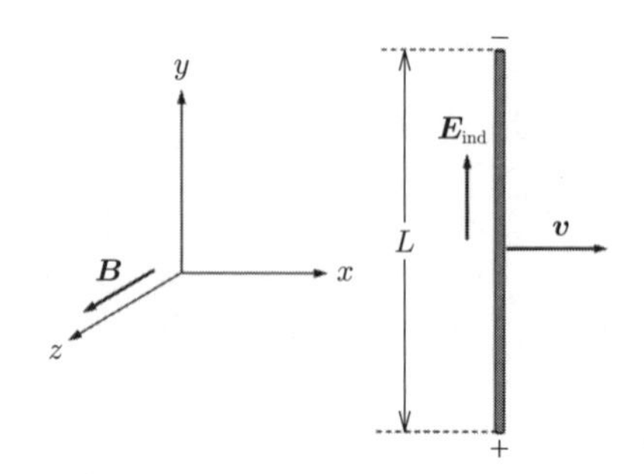

図 4.7　z 方向に磁束密度 $\boldsymbol{B}$ が印加されているとき，磁界と直交する x 方向に直線導線を速度 $\boldsymbol{v}$ で移動させると導線中の電荷が磁界の力を受け，導線に電界 $\boldsymbol{E}_{\mathrm{ind}}$ が誘起される。

導線は有限長 L の長さを持っているので，導線中で移動する電荷を q とすると，導線の両端に $\pm q$ の電荷が蓄積される。この電荷による電界を $\boldsymbol{E}_{\mathrm{ind}}$ とすると，この電界による力 $q\boldsymbol{E}_{\mathrm{ind}}$ と電荷に働く磁界の力がつり合うことから

$$q\boldsymbol{E}_{\mathrm{ind}} + q\boldsymbol{v} \times \boldsymbol{B} = q(\boldsymbol{E}_{\mathrm{ind}} + \boldsymbol{v} \times \boldsymbol{B}) = 0 \tag{4.36}$$

これより

$$\boldsymbol{E}_{\mathrm{ind}} = -\boldsymbol{v} \times \boldsymbol{B}, \quad E_{\mathrm{ind}} = v_x B_z \tag{4.37}$$

が得られる。つまり導線 L には $V = LE_{\mathrm{ind}} = Lv_x B_z$ の電位差が誘起される。

4.4　レンツの法則

図 4.2 に示したように，磁界をコイルに近づけたときに流れる電流と，コイルから離れようとするときに誘起される電流が反対向きとなる。これは誘起される電流によって作る磁界の方向が，磁石によってコイル内に誘起される磁界が増えたり減少したりする方向と反対になっていることを意味している。このよ

うに磁界変化を打ち消すような誘導電流が流れる現象をレンツ（Heinrich F. E. Lenz, 1804–1865，ドイツ–エストニア）の名前を付けて**レンツの法則**と呼ぶ。

レンツの法則を説明するため**図 4.8** を参考にする。磁束密度 $\boldsymbol{B}$ が時間変化をせず，一定であればコイルには電流は誘起されない。この状態に磁束密度の変化 $\mathrm{d}\boldsymbol{B}/\mathrm{d}t$ を加えると図に示すような方向に誘導電流が流れる。図では磁界とコイル面が直交している場合を示しているが，コイル内の全磁束に関係するので磁界とコイル面が垂直ではなく角度 θ だけ傾いているとすれば，B の代わりに $B\cos\theta$ と置けばよいことは明らかである。誘起された電流により発生する磁束密度 $\boldsymbol{B}'$ はビオ・サバールの法則やアンペールの法則から図に示す方向となる。つまり，誘導電流の作る磁界は印加した磁界の増加方向と反対となる。これがレンツの法則の説明である。

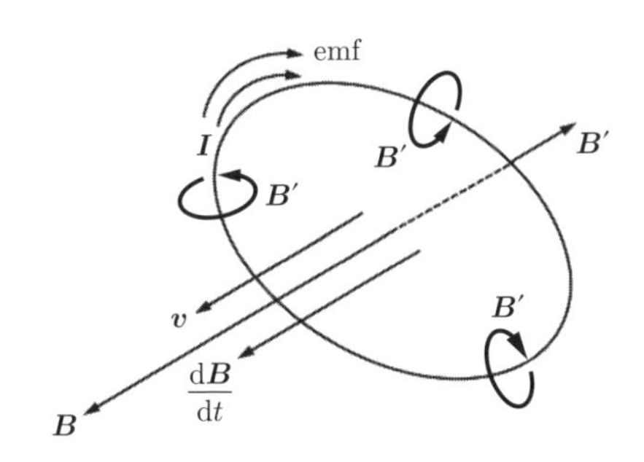

図 4.8　ファラデーの電磁誘導をレンツの法則で説明するための図。ファラデーの法則は起電力が磁束の変化割合に負号を付けたものとなっている。これは誘導起電力による電流が作る磁界が磁束の変化割合を打ち消す方向に流れることを意味している。これをレンツの法則と呼ぶ。

4.5　アンペールの法則とファラデーの法則

3 章で述べた式 (3.39) のストークスの定理によると

$$\oint_C \boldsymbol{H}\cdot\mathrm{d}\boldsymbol{l} = \int_S \mathrm{rot}\ \boldsymbol{H}\cdot\boldsymbol{n}\mathrm{d}S \tag{4.38}$$

となるから，式 (3.35) より

$$\int_S \mathrm{rot}\ \boldsymbol{H}\cdot\boldsymbol{n}\mathrm{d}S = \int_S \boldsymbol{J}\cdot\boldsymbol{n}\mathrm{d}S\ (=I) \tag{4.39}$$

が成立し，次式が得られる。

$$\mathrm{rot}\ \boldsymbol{H} = \boldsymbol{J} \tag{4.40}$$

この式はアンペールの法則を一般化し，電流密度 $\boldsymbol{J}$ が存在するとき，その周りに発生する磁界の強さ $\boldsymbol{H}$ を与えるものである。上式はマクスウェルの方程式の一つである。

電界 $\boldsymbol{E}$ と電束密度（電気変位）$\boldsymbol{D}$ との関係のように，磁界 $\boldsymbol{H}$ と磁束密度 $\boldsymbol{B}$ の間に

$$\boldsymbol{B} = \mu_0 \boldsymbol{H} \tag{4.41}$$

の関係を定義する。この係数 μ_0 は後に示すマクスウェルの方程式から導かれる電磁波（光）の速度が正しく表されるように定義したものである。この係数を**真空中の透磁率**と呼ぶ。

図 4.3 を参照してファラデーの法則をつぎのように表す。

$$\oint_C \boldsymbol{E} \cdot \mathrm{d}\boldsymbol{l} = -\frac{\mathrm{d}}{\mathrm{d}t}\int_S \boldsymbol{B} \cdot \mathrm{d}\boldsymbol{S} = -\frac{\mathrm{d}}{\mathrm{d}t}\int_S \boldsymbol{B} \cdot \boldsymbol{n}\mathrm{d}S \tag{4.42}$$

ここに，$\boldsymbol{n}$ は面素 $\mathrm{d}\boldsymbol{S}$ の法線方向の単位ベクトルである。この式にストークスの定理の式 (3.39) を用いると

$$\oint_C \boldsymbol{E} \cdot \mathrm{d}\boldsymbol{l} = \int_S \mathrm{rot}\ \boldsymbol{E} \cdot \boldsymbol{n}\mathrm{d}S \tag{4.43}$$

となるから，式 (4.42) はつぎのようになる。

$$\int_S \mathrm{rot}\ \boldsymbol{E} \cdot \boldsymbol{n}\mathrm{d}S = -\int_S \frac{\partial \boldsymbol{B}}{\partial t} \cdot \boldsymbol{n}\mathrm{d}S \tag{4.44}$$

これよりつぎの式が得られる。

$$\mathrm{rot}\ \boldsymbol{E} = -\frac{\partial \boldsymbol{B}}{\partial t} \tag{4.45}$$

この式はファラデーの電磁誘導の式を変形したもので，磁束密度 $\boldsymbol{B}$ が時間的に変化するとき，その近傍に誘起される電界 $\boldsymbol{E}$ を与えるものである。また，マクスウェルの電磁方程式の第 3 番目の式に対応する。

3 章の初めに述べたように磁界は，N 極から出て S 極に入るので，任意の閉曲面を考えると入る磁束と出ていく磁束は等しく，発散はない。これは式 (3.1)

で述べたように

$$\mathrm{div}\ \boldsymbol{B} = \boldsymbol{\nabla} \cdot \boldsymbol{B} = 0 \tag{4.46}$$

と表される。これがマクスウェルの電磁方程式の第 4 番目の式である。

4.6 アンペールの実験と電流の単位アンペア

アンペールはエルステッドの実験を知り，一週間以内に 2 本の平行導線に電流を流して，その間に働く力とその力の大きさを測定することに成功した。その実験装置の模式図を**図 4.9** に示す。この実験から電流の単位であるアンペア〔A〕を決定することになった。この実験を定量化する前に，平行な二つの導線間に働く力を計算してみる。また，以下の計算ではベクトル積が現れるので，右手系 (x, y, z) をとり，その方向の単位ベクトルを $(\boldsymbol{e}_x, \boldsymbol{e}_y, \boldsymbol{e}_z)$ とする。

いま，z 方向に直線状の長い導線を考えその微小線素 $\mathrm{d}z$ を考える。導線中には多数の伝導電子が存在し，電界 $E\boldsymbol{e}_z$ を印加すると，電子はブラウン運動をしながら電界によりドリフト運動をする[10)]。そのドリフト速度を $\boldsymbol{v} = v\,\boldsymbol{e}_z$ と

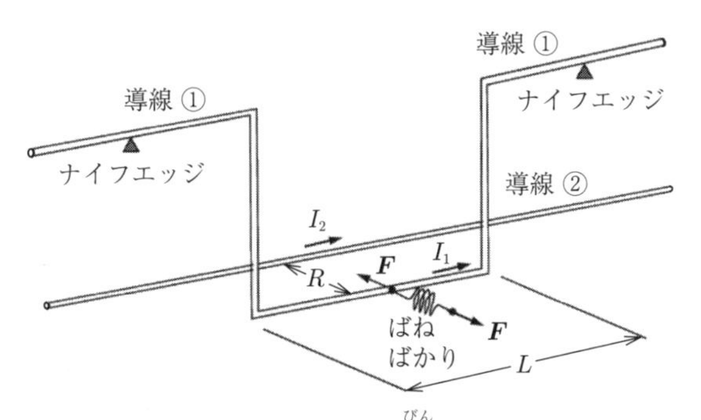

図 4.9 アンペールの平衡電流天秤（びん）(Ampere balance)。導線①は U 字型で両端の水平部はナイフエッジで支えられ，自由に振れることができる。導線①には電流 I_1 が流れている。導線②は直線状で導線①と平行で電流 I_2 が流れている。U 字の両側サイドの部分は直交するため，この部分の導線①と②の間には力が働かない。ばねばかりで力を測定し電流と関係づけ，単位のアンペア〔A〕が決定された。

すると，単位体積中に存在する電子の数を n として，電流密度 $\boldsymbol{J}$ は

$$\boldsymbol{J} = n\,e\boldsymbol{v} = n\,e\,v\boldsymbol{e}_z \tag{4.47}$$

となる。ここに，$-e$ は電子の電荷量で，電界のもとでドリフト速度は $\boldsymbol{v} = -v\boldsymbol{e}_z$ で，電子は電界と反対方向にドリフトする。電子は $-e$ の電荷を持つので1個の電子による電流は $\boldsymbol{i} = (-e)(-v)\boldsymbol{e}_z = e\,v\boldsymbol{e}_z$ となる。また，正電荷 q の場合 q は電界 $E\boldsymbol{e}_z$ 方向にドリフトするからその電流は $\boldsymbol{i} = q\,v\boldsymbol{e}_z$ となり，電流に関してはその符号を変える必要がない。x 方向に磁束密度 $\boldsymbol{B} = B\boldsymbol{e}_x$ を印加すると電子 $-e$ に働く力はローレンツ力の式 (4.23) から次式を得る。

$$\boldsymbol{f} = (-e)(-v)(\boldsymbol{e}_z \times \boldsymbol{B}) = e\,v\,B\,(\boldsymbol{e}_z \times \boldsymbol{e}_x) \equiv e\,v\,B\,\boldsymbol{e}_y \tag{4.48}$$

$\boldsymbol{e}_z \times \boldsymbol{e}_x = \boldsymbol{e}_y$ であるから上のように $\boldsymbol{f} = e\,v\,B\,\boldsymbol{e}_y$ となり，この力は y 方向となる。正電荷 q に対しても同じ式が成立する。

断面積 S の導線の微小線素 $\mathrm{d}z$ に存在する電子の量は $\mathrm{d}n = nS\mathrm{d}z$ であるからこの線素 $S\mathrm{d}z$ 中の電子に働く力 $\mathrm{d}\boldsymbol{F}$ は，面 S を通過して流れる電流を $\boldsymbol{I} = \boldsymbol{J}S$ と表し

$$\mathrm{d}\boldsymbol{F} = n\,S\,\mathrm{d}z\,\boldsymbol{f} = n\,S\,e\,v\,B\,\mathrm{d}z\,(\boldsymbol{e}_z \times \boldsymbol{e}_x) = I\,B\,\mathrm{d}z\,(\boldsymbol{e}_z \times \boldsymbol{e}_x) \tag{4.49}$$

となる。これよりつぎの関係を得る。

$$\frac{\mathrm{d}\boldsymbol{F}}{\mathrm{d}z} = I\,\boldsymbol{e}_z \times B\,\boldsymbol{e}_x = I\,B\,(\boldsymbol{e}_z \times \boldsymbol{e}_x) = I\,B\,\boldsymbol{e}_y \tag{4.50}$$

この結果は電流線素に沿って作られる力は一定であることを示しており，長さ L の導線で一様であるから単位長さ当りの力は

$$\frac{\boldsymbol{F}}{L} = (I\,\boldsymbol{e}_z) \times (B\,\boldsymbol{e}_x) = I\,B\,(\boldsymbol{e}_z \times \boldsymbol{e}_x) = I\,B\,\boldsymbol{e}_y \tag{4.51}$$

と表される。電流によって作られる磁束密度による荷電粒子に働く力はローレンツ力の式における $q\boldsymbol{v}$ が電流 $I\boldsymbol{e}_z$ に置き換わったものとなる。この結果を用いてアンペールの実験結果を説明する。

図 4.10 に示すような平行な導線①と②が z 方向を向いていて，それぞれの導線には電流 I_1 と I_2 が流れているものとする。

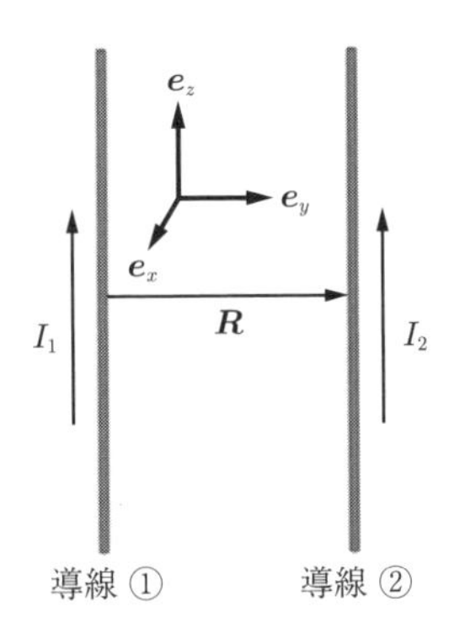

図 4.10　平行な 2 本の長い導線①と②が距離 R だけ離れており，導線①には電流 I_1 が，導線②には同方向に I_2 が流れている。紙面を (y, z) 面にとり，それぞれの単位ベクトルを $\boldsymbol{e}_y$，$\boldsymbol{e}_z$ とする。この 2 本の導線の間に働く力は引力となることを導く。

導線①に流れる電流 I_1 が導線②に作る磁束密度はビオ・サバールの式 (3.6) からつぎのようになる。距離ベクトルは $\boldsymbol{R} = R\boldsymbol{e}_y$ と表されるから

$$\boldsymbol{B}_1 = \frac{\mu_0 I_1}{2\pi R}(\boldsymbol{e}_z \times \boldsymbol{e}_y) = \frac{\mu_0 I_1}{2\pi R}(-\boldsymbol{e}_x) \tag{4.52}$$

この式で与えられる磁束密度 $\boldsymbol{B}_1$ が導線②の電流素 $I_2 \mathrm{d}z\, \boldsymbol{e}_z$ に含まれる荷電粒子（電子）に働く。このとき，式 (4.51) に $I = I_2$ を代入し

$$\frac{\boldsymbol{F}}{L} = \boldsymbol{I}_2 \times \boldsymbol{B}_1 = I_2(\boldsymbol{e}_z)\, B_1\, (\boldsymbol{e}_z \times \boldsymbol{e}_y) \tag{4.53}$$

が導かれ，つぎの関係が得られる。

$$\frac{\boldsymbol{F}}{L} = \frac{\mu_0}{2\pi}\frac{I_1 I_2}{R}\,\boldsymbol{e}_z \times (\boldsymbol{e}_z \times \boldsymbol{e}_y) \tag{4.54}$$

座標の単位ベクトル $(\boldsymbol{e}_x, \boldsymbol{e}_y, \boldsymbol{e}_z)$ を右手系で表しているので，ベクトル積 $\boldsymbol{e}_x \times \boldsymbol{e}_y = \boldsymbol{e}_z$，$\boldsymbol{e}_y \times \boldsymbol{e}_z = \boldsymbol{e}_x$ の関係があるので

$$\boldsymbol{e}_z \times (\boldsymbol{e}_z \times \boldsymbol{e}_y) = \boldsymbol{e}_z \times (-\boldsymbol{e}_x) = -\boldsymbol{e}_y$$

となる。これよりつぎの関係を得る。

$$\frac{\boldsymbol{F}}{L} = -\frac{\mu_0}{2\pi}\frac{I_1 I_2}{R}\boldsymbol{e}_y \tag{4.55}$$

この結果，図 4.9 で示したような導線間に働く力は

$$\frac{\boldsymbol{F}}{L} = -\frac{\mu_0}{2\pi}\frac{I_1 I_2}{R}\boldsymbol{e}_y \tag{4.56}$$

となり，2 本の導線間に働く力は引力となる。アンペールの実験で $I_1 = I_2 = I$ とするとつぎの関係が導かれる。

$$\frac{\boldsymbol{F}}{L} = -\frac{\mu_0}{2\pi}\frac{I^2}{R}\boldsymbol{e}_y \tag{4.57}$$

そこで校正されたばねばかりを用い，図 4.9 に示すよう装置を作り，2 本の導線に等しい電流を同一方向に流すと

$$I = \sqrt{\frac{2\pi}{\mu_0}F\frac{R}{L}} \tag{4.58}$$

となり，ばねばかりの示す力 F〔N〕，2 本の導線間の距離 R〔m〕，可動導線の長さ L〔m〕はすべて計測できるので，電流の大きさ I〔A〕を決定することができる。

式 (4.57) において，$I = 1\,\mathrm{A}$，$R = L = 1\,\mathrm{m}$ とすると

$$F = 2 \times 10^{-7}\ 〔\mathrm{N}〕 \tag{4.59}$$

となる。この定義は，1948 年の第 9 回国際度量衡総会（CGPM）で採択されたものであり，1954 年の第 10 回 CGPM で電流の基本単位として正式に承認された。この定義により，結果的に真空の透磁率 μ_0 の値が正確に $\mu_0 = 4\pi \times 10^{-7}$〔H/m〕に固定されることになった。$\mu_0 = 4\pi \times 10^{-7}$ であるが，式 (4.57) の分母に現れる 2π と相殺されて π が電流の単位に含まれないことは重要である。この結果を用いて電流の単位〔A〕が決定された†。

電荷量の単位クーロン〔C〕の定義はアンペア〔A〕の単位に基づくもので，導体の断面を通して毎秒 1 C が流れるとき電流が $1\,\mathrm{A} = 1\,\mathrm{C/s}$ となる電荷量（電気量）と

---

† アンペアの単位は，円形の細い断面積を持つ 2 本の導体を真空中に 1 m の間隔で置き，1 m 当りに働く力が 2×10^{-7}〔N〕となるときの電流を 1〔A〕と定義する。

メートル原器の一つに，電流の単位を測定する装置アンペア・バランス（Ampere balance）がある。原理は上述のアンペールの実験装置を用いている，詳細は下記のホーム・ページを参照されたい。

https://en.wikipedia.org/wiki/Ampere_balance

されている。この量は電子が持つ電荷（電気素量）の約 $1/e = 6.241\,509\,34 \times 10^{18}$ 倍である。

本書の物理定数表にある，戦後に見いだされた二つの物理定数を用いても，クーロンの値（代替値）を求めることが可能である。この方法は，1988 年に提案されたもので，ジョセフソン定数 K_J とフォン・クリッツィング定数 R_K から定義する方法である。$K_J = 2e/\hbar = 483\,597.870 \times 10^9$〔Hz/V〕，$R_K = h/e^2 = 25\,812.807\,455\,5(59)$〔Ω〕を用いて，1 クーロンの代替値を求めると，電気素量の $6.241\,509\,352 \times 10^{18}$ 倍の値が得られる。将来この後者の方法で電気素量が決められることになるであろう。通常，物質の電荷量は電子が欠乏しているか，電子が付加された状態で現れるので 1 クーロンに相当する電荷を作るにはおよそ 6×10^{18} 個の電子が必要になる。そのようなことから静電容量が 1 F のコンデンサを作るには相当大きな面積が必要であり，実用上で使用されているコンデンサは 1 μF や 1 pF 程度の静電容量である。

例題 4.1　アンペールの実験装置で $L = 50$ cm，導線間の距離 $R = 1.0$ cm であるとき，ある値の電流 I〔A〕を流した結果，ばねばかりの振れから $F = 100$ mgf であることがわかった。この結果から導線に流した電流の値を求めよ。

【解答】　式 (4.58) に $\mu_0 = 4\pi 10^{-7}$，$L = 0.500$ m，$R = 0.010$ m，$F = 100$ mgf $= 0.100 \times 10^{-3}$ kgf $= 0.100 \times 10^{-3} \times 9.8$ N を代入すると

$$I = \sqrt{\frac{2\pi}{\mu_0} F \frac{R}{L}} = \sqrt{\frac{2\pi}{4\pi \times 10^{-7}} \times 9.8 \times 0.1 \times 10^{-3} \times \frac{0.010}{0.500}}$$
$$= 9.9\,\mathrm{A} \qquad (4.60)$$

つまり，流した電流は $I = 9.9$ A である。この結果は実際に実現できるような条件での電流の値の測定結果である。　◇

4.7　電流連続の式と変位電流

アンペールの法則から，磁界 $\boldsymbol{H}$ と電流密度 $\boldsymbol{J}$ の間には

$$\mathrm{rot}\boldsymbol{H} = \nabla \times \boldsymbol{H} = \boldsymbol{J} \tag{4.61}$$

の関係が得られる。一般に，任意のベクトルに $\mathrm{div}\,\mathrm{rot} = \nabla \cdot \nabla \times$ を作用させるとゼロとなるから

$$\mathrm{div}\boldsymbol{J} = \nabla \cdot \boldsymbol{J} = 0 \tag{4.62}$$

が成立する。この**定常電流の発散はゼロである**という性質は，定常電流の密度ベクトルは源泉を持たないことを意味し，電流の流れは閉曲線をなしていることになる。蓄電池やその他の電流供給源がある場合には電荷が電流の源泉となり，$\mathrm{div}\boldsymbol{J} \neq 0$ となり，上の発散の定理の式 (4.62) は成立しない。つまり，式 (4.61) は定常電流は源泉を持たない閉回路をなしているときにのみ成立する。その一例を，源泉ではなく定常電流が流れないコンデンサを含む回路について考察してみる。

電流 I〔A〕は電荷 Q〔C〕の時間的変化割合 $\mathrm{d}Q/\mathrm{d}t$〔C/s〕で定義される。これは導体を流れる電流に対応するものである。もちろん，電荷が時々刻々と変化すれば電流も時間的に変化する。ところが，**図 4.11** に示すようなコンデンサ回路を考えてみると少し事情が異なる。図 (a) に示すような電極面積 S の平行平板コンデンサに電池を接続すると，接続直後は電流が流れ，しばらくすると流れなくなる。問題 **(5.7)** の解答にあるように，抵抗 R がある場合，外部電圧 V を印加した瞬間には V/R の電流が流れ，コンデンサの電圧が V となると電流は $I = 0$ となる（抵抗がなければ電圧印加直後に無限大の電流が流れる)。定常状態になったとき，電極に蓄えられた電荷を $\pm Q$ とし，一方の電極の電荷を含む閉面 S の外向き法線を $\boldsymbol{n}$，電極間の電束密度（電気変位）を $\boldsymbol{D}$ とすると，ガウスの定理の式 (2.20) より

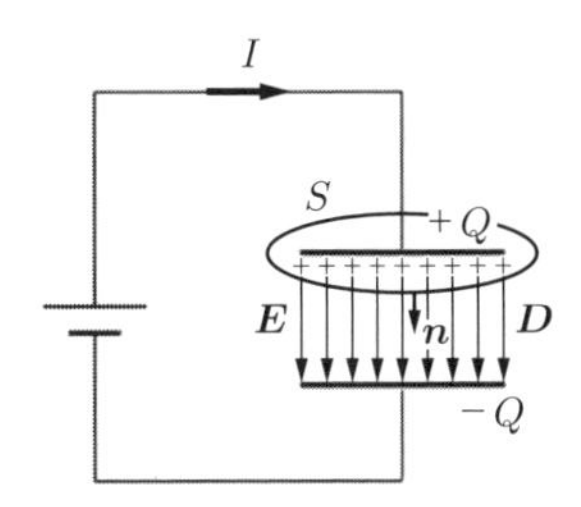

(a) コンデンサに直流電圧を印加したときに流れる変位電流(充電が完了するまで電流が流れる)

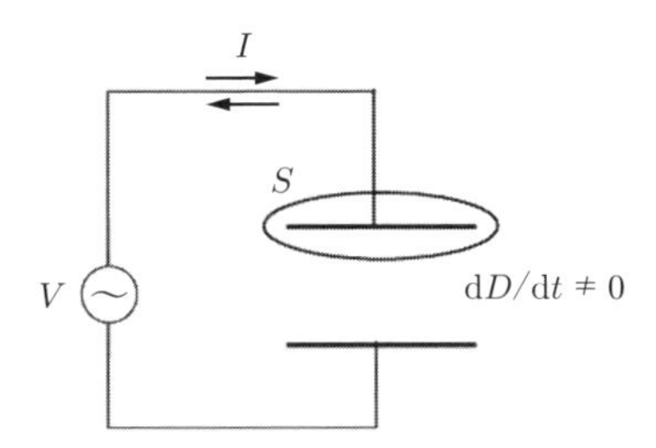

(b) 交流電圧を印加した場合の電流

図 4.11 変位電流の説明

$$Q = \int_S D_n \mathrm{d}S \tag{4.63}$$

の関係が得られる。電極の電荷 Q の時間変化によってコンデンサに流れる電流 I_d は次式で与えられる。

$$I_\mathrm{d} = \frac{\mathrm{d}Q}{\mathrm{d}t} = \frac{\mathrm{d}}{\mathrm{d}t}\int_S D_n \mathrm{d}S = \int_S \frac{\partial D_n}{\partial t}\mathrm{d}S = \int_S \left(\frac{\partial \boldsymbol{D}}{\partial t}\right)\cdot \mathrm{d}\boldsymbol{S} \tag{4.64}$$

この電流は閉面 S の外向き法線方向であることに注意しなければならない。回路に流す電流は閉面 S に流入するので内向き法線方向である。この電流密度 J_n が電流 I_c を与えるので

$$I_\mathrm{c} = \int_S \boldsymbol{J}\cdot \mathrm{d}\boldsymbol{S}\ \left(= -\int_S J_n \mathrm{d}S\right) \tag{4.65}$$

と表される。コンデンサの両電極には等量で異符号の電荷が現れるから，この回路系での電荷の流入・流出はない。そこでこれらの二つの電流の和 $I_\mathrm{c} + I_\mathrm{d}$ はガウスの線束定理から

$$\int_S \left(\boldsymbol{J} + \frac{\partial \boldsymbol{D}}{\partial t}\right)\cdot \mathrm{d}\boldsymbol{S} = \int_V \mathrm{div}\left(\boldsymbol{J} + \frac{\partial \boldsymbol{D}}{\partial t}\right)\mathrm{d}v = 0 \tag{4.66}$$

とならなければならない。上式が回路の形状に関係なく成立するためには

$$\mathrm{div}\left(\boldsymbol{J} + \frac{\partial \boldsymbol{D}}{\partial t}\right) = 0 \tag{4.67}$$

の関係が成り立つ必要がある。つまり，$\boldsymbol{J}$ 自身は閉回路を形成していないが導体内の電流密度 $\boldsymbol{J}$ と誘電体内の $\partial \boldsymbol{D}/\partial t$ とが一つの閉回路形成していることを意味している。

電束密度（電気変位）$\boldsymbol{D}$ は電荷密度 ρ を源泉として，$\mathrm{div}\,\boldsymbol{D} = \rho$ を満たしているので，上式から

$$\mathrm{div}\,\boldsymbol{J} = -\frac{\partial \rho}{\partial t} \tag{4.68}$$

となる。この式は**電流連続の式**と呼ばれ，一般的な電流に関して，**電流密度の発散は電荷密度の減少割合に等しい**ことを表しており，**電荷保存の法則**と呼ばれている。上式の体積積分をとると

$$\int_V \mathrm{div}\,\boldsymbol{J} \mathrm{d}v = \int_S \boldsymbol{J} \cdot \mathrm{d}\boldsymbol{S} = -\int_V \frac{\partial \rho}{\partial t} \mathrm{d}v = -\frac{\mathrm{d}}{\mathrm{d}t} \int_V \rho \mathrm{d}v \tag{4.69}$$

の関係が得られる。図 4.11(a) において面 S を導線の外側を含む閉面にとると，その面上では $J_n = 0$ であるから，$(\mathrm{d}/\mathrm{d}t) \displaystyle\int_v \rho \mathrm{d}v = 0$ となる。したがって，この閉面部分からの電荷の流出がなければ，電荷は保存され，電流の流出もない。しかし，図 (a) において閉面 S をコンデンサの一方の電極を含むような面をとると $J_n \neq 0$ となり電荷の流出入が起こるが，他方の電極では，反対符号の電荷が現れるので，回路全体では電荷の保存則は保たれる。これはつぎのような考察からも説明できる。図 (b) に示すように，コンデンサを含む回路に交流電圧を印加した場合を考えると，交流電流はこの回路を流れることからも理解されるであろう。

このような考察から式 (4.61) は一般的な系で成立する式ではなく，定常電流のみがある系に限って成り立つ。一般には電流密度 $\boldsymbol{J}$ は $\boldsymbol{J} \neq 0$ で，かつ $\mathrm{div}\,\boldsymbol{J} = -\partial \rho/\partial t$ を満たさなければならない。そこで，式 (4.61) の右辺の電流密度 $\boldsymbol{J}$ を $(\boldsymbol{J} + \partial \boldsymbol{D}/\partial t)$ で置き換え

$$\mathrm{rot}\,\boldsymbol{H} = \boldsymbol{J} + \frac{\partial \boldsymbol{D}}{\partial t} \tag{4.70}$$

と表すことにする。この式は一般に $\mathrm{div}\,\mathrm{rot} = \boldsymbol{\nabla} \cdot \boldsymbol{\nabla} \times$ を作用させるとゼロとなり，電流連続と電荷の保存則を満たすようになる。この式はマクスウェルに

よって定義されたもので，マクスウェルの方程式の基本式の一つである。この式の右辺に現れる式

$$\boldsymbol{J}_\mathrm{d} = \frac{\partial \boldsymbol{D}}{\partial t} \tag{4.71}$$

はマクスウェルにより導入されたもので**変位電流**（displacement current）と呼び，電束密度 $\boldsymbol{D}$ を電気変位と呼ぶことがある。

上に述べた電流連続と電荷保存の定理はコンデンサ回路を用いてマクスウェルの方法に従って述べたものであるが，その二つの法則をもとに変位電流を定義し，アンペールの法則を一般化する方法について述べる。図 **4.12**(a) では，閉曲面 S，体積 V に入った電流がそのまま出ていくことを意味している。アンペールの法則が導かれたのは，このような一定量の電流が連続して流れている（ループ電流を構成している）場合である。コンデンサを含む，一般に電束密度が時間的に変動する場合では，動的電界に対応する電流を含めて電流連続が成立するように補正したのは，上に述べたようにマクスウェルである。一般に，図 (b) のように閉曲面 S，体積 V の中の電荷量が変化する場合，電流の発散は 0 とはならない。この場合，閉曲面 S から出ていく正味の電流量は体積 V 内の電荷の減少割合に等しい。つまり，体積 V 内の総電荷を $Q = \int \rho \, \mathrm{d}v$

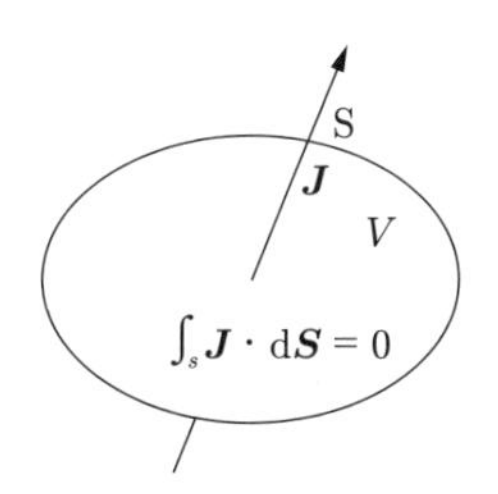

(a)　定常電流が流入し，同量の定常電流が流出する場合。正味の電流の流出はゼロ，つまり発散はゼロである。

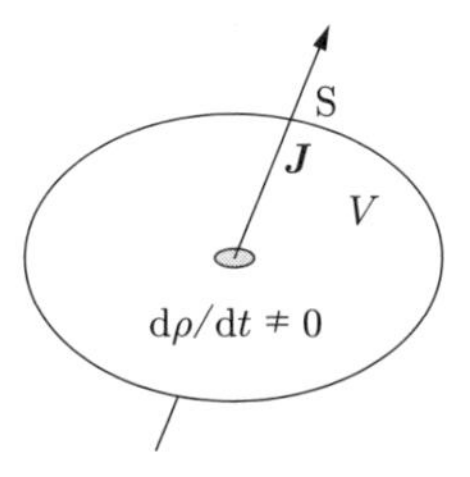

(b)　電流は電荷が流出することによって発生する。電荷が体積 V 内で時間的に変化する場合，電荷の減少が電流となって流れ出る。

図 4.12　電流連続の説明

とすると，式 (4.69) はつぎのように表される。

$$\int_S \boldsymbol{J} \cdot \mathrm{d}\boldsymbol{S} = -\frac{\partial Q}{\partial t} \tag{4.72}$$

電荷密度を ρ とすると，この式は

$$\int_S \boldsymbol{J} \cdot \mathrm{d}\boldsymbol{S} = -\frac{\partial}{\partial t}\int_V \rho\,\mathrm{d}v \tag{4.73}$$

と表すことができる。上式で左辺の面積分を式 (2.45) を用いて体積積分に変換すると

$$\int_V \mathrm{div}\,\boldsymbol{J}\,\mathrm{d}v = -\frac{\partial}{\partial t}\int_V \rho\,\mathrm{d}v \tag{4.74}$$

つまり

$$\int_V \left(\mathrm{div}\,\boldsymbol{J} + \frac{\partial \rho}{\partial t}\right)\mathrm{d}v = 0 \tag{4.75}$$

が得られる。これより

$$\mathrm{div}\,\boldsymbol{J} + \frac{\partial \rho}{\partial t} = 0 \tag{4.76}$$

となる。これは先に述べた式 (4.68) であり，**電流連続の式**と呼ばれるものである。

一方，式 (4.73) に電荷発散の定理の式 (2.41)

$$\mathrm{div}\,\boldsymbol{D} = \rho \tag{4.77}$$

を用いると

$$\int_S \boldsymbol{J} \cdot \mathrm{d}\boldsymbol{S} = -\frac{\partial}{\partial t}\left(\int_V \mathrm{div}\boldsymbol{D}\,\mathrm{d}v\right) = -\frac{\partial}{\partial t}\left(\int_S \boldsymbol{D} \cdot \mathrm{d}\boldsymbol{S}\right) \tag{4.78}$$

つまり

$$\int_S \left(\boldsymbol{J} + \frac{\partial \boldsymbol{D}}{\partial t}\right) \cdot \mathrm{d}\boldsymbol{S} = 0 \tag{4.79}$$

あるいは式 (4.76) に式 (4.77) を用いると

$$\mathrm{div}\left(\boldsymbol{J} + \frac{\partial \boldsymbol{D}}{\partial t}\right) = 0 \tag{4.80}$$

となるので

$$\boldsymbol{J}_{\text{total}} = \boldsymbol{J} + \frac{\partial \boldsymbol{D}}{\partial t} \tag{4.81}$$

と置けば全電流密度は

$$\text{div}\,\boldsymbol{J}_{\text{total}} = 0 \tag{4.82}$$

を満たし，発散がゼロとなる。したがって，この全電流も式 (4.62) を満たす。言い換えると，電荷の変化する場合，あるいは電束密度が時間的に変化する場合，定常電流密度 $\boldsymbol{J}$ だけでなく変位電流 $\partial \boldsymbol{D}/\partial t$ を加えた全電流の発散は 0 となる。この全電流密度をアンペールの法則から導かれた式 (4.40) の電流密度に用い

$$\text{rot}\ \boldsymbol{H} = \boldsymbol{J} + \frac{\partial \boldsymbol{D}}{\partial t} \tag{4.83}$$

と置くことにより，アンペールの法則は一般化される。これがマクスウェルの第 2 番目の電磁方程式である。あるいは $\boldsymbol{B} = \mu_0 \boldsymbol{H}$，$\boldsymbol{D} = \epsilon_0 \boldsymbol{E}$ を用いて

$$\text{rot}\ \boldsymbol{B} = \mu_o \boldsymbol{J} + \epsilon_0 \mu_0 \frac{\partial \boldsymbol{E}}{\partial t} \tag{4.84}$$

と表すこともできる。

4.8 ベクトル・ポテンシャル

式 (4.46) で示したように，磁束密度の発散はゼロである。そこで，$\text{div}\,\boldsymbol{B} = 0$ という関係を満たすあるベクトル量 $\boldsymbol{A}$ を定義し，磁束密度と関係づけることを考える。まず，ベクトル $\boldsymbol{A}$ に関してベクトルの公式から（4.2 節参照）

$$\text{div}\,\text{rot}\,\boldsymbol{A} = 0 \tag{4.85}$$

となる。この関係は任意のベクトル $\boldsymbol{A}$ に関して成立する。そこで磁束密度 $\boldsymbol{B}$ を

$$\boldsymbol{B} = \text{rot}\,\boldsymbol{A} \tag{4.86}$$

で与えられるようなベクトル $\boldsymbol{A}$ を用いて定義することができる。このようにして定義した磁束密度 $\boldsymbol{B}$ に対応する量 $\boldsymbol{A}$ を**ベクトル・ポテンシャル**と呼ぶ。

ベクトル・ポテンシャルを用いると，アンペールの公式は

$$\mathrm{rot}\,\mathrm{rot}\,\boldsymbol{A} = \mu_0 \boldsymbol{J} \tag{4.87}$$

と表すことができる。ベクトル解析の公式から

$$\left.\begin{aligned} \mathrm{rot}\,\mathrm{rot}\,\boldsymbol{A} &= \mathrm{grad}\,\mathrm{div}\,\boldsymbol{A} - \boldsymbol{\nabla}^2 \boldsymbol{A} \\ \boldsymbol{\nabla} \times (\boldsymbol{\nabla} \times \boldsymbol{A}) &= \boldsymbol{\nabla}(\boldsymbol{\nabla} \cdot \boldsymbol{A}) - \boldsymbol{\nabla}^2 \boldsymbol{A} \end{aligned}\right\} \tag{4.88}$$

そこで

$$\mathrm{div}\,\boldsymbol{A} = 0 \tag{4.89}$$

と仮定する。この仮定を**クーロンゲージ**（Coulomb gauge）と呼ぶことがある。仮定の矛盾しないことは以下の考察からもわかる。これを用いると

$$\boldsymbol{\nabla}^2 \boldsymbol{A} = -\mu_0 \boldsymbol{J} \tag{4.90}$$

つまり，ベクトル・ポテンシャル $\boldsymbol{A}$ はポアソンの式を満たしている。この式の解は

$$\boldsymbol{A} = \frac{\mu_0}{4\pi} \int \frac{\boldsymbol{J}}{r} \mathrm{d}^3 \boldsymbol{r} \tag{4.91}$$

で与えられ，電流密度 $\boldsymbol{J}$ と電流 I の間には $\boldsymbol{J}\mathrm{d}^3\boldsymbol{r} = \boldsymbol{J}S\mathrm{d}l = I\mathrm{d}\boldsymbol{l}$ の関係（直交座標系では $\mathrm{d}^3\boldsymbol{r} = \mathrm{d}x\mathrm{d}y\mathrm{d}z$）があるから

$$\mathrm{d}\boldsymbol{A} = \frac{\mu_0}{4\pi} \frac{I\mathrm{d}\boldsymbol{l}}{r} \tag{4.92}$$

式 (4.92) において，$r\,(= f)$ はスカラ量で，$\mathrm{d}\boldsymbol{l}\,(= \boldsymbol{F})$ はベクトル量であるのでベクトル解析の公式

$$\mathrm{rot}\,(f\,\boldsymbol{F}) = f\,\mathrm{rot}\,\boldsymbol{F} + \mathrm{grad}\,f \times \boldsymbol{F} \tag{4.93}$$

を用いて式 (4.92) の両辺の rot をとり，上のベクトルの公式を用いると次式を得る。

$$\mathrm{d}\boldsymbol{B} = \mathrm{rot}\left[\frac{\mu_0}{4\pi}\frac{I\mathrm{d}\boldsymbol{l}}{r}\right] = \frac{\mu_0 I}{4\pi}\left[\frac{1}{r}\mathrm{rot}\,\mathrm{d}\boldsymbol{l} + \mathrm{grad}\left(\frac{1}{r}\right)\times \mathrm{d}\boldsymbol{l}\right] \tag{4.94}$$

上式で右辺の第 1 項で $\mathrm{d}\boldsymbol{l}$ は一定であるからゼロとなる。また，つぎの関係が成立する。

$$\mathrm{grad}\left(\frac{1}{r}\right) = -\frac{1}{r^2}\,\mathrm{grad}\,r, \qquad \mathrm{grad}\,r = \frac{\boldsymbol{r}}{|\boldsymbol{r}|} \equiv \hat{\boldsymbol{r}} \tag{4.95}$$

ここに，$\hat{\boldsymbol{r}}$ は $\boldsymbol{r}$ の方向の単位ベクトルである。$\hat{\boldsymbol{r}} \times \mathrm{d}\boldsymbol{l} = -\mathrm{d}\boldsymbol{l} \times \hat{\boldsymbol{r}}$ である。これらの結果から次式が導かれる。

$$\mathrm{d}\boldsymbol{B} = \frac{\mu_0 I}{4\pi}\frac{\mathrm{d}\boldsymbol{l} \times \hat{\boldsymbol{r}}}{r^2} \tag{4.96}$$

この式はビオ・サバールの式 (3.6)，式 (3.8) と一致する。

例題 4.2　磁束密度 $\boldsymbol{B}$ をベクトル・ポテンシャル $\boldsymbol{A}$ を用いて $\boldsymbol{B} = \boldsymbol{\nabla} \times \boldsymbol{A}$ と表すと式 (4.85) の関係 $\mathrm{div}\,\mathrm{rot}\,\boldsymbol{A} = 0$ が成り立つことを証明せよ。

【解答】

$$\boldsymbol{B} = \mathrm{rot}\boldsymbol{A} = \boldsymbol{\nabla} \times \boldsymbol{A} \tag{4.97}$$

を定義すると，このベクトル $\boldsymbol{A}$ は式 (4.85) を満たす。このように定義した $\boldsymbol{A}$ をベクトル・ポテンシャルと呼ぶ。この定義の妥当性はつぎのように証明できる。

$$\begin{aligned}
\mathrm{div}\boldsymbol{B} &= \mathrm{div}\,\mathrm{rot}\boldsymbol{A} = \boldsymbol{\nabla}\cdot\boldsymbol{\nabla}\times\boldsymbol{A} \\
&= \left(\boldsymbol{i}\frac{\partial}{\partial x} + \boldsymbol{j}\frac{\partial}{\partial y} + \boldsymbol{k}\frac{\partial}{\partial z}\right)\cdot\left[\left(\boldsymbol{i}\frac{\partial}{\partial x} + \boldsymbol{j}\frac{\partial}{\partial y} + \boldsymbol{k}\frac{\partial}{\partial z}\right)\times(\boldsymbol{i}A_x + \boldsymbol{j}A_y + \boldsymbol{k}A_z)\right] \\
&= \left(\boldsymbol{i}\frac{\partial}{\partial x} + \boldsymbol{j}\frac{\partial}{\partial y} + \boldsymbol{k}\frac{\partial}{\partial z}\right)\cdot\left[\boldsymbol{i}\left(\frac{\partial A_z}{\partial y} - \frac{\partial A_y}{\partial z}\right) + \boldsymbol{j}\left(\frac{\partial A_x}{\partial z} - \frac{\partial A_z}{\partial x}\right)\right. \\
&\qquad \left. + \boldsymbol{k}\left(\frac{\partial A_y}{\partial x} - \frac{\partial A_x}{\partial y}\right)\right] \\
&= \frac{\partial}{\partial x}\left(\frac{\partial A_z}{\partial y} - \frac{\partial A_y}{\partial z}\right) + \frac{\partial}{\partial y}\left(\frac{\partial A_x}{\partial z} - \frac{\partial A_z}{\partial x}\right) + \frac{\partial}{\partial z}\left(\frac{\partial A_y}{\partial x} - \frac{\partial A_x}{\partial y}\right) \\
&= 0
\end{aligned} \tag{4.98}$$

4.9 陰　　極　　線

19世紀後半の重要な研究課題として稀(き)ガスの電気伝導と低気圧中での放電現象があった。**図4.13**に示すような陰極（カソード）Cと陽極（アノード）Aをガラス管中に入れ，薄い気体の中で高電圧を印加すると，放電が起こり（グロー放電），特殊な発光が見られる。特に，発光時，明るい部分と暗い部分が交互に現れるしま模様が注目された。発光の模様はガスの圧力，気体の成分や印加する電圧に依存する。これは，気体のイオン化によるもので，電流が流れたり，発光したりする性質はこのイオン化した気体イオンによることがわかった。このガラス管を0.01 mmHg（Torr）以下の圧力にすると，まったく異なる現象が現れる。気体からのグロー放電は止まるが，電流計は電流が流れていることを示す。もう一つ注目されたのは，図の点Sに，明るい発光（蛍光）のスポットが見られることである。その他の重要な観測結果をつぎに示す。

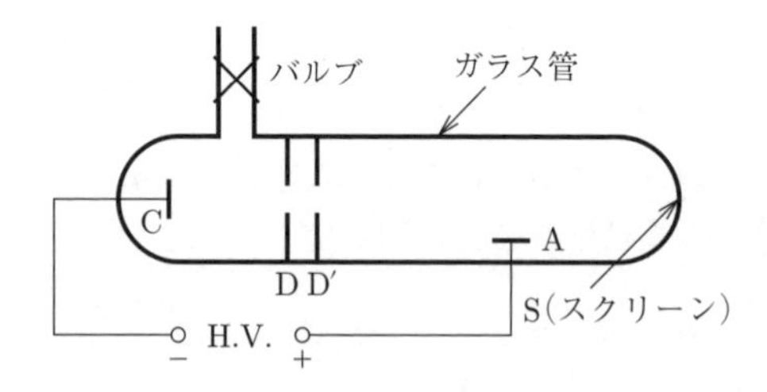

図4.13　陰極線管の模式図。ガラス管に陰極Cと陽極Aを取り付けその間にダイヤフラムと呼ばれるスリット状の板D, D′を設け，ポンプでガラス管を真空に保ち，陰極と陽極に電圧を印加する。陰極から出た電子はダイヤフラムを通してスクリーン上に蛍光を発する。

① スポットの大きさとその位置は，ダイヤフラムDとD′の穴の大きさとその位置に依存し，あたかも蛍光点は陰極から粒子の線が出て直進したあと，ガラス管壁に衝突し発光したものであると考えられる。

② D′の右に障害になる物を置くと，管壁のスポットに陰が現れる。

③ 発光のスポットは電界や磁界によって影響を受ける。つまり，この粒子は電荷を持っている。

④ この粒子が電界や磁界で曲げられる方向から，粒子の電荷は負である。これは，点Sに金属電極を置き，電荷を集めることで確かめられた。

これらの観測結果から，この粒子を陰極線粒子（cathode ray particles）あるいは単に陰極線（cathode ray），図 4.13 のような装置を陰極線管（cathode ray tube）と呼ぶ。のちに，この粒子は電子（electron）と名づけられた。粒子が陽極に集められずに，D′ から S まで直進する理由は，電圧降下の大半は陰極近傍で起こり，この部分の強い電界で加速され，D′ を出たあと，粒子は直進するためである。

1897 年にトムソン（J. J. Thomson）は図 **4.14** に示すような装置を用いて，つぎのような実験から，電子の電荷量 e〔C〕と質量 m〔kg〕の比を決定した。陰極 C で発生した荷電粒子（気体中のイオンが陰極に衝突して発生した粒子は電子であるが，フィラメントで陰極を加熱して熱電子を放出させるようにしたものが真空管である）を陽極 A で加速する。陽極 A はピンホールを持った金属板 D に接続されている。二つのダイヤフラム D, D′ のピンホールを通して加速された粒子は細いビームに形成される。粒子は平行平板電極（長さ l，間隔 d）の間を通過し，蛍光面 S_1 に衝突し発光する。つぎに，二つの平行板に電圧 V を印加すると，この電極により発生した電界 V/d により粒子に

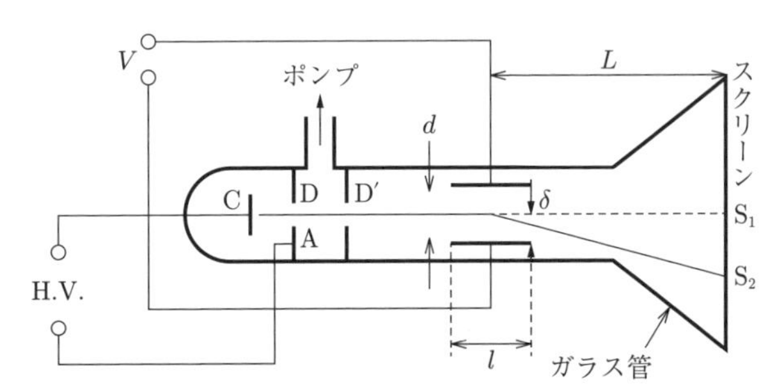

図 **4.14**　J. J. トムソンが用いた比電荷 e/m 測定装置。陰極と陽極に電圧を印加し，スリットを通過した荷電粒子が電圧を印加した平行平板を通りスクリーンに蛍光を発光する。磁界を紙面に垂直な方向（下から上の方向）に印加して，電界で曲げられた荷電粒子をローレンツ力で逆方向に曲げ，荷電粒子が直線に走るようにする。このときの磁界と電界から電子の比電荷 e/m を決定した。

$$F = \frac{eV}{d} \tag{4.99}$$

の力が働く。陰極から放射され加速された粒子は，D$'$ を通過したあと，速度 v で直進するものとすると，力 F により v と直交する方向に加速される。この垂直方向の加速度は $F = ma$ の関係より

$$a = \frac{e}{m}\frac{V}{d} \tag{4.100}$$

となる。この加速が時間 t だけ続くものとすると，この平行平板電極を通過するのに要する時間は

$$t = \frac{l}{v} \tag{4.101}$$

したがって，この平板電極を粒子が出るときには中心から δ だけ曲げられ，次式が成立する。

$$\delta = \frac{1}{2}at^2 = \frac{1}{2}\left(\frac{e}{m}\right)\left(\frac{V}{d}\right)\left(\frac{l}{v}\right)^2 \tag{4.102}$$

つぎに，この平行平板電極の中心からスクリーンまでの距離を L とする。$\mathrm{S_2}$ から逆に粒子の軌跡をたどり，外挿した直線が平板の中心線と交わる点を O とする。O から平行平板の出口までの距離を x とすると

$$\frac{x}{\delta} = \frac{v}{v_t} \tag{4.103}$$

の関係が成立する。ここに，v_t は平行平板で垂直方向に加速された粒子が出口で持つ垂直方向の速度であり

$$v_t = at = a\frac{l}{v} \tag{4.104}$$

である。これより

$$x = \delta\frac{v}{v_t} = \frac{1}{2}at^2\frac{v}{at} = \frac{1}{2}vt = \frac{l}{2} \tag{4.105}$$

となる。したがって $\overline{\mathrm{S_1S_2}}$ は

$$\frac{\overline{\mathrm{S_1S_2}}}{L} = \frac{\delta}{l/2} \tag{4.106}$$

$$\overline{\mathrm{S_1S_2}} = \frac{2L}{l}\delta = \frac{e}{m}\frac{V}{d}\frac{L}{l}\left(\frac{l}{v}\right)^2 \tag{4.107}$$

で与えられる。これより，$\overline{\mathrm{S_1S_2}}$ を測定し，速度 v がわかれば e/m を決定することができる。

速度 v を決定するためトムソンは別の実験を行った。平行平板に電圧 V を印加すると同時に，紙面に垂直な磁束密度 B を印加したときの力を考えてみる。磁束密度 B の方向を（上向きか下向きに）適当に選ぶと，電圧による力と磁界による力がつり合う。これはローレンツ力

$$F = (-e)\left[E + (-v)B\right] \tag{4.108}$$

がゼロになる条件で，そのとき粒子が直進するようになる。このつり合いの条件は電界 $E = V/d$ を用い

$$\frac{eV}{d} = evB \tag{4.109}$$

これより

$$v = \frac{V}{Bd} \tag{4.110}$$

のように決定できる。この v と $\overline{\mathrm{S_1S_2}}$ を式 (4.107) に代入して

$$\begin{aligned}\frac{e}{m} &= 5.27 \times 10^{17}\ \text{〔esu/g〕} = 1.76 \times 10^{8}\ \text{〔C/g〕}\\ &= 1.758\,82 \times 10^{11}\ \text{〔C/kg〕（2010 年 CODATA より）}\end{aligned} \tag{4.111}$$

が決定された。esu = electro-static unit, C はクーロン，2 行目の数値は 2010 年に制定された CODATA から求めた値である。

実験からつぎのようなことがわかった。

① e/m はイオン化した原子よりもはるかに大きい。

② e/m は水素原子で最大であるが陰極線はその 1 836 倍である。

このようなことをもとに，この陰極線のことを “**elecronic charge**” と呼び，のちに **electron**（電子）と呼ばれるようになった。

〔電荷量の決定〕

電荷量の測定は，タウンゼント（Townsend）とトムソン（Thomson）による 1900 年頃からの研究や，ミリカン（Millikan）による 1909 年の実験によりなされた。これらの実験は非常に小さい液滴が電荷を蓄えることができるということを用いて行われた。電荷を持つ液滴を含む箱（ウィルソンの霧箱）の中に 2 枚の平行平板を水平に取り付け，これに電圧 V を印加すると，電荷を持った液滴は重力に抗して，つぎの条件下で保持される。

$$q\frac{V}{d} = Mg \tag{4.112}$$

ここに，d は平行平板の間隔，q は液滴に蓄えられた電荷量，M はその質量で $g = 0.980\mathrm{m}^2/\mathrm{s}^2$ は重力の加速度である。M を決定するには，電圧 V を取り去ったときの液滴の降下速度を測定する。このとき液滴は重力により降下するが摩擦のために，摩擦力 F_v が重力 Mg につり合ったところで一定の速度になる。摩擦力はストークスの法則（あるいはストークスの式と呼ばれる）により†

$$F_v = 6\pi\eta rv \tag{4.113}$$

ここに，r は液滴の半径，v はその熱速度，η は液滴が落下する媒質（空気）に対する粘性係数である。これより

$$Mg = 6\pi\eta rv \tag{4.114}$$

液滴の半径はその質量 M と密度 ρ を用いて

$$M = \frac{4}{3}\pi r^3\rho \tag{4.115}$$

より決定される。これを式 (4.114) に代入して，M を v の関数として求める。速度 v は顕微鏡を用いて，ある時間内に液滴が落下する距離を観測して求められる。このようにして決定した M を用いて式 (4.112) より電荷 q が決定され

---

† ストークスの法則についてはインターネットの Wikipedia で「ストークスの法則」,「ストークスの式」あるいは “stokes’ law” の項目で調べられる。3.5 節で述べたストークスの定理とは無関係であり，小さな粒子が流体中を沈降する際の終端速度を表す式 (4.113) のことである。

た。種々の液滴についての測定した結果

$$q = n \times 4.80 \times 10^{-10}\ \text{〔esu〕} \tag{4.116}$$

であることが求められた。ここに，n は整数である。つまり，液滴の電荷量は 4.80×10^{-10}〔esu〕の整数倍で与えられる。これより，基本電荷が存在し，その値はつぎのとおりであることがわかる。

$$e = 4.80 \times 10^{-10}\ \text{〔esu〕} = 1.60 \times 10^{-19}\ \text{〔C〕} \tag{4.117}$$

これまでにこの値よりも小さい電荷は見つかっていない。トムソンと彼の共同研究者は電子の電荷量はこの基本電荷に等しいと仮定した。これより，e/m の値を用いて電子の質量はつぎのように決定された。

$$m = 9.11 \times 10^{-31}\ \text{〔kg〕} \tag{4.118}$$

電子の質量は化学の実験結果を用いてつぎのように検証することができる。電子の比電荷を測定したのとまったく同様の実験を水素原子イオンについて行い，e/m_{H} を求めると，つぎの関係が成立するはずである。

$$m = m_{\mathrm{H}} \frac{e/m_{\mathrm{H}}}{e/m} = m_{\mathrm{H}} \frac{1}{1836} \tag{4.119}$$

水素イオンの質量 m_{H} は，水素の原子重量 1.008 とアボガドロ数を用いて求められる。つまり

$$m = \frac{1.008}{6.02 \times 10^{23}} \frac{1}{1836} = 9.11 \times 10^{-31}\ \text{〔kg〕} \tag{4.120}$$

トムソンは，これらの一連の研究から電子の存在を明かにし，1906 年ノーベル物理学賞を受賞，1908 年にはナイトの爵位を受けた。なお，トムソンの息子，G. P. Thomson も，電子線の回折現象を発見し粒子の波動性を確立した功績で，C. J. Davisson とともに 1937 年度のノーベル物理学賞を受賞している。

ファラデー

ファラデー（Michael Faraday, 1791 年 9 月 22 日–1867 年 8 月 25 日，FRS, イギリス）は貧困な鍛冶屋（鍵職人ともいわれる）の息子としてロンドン郊外で生まれた。家庭の事情で学校には行けず，14 才で製本屋の G. Riebau のもとで丁稚奉公をしながらロンドン市内の科学者 G. Tatum による夜間講義に参加し，自然科学の勉強をした。ダンス（William Dance）氏の紹介で 1812 年に行われたデイビー（Humfry Davy, FRS, 1777–1829, イギリス）の王立協会（Royal Institution）での 4 回にわたる講義を聴く機会を得て，完璧な講義ノートを作成し，製本してデービーに贈る。

デイビーの助手になることを希望し，種々の難関を経て 1813 年から王立協会の助手として雇われたが，すぐにデービーのお供としてフランスはじめヨーロッパの視察に出かける。パリでデービーがナポレオンから勲章を授与されたが，滞在中にヨウ素（Iodine は二人が命名）を分析し元素の一つであることを発見し，論文を執筆，投稿した。

数々の実験を行い，のちに教授になり電磁気学や電気化学の分野で優れたの業績を上げた。ファラデーはエルステッドの実験を知り，電流と磁界に関する研究に没頭し，約 10 年後の 1831 年 8 月 29 日に電磁誘導現象を発見した。当時の実験装置でこれを検証することは非常に困難であった。ファラデーはいまでいうトランスフォーマの装置で一次コイルと二次コイルを鉄心に巻き，一次コイルに電流を投入と切断をする瞬間に二次側に電流が誘起される電磁誘導現象を発見した。さらに，磁界が導線の囲む面内で時間的に変化すると，この導線に磁界の時間変化に比例する誘導起電力が発生することを証明した。これが本章の主題である**ファラデーの電磁誘導の法則**である。

教授職や大学の学科長，王立協会（Royal Society）の会長職を断り，終生一研究者のマイケルとして務めることを希望した英国で最も尊敬され続けている大科学者である。英国では，ファラデーはしばしば丁稚奉公から大科学者 “from an apprentice to a great scientist” になったと呼ばれている。FRS（Fellow of Royal Society，王立協会フェロー）を授与されている。なお，ニュートンやディラックも FRS を授与されている。

章 末 問 題

(4.1) ベクトルの公式 (4.95)

$$\mathrm{grad}\left(\frac{1}{r}\right) = -\frac{1}{r^2}\,\mathrm{grad}\,r, \qquad \mathrm{grad}\,r = \frac{\boldsymbol{r}}{|\boldsymbol{r}|} \equiv \hat{\boldsymbol{r}}$$

を証明せよ。

(4.2) 図 4.7 において，磁束密度 $B_z = 2\,\mathrm{T}$ が一様に印加されているとき，導線の長さを $L = 50\,\mathrm{cm}$ とし，これを x 方向に $v_x = 1.0\,\mathrm{m/s}$ で引くとき，誘起される電界 E_{ind} と，長さ L の導線に誘起される電位差 V を求めよ。

(4.3) 前問の結果はファラデーの法則からも導けることを示せ。

(4.4) 前 2 問から明らかなように，ローレンツ力とファラデーの法則は密接に関係している。このことを図 4.7 を用いて説明せよ。

(4.5) バリスティック・ガルバノメータ（Ballistic Galvanometer; 弾道検流計）は電荷量 Q に比例する検診の振れを示す機器であり，**図 4.15** にその原理を模式的に示す。流れた電荷量を検出するために，静電容量のわかった標準コンデンサに標準起電力の電池を接続して標準電圧で電荷量を蓄える。その電荷量をガルバノメータに流し，振れと大きさと電荷量の関係決める。その原理を説明せよ。

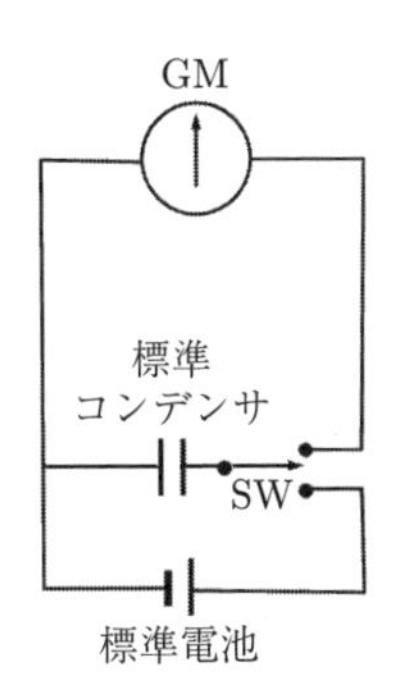

図 4.15　ガルバノメータ（GM: Galvanometer, 検流計）の原理を示す図。標準コンデンサ，標準電池と電荷量の積分値を示す弾道検流計からなる。

(4.6) **図 4.16** に示すようなコイルの巻数と面積が既知のサーチコイルを上のバリスティック・ガルバノメータにつなぎ，磁束密度の大きさを測定する装置をガルバノ・磁気メータ（Galvano-magneto-meter）と呼ぶ。これを用いて磁束密度を測定する方法について述べよ。

図 4.16　サーチコイルで巻線の半径 d〔m〕と巻数 n 回のコイルでこれを図 4.15 のガルバノメータ（GM）に接続する。回路全体の抵抗値が R〔Ω〕として，GM の振れから磁束密度を測定することができる。

(4.7)　サーチコイルの直径を $d = 1.5\,\mathrm{cm}$ とし，巻数を $n = 100$ 回，測定回路全体の抵抗を $R = 50\,\Omega$ とする。ガルバノメータの振れが $100\,\mu\mathrm{C}$ であったとする。このときの磁束密度を求めよ。

(4.8)　ローレンツ力の式 (4.23) を用いて，質量 m，電荷 q の粒子のサイクロトロン運動についてつぎの問いに答えよ。

(1)　この運動をニュートンの運動方程式から求めよ。

(2)　電荷 q の粒子が速度 $\boldsymbol{v}$ で磁界中を運動するときの，ローレンツ力を受けて軌道半径 r の円運動をする。この運動の半径 r と速度 v の関係をローレンツ力と向心力のつり合いから求めよ。サイクロトロン加速器の原理を述べよ。

(3)　結晶中の電子はその質量が自由電子質量とは異なる。これは結晶中のポテンシャルの影響を受けるためであり，詳細は，参考文献 9) の Chapter 2 と 3 を参照されたい。結晶中では電子の有効質量 m^* を用いるとニュートンの運動方程式が使える。そこで，ボーアの量子化条件を用いて，電子の軌道半径が波動の波長 $\lambda = h/p = h/(m^* v)$ を仮定して，この電子の軌道半径 R_c（サイクロトロン半径）を求めよ。

(4.9)　サイクロトロン加速器でプロトン（水素原子の原子核）を $10\,\mathrm{MeV}$ に加速するのに必要な磁界装置の直径を見積もれ。磁束密度を $B = 1.0\,\mathrm{T}$ とする。

(4.10)　半導体 GaAs の伝導帯の電子の有効質量は $m^* = 0.068m$ である。マイクロ波の周波数を $\nu = 30.0\,\mathrm{GHz}$ とするとき，サイクロトロン共鳴を観測するときの磁束密度を求めよ。

(4.11)　磁束密度 $\boldsymbol{B}$ をしばしば z 方向にとり計算することがある。これは紙面を xy 面とし，z 方向に選ぶと都合がよいからである。特に量子力学では量子化軸を z 軸方向にとることが多い。そこでつぎのようなベクトル・ポテンシャルの成分をとると，磁束密度は $(0, 0, B)$ となることを示せ。

(1)　ベクトル・ポテンシャルを $\boldsymbol{A} = (A_x, A_y, A_z)$ と置き，磁束密度 $\boldsymbol{B}$ の各成分を求めよ。

(2) ベクトル・ポテンシャルを $\boldsymbol{A} = (0, Bx, 0)$ とすると，磁束密度は $\boldsymbol{B} = (0, 0, B)$ となることを示せ。

(3) ベクトル・ポテンシャルを $\boldsymbol{A} = (-By/2, Bx/2, 0)$ とすると，磁束密度は $\boldsymbol{B} = (0, 0, B)$ となることを示せ。

(4) ベクトル・ポテンシャルを $\boldsymbol{A} = (-By, 0, 0)$ とすると，磁束密度は $\boldsymbol{B} = (0, 0, B)$ となることを示せ。

5 電気エネルギーと磁気エネルギー

電磁気学で重要なエネルギーは，導体の電気抵抗によるジュール熱，電荷の蓄積による電気エネルギー，電流が作る磁界で誘起される磁気エネルギーがある。また，電磁波として伝わるエネルギー，つまり電磁波の伝搬に付随するポインティング・ベクトル（6 章で述べる）がある。

5.1 静電容量と電気エネルギー密度

5.1.1 電界と電気ポテンシャル

まず，電界と電気ポテンシャルの間の関係を考察してみる。いま，電荷 q_{test} が電界 $\boldsymbol{E}$ の中に置かれている場合を考える。この電荷に働く力は $\boldsymbol{F}_{\text{test}} = q_{\text{test}}\boldsymbol{E}$ である。この電荷が微小距離 $\mathrm{d}\boldsymbol{l}$ 移動するときになされる仕事は $\mathrm{d}W = \boldsymbol{F}_{\text{test}}\cdot\mathrm{d}\boldsymbol{l} = q_{\text{test}}\boldsymbol{E}\cdot\mathrm{d}\boldsymbol{l}$ と表される。この仕事の変化分と電気ポテンシャル・エネルギーの変化分 $\mathrm{d}U$ との間には

$$\mathrm{d}U = -\mathrm{d}W = -q_{\text{test}}\boldsymbol{E}\cdot\mathrm{d}\boldsymbol{l} \tag{5.1}$$

の関係がある。電荷 q_{test} は任意の量であるので単位電荷当りの仕事量の変化分は $\mathrm{d}U/q_{\text{test}} = -\boldsymbol{E}\cdot\mathrm{d}\boldsymbol{l}$ で，電気ポテンシャルは $U/q_{\text{test}} = V$ であるから

$$\mathrm{d}V = -\boldsymbol{E}\cdot\mathrm{d}\boldsymbol{l} \tag{5.2}$$

となる。つまり微小変位に伴う電気ポテンシャルの微小変化 $\mathrm{d}V$ は電界 $\boldsymbol{E}$ と微小変位 $\mathrm{d}\boldsymbol{l}$ の内積にマイナス符号を付けたものに等しい。このことは 2 章の式 (2.9) において，一次元系で x 方向の電界に対して

$$E = -\frac{\mathrm{d}V}{\mathrm{d}x} \tag{5.3}$$

となることを示したのと同じ結論である。

5.1.2　静電容量と電気エネルギー密度

本節では電荷蓄積による電気エネルギー密度を求める。**図 5.1** で平行平板の面積を S，電極間隔 d のコンデンサに蓄えられる電荷を Q とすると，単位面積当りの電荷密度 σ は

$$\sigma = \frac{Q}{S} \tag{5.4}$$

この電荷による電界 E はガウスの定理から

$$E = \frac{\sigma}{\epsilon_0} \tag{5.5}$$

ここに，電界の向きは正電荷 $+|Q|$ から負電荷 $-|Q|$ へ向かう方向である。この電界ベクトルを $\boldsymbol{E}$ として電極間の電位差はつぎのように求められる。$-|Q|$ のある電極を①として，$+|Q|$ のある電極を②とすると，電界は②から①の電

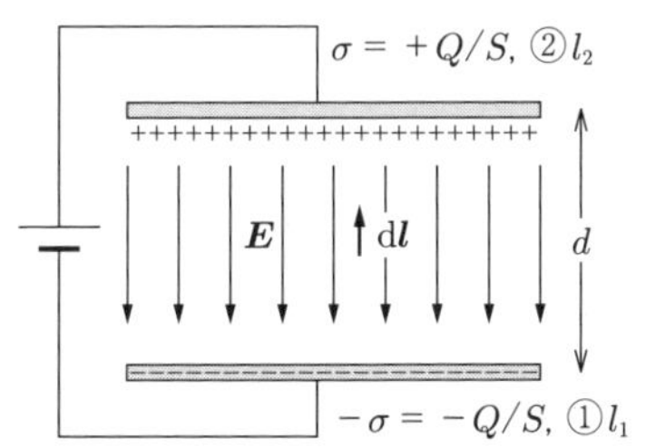

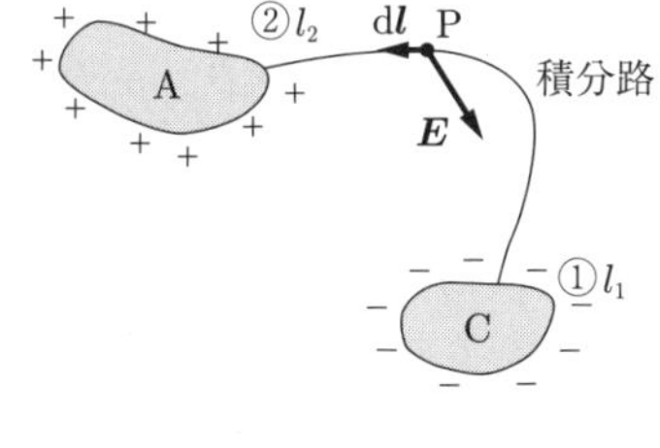

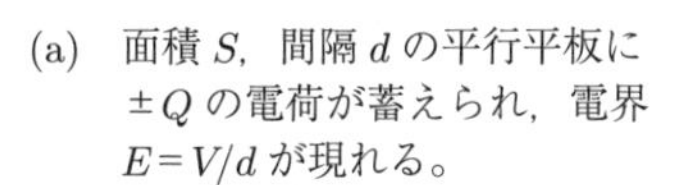
(a)　面積 S，間隔 d の平行平板に $\pm Q$ の電荷が蓄えられ，電界 $E = V/d$ が現れる。

(b)　任意の形状をした電極 A と B に大きさの等しい $\pm Q$ の電荷が蓄えられており，電極 C から電極 A に任意の経路をたどり電荷 Q を移動させたときなされる仕事を計算する。負電荷の電極を①とし正電荷の電極を②とする。電位の基準を電極①にとり，仕事量を求める。

図 5.1　電界により蓄えられるエネルギーを求めるための図

極方向を向いている。電位差は負電荷 $-|Q|$ の電極① から $+|Q|$ 電荷の電極② に対し，負電荷の電極①を基準にとる。微小変位 $\mathrm{d}\boldsymbol{l}$ を電極①から電極②の方向にとると，この電界 $\boldsymbol{E}$ の中で $\mathrm{d}\boldsymbol{l}$ の変位に対するポテンシャルの変化量は電界 $\boldsymbol{E}$ の方向と仕事方向のベクトル $\mathrm{d}\boldsymbol{l}$ は反対向きである。$\mathrm{d}V = -\boldsymbol{E}\cdot\mathrm{d}\boldsymbol{l}$ であるから

$$V = \int_{l_1}^{l_2} \mathrm{d}V = -\int_{l_1}^{l_2} \boldsymbol{E}\cdot\mathrm{d}\boldsymbol{l} = E(l_2 - l_1) = Ed = \frac{\sigma}{\epsilon_0}d = \frac{Qd}{\epsilon_0 S} \quad (5.6)$$

これより，電極面 S の電荷量は $Q = \pm\sigma S$ であるから

$$|Q| = CV, \quad C = \frac{\epsilon_0 S}{d} \quad (5.7)$$

と定義して，C はコンデンサの静電容量である。

電位差とエネルギーについて考察してみる。平行平板中を $q = -e$ の電荷を持つ 1 個の電子を移動させた場合，電子のエネルギーは，V〔J〕ではなく eV〔eV〕（エレクトロンボルト）のエネルギーを持つと定義することがしばしばある。そこで電荷量 q のエネルギーを

$$U = qV, \quad \mathrm{d}q = C\mathrm{d}V \quad (5.8)$$

と定義することにする。電荷 $|q|$ から $|\mathrm{d}q|$ だけ変化させたときの電気ポテンシャル・エネルギーの変化は

$$\mathrm{d}U = V\mathrm{d}q = CV\mathrm{d}V \quad (5.9)$$

で与えられる。電荷の変化により，ポテンシャル・エネルギーが $V = 0$ から V まで変化したとき，エネルギーが $U = 0$ から U まで変化するものとすると

$$\int_0^U \mathrm{d}U = C\int_0^V V\mathrm{d}V \quad (5.10)$$

つまりつぎの関係が得られる。

$$U = \frac{1}{2}CV^2 = \frac{q^2}{2C} \quad (5.11)$$

平行平板コンデンサでは電極間は一様な電界 $E = V/d$ が誘起されており，それ以外の外部空間には電界はないので，単位体積当りのエネルギー密度 w_e

を求めることができる。

$$w_{\mathrm{e}} = \frac{U}{Sd} = \frac{CV^2}{2Sd} = \frac{CE^2d}{2S} = \frac{1}{2}\epsilon_0 E^2 \tag{5.12}$$

なる関係が得られる。この w_{e} のことを**電界エネルギー密度**（electric field energy density）あるいは**電気エネルギー密度**と呼ぶ。電極間に誘電率 $\epsilon = \kappa\epsilon_0$ の媒質[10)]がある場合には

$$w_{\mathrm{e}} = \frac{1}{2}\epsilon E^2 = \frac{1}{2}\kappa\epsilon_0 E^2 \tag{5.13}$$

となることは明らかである。

5.1.3 電気エネルギー密度

ところで，上に導いた関係は平行平板を仮定しているが，任意の形状をした電極 A と B に $\pm q$ の符号が異なるが同じ量の電荷が存在するような図 5.1(b) の場合でも同様で，この場合のポテンシャルは任意の積分経路に対して

$$V = -\int_C^A \boldsymbol{E}\cdot \mathrm{d}\boldsymbol{l} \tag{5.14}$$

とすればわかるように電位差は積分の経路によらない。

電荷が多数存在する場合の電気エネルギーについて考察する。電荷が $q_1, q_2, q_3, \cdots, q_N$ 存在する系では，電荷 q_i 以外の電荷による $q_i(\boldsymbol{r})$ に作るポテンシャルは

$$V_i(\boldsymbol{r}_i) = \sum_{j\neq i}^{N} \frac{q_j}{4\pi\epsilon_0\, r_{ij}} \tag{5.15}$$

で与えられる。ここに，r_{ij} は電荷 q_i と電荷 q_j の間の距離である。この静電エネルギー（電気エネルギー）は

$$U = \frac{1}{2}\sum_{i=1}^{N} q_i V_i(\boldsymbol{r}_i) = \frac{1}{2}\sum_{i=1}^{N} q_i \sum_{j\neq i}^{N} \frac{q_j}{4\pi\epsilon_0\, r_{ij}} \tag{5.16}$$

ここで，因子の 1/2 は，ポテンシャルで r_{ij} の項を含む和は r_{ij} と r_{ji} の 2 回現れるので重複を避けるためである。電荷が連続的に分布している場合には，

電荷量の密度 ρ を用い，和を積分に置き換えると

$$U = \frac{1}{2}\int \rho(\boldsymbol{r})V(\boldsymbol{r})\mathrm{d}v \tag{5.17}$$

となる。クーロンの法則から電荷密度 ρ と電束密度（電気変位）$\boldsymbol{D}$ の間には式 (2.41) からつぎの関係が成立する。

$$\rho = \mathrm{div}\boldsymbol{D} \tag{5.18}$$

電束密度 $\boldsymbol{D}$ と電界 $\boldsymbol{E}$ の間には

$$\boldsymbol{D} = \epsilon_0 \boldsymbol{E} = -\epsilon_0 \,\mathrm{grad}\, V \tag{5.19}$$

の関係があるので

$$\rho = \mathrm{div}\boldsymbol{D} = -\mathrm{div}(\epsilon_0 \,\mathrm{grad}\, V) \tag{5.20}$$

これらの関係式を式 (5.17) に代入すると

$$U = \frac{1}{2}\int \rho(\boldsymbol{r})V(\boldsymbol{r})\mathrm{d}v = -\frac{1}{2}\int V \mathrm{div}(\epsilon_0 \,\mathrm{grad}\, V)\mathrm{d}v \tag{5.21}$$

となる。ところで上式の被積分関数は

$$\mathrm{div}(\epsilon_0 V \,\mathrm{grad}\, V) = V\,\mathrm{div}(\epsilon_0 \,\mathrm{grad}\, V) + \epsilon_0\,(\mathrm{grad}\, V)^2 \tag{5.22}$$

の関係があるので，この関係を用いて式 (5.21) を書き換えると

$$U = \frac{1}{2}\int \epsilon_0\, E^2 \mathrm{d}v - \frac{1}{2}\int \mathrm{div}(\epsilon_0\, V \,\mathrm{grad}\, V)\mathrm{d}v \tag{5.23}$$

が得られる。上式の右辺第 2 項の体積積分をガウスの定理を用いて面積分に書き換えると

$$-\int_S (\epsilon_0 V \,\mathrm{grad}\, V)\cdot \boldsymbol{n}\mathrm{d}S = \int_S \epsilon_0\, V\boldsymbol{E}\cdot \boldsymbol{n}\mathrm{d}S \tag{5.24}$$

となる。いま，電荷を含む十分大きな面 S を考えると，V や $\boldsymbol{E}$ はその表面では無視できるほど小さくなるので，第 1 項に比べ第 2 項を無視することができる。これらの結果

$$U = \frac{1}{2}\int \epsilon_0 E^2 \mathrm{d}v = \frac{1}{2}\int \boldsymbol{E}\cdot\boldsymbol{D}\mathrm{d}v \tag{5.25}$$

となり，電気エネルギー密度 w_e はつぎのようになる。

$$w_\mathrm{e} = \frac{1}{2}\epsilon_0 E^2 = \frac{1}{2}\boldsymbol{E}\cdot\boldsymbol{D}, \quad \left(w_\mathrm{e} = \frac{1}{2}\epsilon E^2\right) \tag{5.26}$$

5.2 インダクタンスと磁気エネルギー密度

5.2.1 巻線コイルのソレノドとトロイドにおける磁界

電流により誘起される磁界に蓄えられるエネルギー密度を考察する。その際，ソレノイドやトロイダルコイルを例にとり，電流により作られる磁界や磁束を求める。はじめに，**図 5.2** に示すように導線がリング状につながった棒状のコイル（ソレノイド）におけるコイル内の磁界を計算する。両端の影響を無視できるような長いソレノイドを考える。磁束密度 $\boldsymbol{B}$ は図に示すような分布となり，ソレノイド内部の磁界は一様となることがアンペールの法則の式 (3.30) から結論できる。いま，図 5.2 に示すような a, b, c, d で囲む積分経路を考えると，ソレノイド近辺の磁界は z 方向に一様であると考えられる。ソレノイド外部の磁界は弱く，c と d を十分遠方に取れば磁界はゼロと考えられる。ソレノイドに直交する b〜c, d〜a の経路は磁界と直交している。これらのことを考慮すると，この経路積分をアンペールの法則の式 (3.30) に適用すると

$$\int_{abcd}\boldsymbol{B}\cdot\mathrm{d}\boldsymbol{l} = \int_a^b \boldsymbol{B}\cdot\mathrm{d}\boldsymbol{l} + \int_b^c \boldsymbol{B}\cdot\mathrm{d}\boldsymbol{l} + \int_c^d \boldsymbol{B}\cdot\mathrm{d}\boldsymbol{l} + \int_d^a \boldsymbol{B}\cdot\mathrm{d}\boldsymbol{l}$$

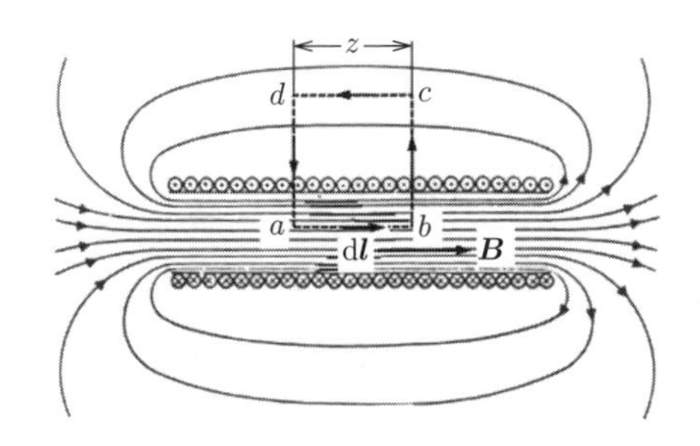

図 5.2 リング状に導線を巻いたコイル（ソレノイド）に電流を流した場合に誘起される磁界をアンペールの法則を用いて求めるための図。計算では無限に長いソレノイドを仮定する。

$$= Bz + 0 + 0 + 0 \tag{5.27}$$

となるので

$$\int_{abcd} \boldsymbol{B} \cdot \mathrm{d}\boldsymbol{l} = Bz \tag{5.28}$$

ソレノイドに電流 I を流す場合を考える。ソレノイドの単位長さ当りの巻数を n とすると，長さ z の部分を通過する導線電流は nzI となるから，ソレノイド内部の磁束密度は

$$Bz = \mu_0 nzI, \quad B = \mu_0 nI \tag{5.29}$$

つまり，ソレノイド中の磁束密度は電流 I と単位長さ当りの巻数 n の積に比例する。

つぎに，**図 5.3** に示すような断面積 S のドーナツ状のコイル（トロイダルコイル）を考える。この場合も先の場合と同様の結果が得られることは容易に想像できる。このトロイダルコイルの中心 C からトロイドの中心までの距離を r として，この半径 r の周積分をアンペールの法則の式 (3.30) に適用する。

$$\oint B\mathrm{d}l = B\oint \mathrm{d}l = 2\pi rB = \mu_0 NI \tag{5.30}$$

ここに N は導線の総巻数である。単位長さ当りの巻数は $n = N/(2\pi r)$ であるから

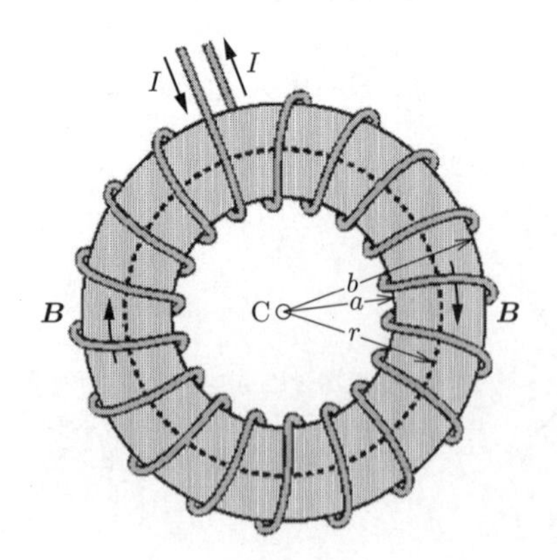

図 5.3　円形断面積を持ち，トロイド状に導線を巻き，これに電流を流したときに誘起される磁束密度を求めるための図。トロイドの中心 C から半径 r の経路を仮定してリング内の磁束密度を求める。

$$B = \mu_0 \frac{NI}{2\pi r} = \mu_0 nI \tag{5.31}$$

となり，ソレノイドの場合と同じ結果が得られる。

5.2.2 ソレノイドとトロイドのインダクタンス

図 5.4 に示すような同心状のソレノイドに対し，一次コイル，二次コイルの導線において，それぞれの半径を r_1，r_2，巻数を N_1，N_2 とする。ソレノイドの長さは十分に長く l とする。内部の一次コイルに電流 I_1 を流したときに，このコイルで誘起される磁界はほとんど一次コイルの内部に限られ，一次コイルと二次コイルの間に誘起される磁界は無視できる。5.2.1 項で求めたように，この磁界による一次コイル内の磁束 Φ_1 は二次コイルの受ける磁束 Φ_{21} に等しく

$$\Phi_{21} = \Phi_1 = B_1 S_1 = \mu_0 n_1 I_1 \pi r_1^2 \tag{5.32}$$

となる。

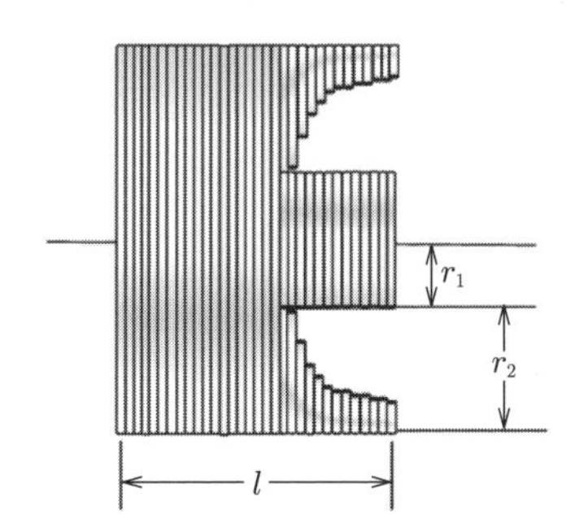

図 5.4 円形断面積を持つソレノイドに一次と二次の導線コイルを巻き，これに電流を流したときに誘起される磁束密度とインダクタンスを求めるための図。ソレノイドの巻線を模式的に表したもので，巻数は一様で長いものと仮定する。計算では一次コイルの巻数は N_1 で二次コイルの巻数は N_2 とし，それぞれのコイルの巻線断面積は $S_1 = \pi r_1^2$ と $S_2 = \pi r_2^2$ とする。

この磁束は二次コイルの $N_2 = n_2 l$ 巻のおのおのに等しく作用する。つまり1巻数当り

$$V = -\frac{\mathrm{d}\Phi_{21}}{\mathrm{d}t} = -\pi\mu_0 n_1 r_1^2 \frac{\mathrm{d}I_1}{\mathrm{d}t} \tag{5.33}$$

の起電力を発生するので，二次コイル全体で誘起される起電力は

$$V_2 = -\pi\mu_0 n_1 r_1^2 \frac{\mathrm{d}I_1}{\mathrm{d}t}(n_2 l) \equiv -M_{21}\frac{\mathrm{d}I_1}{\mathrm{d}t} \tag{5.34}$$

となる。これによりつぎの関係を得る。

$$M_{21} = \pi\mu_0 n_1 n_2 l r_1^2 \tag{5.35}$$

このようにコイル間で誘起される起電力の係数 M_{21} を**相互誘導係数**または**相互インダクタンス**（mutual inductance）と呼び，その単位をヘンリー〔H〕と定義する。

$$1\,\mathrm{H} = 1\,\mathrm{V}\cdot\mathrm{s/A} = 1\,\mathrm{Wb/A} \tag{5.36}$$

つぎに，二次コイルに電流 I_2 を流したときに，一次コイルに誘起される起電力から相互コンダクタンス M_{12} を求める。この電流 I_2 による磁束のうち，一次コイルを通過する磁束の比率は $S_1/S_2 = r_1^2/r_2^2$ であるから

$$\Phi_{12} = \Phi_2 = B_2 S_2 r_1^2/r_2^2 = \mu_0 n_2 I_2 \pi r_1^2 \tag{5.37}$$

で与えられ，一次コイルに誘起される起電力はつぎのようになる。

$$V_1 = -\pi\mu_0 n_2 r_1^2 \frac{\mathrm{d}I_2}{\mathrm{d}t}(n_1 l) \equiv -M_{12}\frac{\mathrm{d}I_2}{\mathrm{d}t} \tag{5.38}$$

これより

$$M_{12} = \pi\mu_0 n_1 n_2 l r_1^2 \tag{5.39}$$

つまりつぎの関係が成り立つ。

$$M_{12} = M_{21} \tag{5.40}$$

上の結果はソレノイドにおける相互誘導係数の計算結果であるがトロイダルコイルにおいてもまったく同様である。5.2.1 項において計算したように一次側と二次側のコイルの巻数を N_1, N_2 とし，巻線はトロイド全体で一様と考え $l = 2\pi r$ とする。一次コイルと二次側の単位長さ当りの巻数を $n_1 = N_1/(2\pi r)$, $n_2 = N_2/(2\pi r)$ とし，一次コイルの断面積を S_1 とすると，上に述べたソレノイドの場合とまったく同じでつぎの結果を得る。

$$M_{12} = M_{21} = M = \mu_0 n_1 n_2 l S_1 \tag{5.41}$$

内部コイルの中心に鉄心などの透磁率 $\mu = \mu_r \mu_0$ の大きい材料を用いることがある[10)]。このとき μ_0 を μ と置けばつぎの関係を得る。

$$M = \pi \mu n_1 n_2 l r_1^2 \tag{5.42}$$

インダクタンスは対になったコイルにのみ起こる現象ではなく，1 個の独立したコイルでも起こる。このことは誘起された磁界はエネルギーとして蓄えられることに対応している。1 巻のコイルに誘起される磁界はほかのすべてのコイル巻線と相互作用する。つまり，ファラデーの法則を

$$V = -L \frac{\mathrm{d}I}{\mathrm{d}t} \tag{5.43}$$

と表し，この係数 L を**自己誘導係数**あるいは**自己インダクタンス**または単に**インダクタンス**と呼ぶ。

上に述べた図 5.4 のソレノイドの場合を例にとると外部コイルに電流 I_2 を流すと，このコイルを通過する磁束は

$$\Phi_{22} = \mu_0 n_2 I_2 \pi r_2^2 \tag{5.44}$$

この磁束が巻線 $n_2 l$ と作用するから

$$V_{22} = -\frac{\mathrm{d}\Phi_{22}}{\mathrm{d}t}(n_2 l) = -\mu_0 n_2 \pi r_2^2 \frac{\mathrm{d}I_2}{\mathrm{d}t}(n_2 l) \tag{5.45}$$

であるから自己インダクタンスは次式で与えられる。

$$L = \pi \mu_0 n_2^2 l r_2^2 \tag{5.46}$$

5.2.3 磁気エネルギー密度

はじめに，電流 I が流れている自己誘導係数（自己インダクタンス）L を持つ閉じた系を考える。電流 I を増加させようとすると，起電力

$$V = -L \frac{\mathrm{d}I}{\mathrm{d}t} \tag{5.47}$$

が発生し，この電流増加を抑えようとするので，外部からこの起電力に打ち勝つだけの起電力 V_{ext}

$$V_{\rm ext} = L\frac{{\rm d}I}{{\rm d}t} \tag{5.48}$$

を与えて電流を増やす必要がある。

電流は単位時間に通過する電荷の量 $I = {\rm d}q/{\rm d}t$ で表される。電気エネルギーの 5.1.2 項で説明したように式 (5.9) によると，電荷の微小変化によるポテンシャル・エネルギーの変化は ${\rm d}U = V{\rm d}q$ で与えられる。同様にしてインダクタンス L を持つ回路において，微小電荷 ${\rm d}q$ に対する外部起電力 $V_{\rm ext}$ のなす仕事（エネルギー）はつぎのように表される。

$${\rm d}U = V_{\rm ext}{\rm d}q = L\frac{{\rm d}I}{{\rm d}t}{\rm d}q \tag{5.49}$$

ここで，電流は $I = {\rm d}q/{\rm d}t$ であるから ${\rm d}q = I{\rm d}t$ の関係が得られる。この ${\rm d}q$ を上式に代入するとつぎの関係が得られる。

$${\rm d}U = L\frac{{\rm d}I}{{\rm d}t}I{\rm d}t = L\,I\,{\rm d}I \tag{5.50}$$

この式において，電流を 0 から I まで変化させたときの外部起電力のなす仕事はつぎのようになる。

$$W = \int_0^W {\rm d}W = \int_0^I L\,I\,{\rm d}I = \frac{1}{2}L\,I^2 \tag{5.51}$$

自己誘導回路として長さ l の十分長いソレノイドの場合に蓄えられる磁気エネルギーについて考察してみる。先の結果の式 (5.29) から，誘起される磁束密度は

$$B = \mu_0\,n\,I \tag{5.52}$$

であり，自己誘導係数（自己インダクタンス）L は式 (5.46) より，$L = \pi\mu_0 n^2 l r^2$ であるから

$$U = \frac{1}{2}LI^2 = \frac{1}{2}\pi\mu_0 n^2 l r^2 I^2 \tag{5.53}$$

となる。式 (5.52) の電流 I を上式に代入すると

$$U = \frac{1}{2}\pi\mu_0 n^2 l r^2 \left(\frac{B}{\mu_0 n}\right)^2 = \frac{B^2}{2\mu_0}\pi r^2 l \tag{5.54}$$

これより磁気エネルギー密度 w_m は

$$w_\mathrm{m} = \frac{U}{\pi r^2 l} = \frac{B^2 \pi r^2 l}{2\mu_0 \pi r^2 l} \tag{5.55}$$

つまり

$$w_\mathrm{m} = \frac{1}{2}\frac{B^2}{\mu_0} = \frac{1}{2}\mu_0 H^2 \tag{5.56}$$

で与えられることが理解される。

実際の導線には抵抗 R があり，電流 I による電圧降下は IR である。いま，ソレノイドの長さを l とし，導線の巻数を N とすと，単位長さ当りの巻数は $n = N/l$ となる。この巻線導体に起電力 V を印加して，ある時間後の電流を I，磁束を $\varPhi$ とすると，この磁束は時間変化をしている。この磁束変化により $-N\mathrm{d}\varPhi/\mathrm{d}t$ の誘導起電力が発生する。この起電力と印加起電力 V との和が導線内の電圧降下 IR に等しいことから，つぎの関係が成立する。

$$V + \left(-N\frac{\mathrm{d}\varPhi}{\mathrm{d}t}\right) = IR \tag{5.57}$$

ソレノイドの断面積を S，その磁束密度を B として，上の式の両辺に $I\mathrm{d}t$ を掛けて整理すると

$$VI\mathrm{d}t = I^2 R\,\mathrm{d}t + NIS\,\mathrm{d}B \tag{5.58}$$

となる。左辺は電源が $\mathrm{d}t$ の間に供給するエネルギーであり，右辺の第 1 項は 5.4 節で述べる導線抵抗の発生するジュール熱，第 2 項は磁束密度を B から $B + \mathrm{d}B$ まで増加させるのに要するエネルギーである。このエネルギーは磁界として蓄えられるエネルギー

$$\mathrm{d}W_\mathrm{m} = NIS\,\mathrm{d}B \tag{5.59}$$

に等しい。ソレノイドの長さを十分大きくとると，均一磁界となり，その強さは式 (5.29) で与えられるように，$H = NI/l = nI$ となるから

$$\mathrm{d}W_\mathrm{m} = SlH\,\mathrm{d}B \tag{5.60}$$

と表すことができる。ここに，lS はソレノイドの体積であるから，単位体積当りに蓄えられる磁気エネルギー w_{m} は $\mathrm{d}w_{\mathrm{m}} = \boldsymbol{H} \cdot \mathrm{d}\boldsymbol{B}$ となる。この結果，単位体積当りの磁気エネルギー密度は

$$w_{\mathrm{m}} = \int_0^B \boldsymbol{H} \cdot \mathrm{d}\boldsymbol{B} \tag{5.61}$$

であるから，つぎの関係が得られる。

$$w_{\mathrm{m}} = \frac{1}{2}\boldsymbol{H} \cdot \boldsymbol{B} = \frac{1}{2}\mu_0 H^2 = \frac{1}{2\mu_0}B^2 \tag{5.62}$$

5.3　電気エネルギー密度と磁気エネルギー密度の和

電気エネルギー密度 w_{e} と磁気エネルギー密度 w_{m} をまとめると，電気エネルギーに関して

$$\boldsymbol{D} = \epsilon_0 \boldsymbol{E}, \quad \boldsymbol{D} = \kappa\epsilon_0 \boldsymbol{E} = \epsilon \boldsymbol{E} \tag{5.63}$$

$$w_{\mathrm{e}} = \frac{1}{2}\frac{D^2}{\epsilon_0} = \frac{1}{2}\epsilon_0 E^2, \quad w_{\mathrm{e}} = \frac{1}{2}\epsilon E^2 = \frac{1}{2}\frac{D^2}{\epsilon} \tag{5.64}$$

磁気エネルギーに関して

$$\boldsymbol{B} = \epsilon_0 \boldsymbol{H}, \quad \boldsymbol{B} = \mu_{\mathrm{r}}\mu_0 \boldsymbol{H} = \mu \boldsymbol{H} \tag{5.65}$$

$$w_{\mathrm{m}} = \frac{1}{2}\frac{B^2}{\mu_0} = \frac{1}{2}\mu_0 H^2, \quad w_{\mathrm{m}} = \frac{1}{2}\mu H^2 = \frac{1}{2}\frac{B^2}{\mu} \tag{5.66}$$

のように類似の関係式が成りたつ。つまり，電気エネルギー密度 w_{e} と磁気エネルギー密度 w_{m} の和である電磁界のエネルギー密度 $w = w_{\mathrm{e}} + w_{\mathrm{m}}$ は 真空中ではつぎのようになる。

$$w = \frac{1}{2}\epsilon_0 E^2 + \frac{1}{2}\mu_0 H^2 \tag{5.67a}$$

また，媒質中では $\epsilon = \kappa\epsilon_0$，$\mu = \mu_{\mathrm{r}}\mu_0$ とするとつぎの関係が得られる。

$$w = \frac{1}{2}\epsilon E^2 + \frac{1}{2}\mu H^2 = \frac{1}{2}\frac{D^2}{\epsilon} + \frac{1}{2}\frac{B^2}{\mu} \tag{5.67b}$$

この電気，磁気エネルギー密度の相似性については 6 章でポインティングの定理として取り上げる。

5.4　オームの法則とジュールの法則

導体（金属）や半導体ではその中に伝導電子を含むために，電界 $\boldsymbol{E}$ を印加すると電流密度 $\boldsymbol{J}$ が流れる。このとき電流は電界に比例し

$$\boldsymbol{J} = \sigma \boldsymbol{E} = \frac{1}{\rho}\boldsymbol{E} \tag{5.68}$$

の関係が成り立つ。これをオームの法則と呼ぶ。ここで σ を導電率，ρ を抵抗率と呼ぶ。電圧 V，電流 I と抵抗 R の間にはつぎの関係がある。

$$V = RI \tag{5.69}$$

導体（抵抗体）の電極間の長さを L，断面積を S とし，電流 I が流れているとき，$J = I/S$，$E = D/L$ であるから，抵抗 R には

$$R = \frac{V}{I} = \frac{EL}{JS} = \frac{E}{J}\frac{L}{S} = \rho\frac{L}{S} \tag{5.70}$$

の関係がある。電気伝導の物性的な説明は参考文献[10)]に詳述されているので，ここでは結果のみを示す。電流密度 $\boldsymbol{J}$，電界 $\boldsymbol{E}$ を用いて，電気伝導度は物質に含まれる電子（伝導電荷）の密度 n〔個/m^3〕，電子の有効質量 m^*〔kg〕（自由電子の質量 m と異なる），電荷量 e〔C〕，ドリフト速度 v_{d}〔m/s〕を用いて

$$\boldsymbol{J} = nev_{\mathrm{d}} = ne\mu\boldsymbol{E} \tag{5.71}$$

$$\mu = \frac{e\langle\tau\rangle}{m^*} \tag{5.72}$$

ここに，μ は電子の移動度と呼ばれ，単位電界を印加したときに電子がドリフト運動をする速度を与える。また，τ は電子の衝突間の平均時間に対応し，正確には電子散乱の緩和時間と呼ばれる。これがオームの法則の微視的な説明である。

電流が伝導電子によって運ばれているとき，電子は電位の低いところから高いところに流れる（電子に対するエネルギー（$-$eV）で定義すると高いところ

から低いところへ流れる)。この運動によってエネルギーが失われるが，電子が失われることなく流れ続けるなら，そのエネルギーは熱エネルギーに変換されることになる。一様電界 E のもとで電荷 q に働く力 $\mathrm{d}F$ は

$$\mathrm{d}F = E\mathrm{d}q \tag{5.73}$$

と表される。導体中の電荷 $\mathrm{d}q$ が距離 l 移動する間になされる仕事 $\mathrm{d}W$ は

$$\mathrm{d}W = \mathrm{d}F \cdot l = E\mathrm{d}q\, l \tag{5.74}$$

で与えられる。ここで，El は電極間の電位差であるから

$$El = V \tag{5.75}$$

つまり，なされる仕事はつぎのようになる。

$$\mathrm{d}W = V\mathrm{d}q \tag{5.76}$$

時間 $\mathrm{d}t$ 当りになされる仕事は電力 P〔J/s〕と定義され

$$P = \frac{\mathrm{d}W}{\mathrm{d}t} = V\frac{\mathrm{d}q}{\mathrm{d}t} \tag{5.77}$$

の関係が得られるが，$\mathrm{d}q/\mathrm{d}t$ は電流 I に等しいので

$$P = VI \text{〔V·A〕} \tag{5.78}$$

なる関係が成立する。つまり，電力を導体に入力すると，その電力 P は導体の電極間の電位差と電流の積に等しい量となる。これをジュールの法則と呼ぶ。

ジュールの法則をオームの法則を用いて書き換えると

$$P = VI = I^2R = \frac{V^2}{R} \text{〔J/s〕(=〔W〕)} \tag{5.79}$$

の関係が成立する。また，単位体積当りのジュール熱は，電界 $\boldsymbol{E}$〔V/m〕と電流密度 $\boldsymbol{J}$〔A/m^2〕に対してつぎのように表すことができる。

$$w_{\mathrm{J}} = \boldsymbol{E} \cdot \boldsymbol{J} \text{〔W/m}^3\text{〕} \tag{5.80}$$

章　末　問　題

(5.1) 水素原子において原子核の陽子が作る電界の力で電子が基底状態 $a_{\mathrm{Bohr}} = 0.529$ Å（1 Å $= 0.1$ nm）の円周運動をしているときの電気ポテンシャル V を求めよ。また，テスト電荷を $q_{\mathrm{test}} = -e$ とするとき，この電子に対するエネルギー U はどのようになるかを求めよ。

(5.2) 半径 $r = 5.0$ cm 金属平行平板を間隔 $d = 0.10$ mm で構成したコンデンサ（キャパシタ）について

(1) 静電容量（キャパシタンス）を求めよ。

(2) このコンデンサに電圧 $V = 100$ V を印加したとき，蓄えられる電荷量を求めよ。

(3) このときに蓄えられた電気エネルギーを求めよ。

(4) このコンデンサに蓄えられる電気エネルギー密度を求めよ。

(5.3) **図 5.5** に示すような球状のコンデンサを考える。半径 r_1 の内球と半径 r_2 の外球に対し，内球がプラスになるような電圧 V を印加した場合を考える。

(1) $r_1 \leqq r \leqq r_2$ の領域における電界 E を求めよ。

(2) $r_1 \leqq r \leqq r_2$ の領域における電気エネルギー密度 w_{e} を求めよ。

(3) $r_1 \leqq r \leqq r_2$ の領域に蓄えられる電気エネルギー U を求めよ。

(4) このコンデンサの静電容量（キャパシタンス）C を求めよ。

(5) $r_1 = 5$ cm，$r_2 = 10$ cm，$V = 100$ V としたときの静電容量 C，電荷量 Q，電気エネルギー U を求めよ。

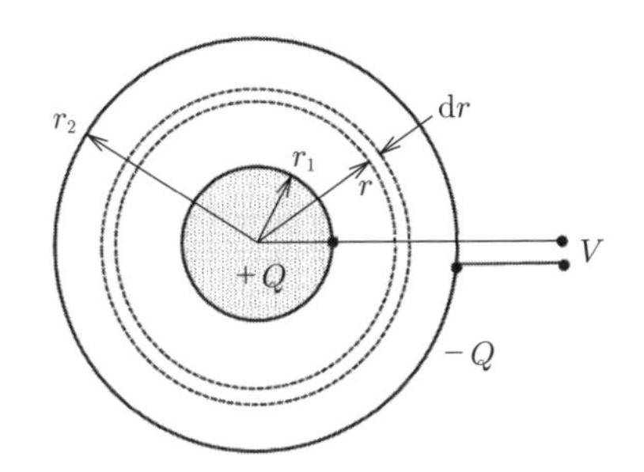

図 5.5 内径 r_1，外径 r_2 の球状コンデンサ

(5.4) 図 5.4 に示した一次と二次コイルからなる同軸ソレノイドにおいて，長さ $l = 50$ cm，半径 $r_1 = 2.0$ cm，半径 $r_2 = 4.0$ cm，単位長さ当りの一次コイルの巻数 $n_1 = 8\,000$ ターン/m，二次コイルの巻数 $n_2 = 6\,000$ ターン/m とする。

(1)　一次コイルと二次コイルの自己インダクタンスを求めよ。

(2)　ソレノイドの相互インダクタンスを求めよ。

(5.5)　図 5.2 に示したソレノイドついてつぎの問いに答えよ。ただし，ソレノイドの長さを $l = 50\,\mathrm{cm}$，直径 d（半径 $r = d/2$）を $d = 2r = 2.0\,\mathrm{cm}$，単位長さ当りの巻数を $n = 1.0 \times 10^4$ ターン/m とし，電流 $I = 1.0\,\mathrm{A}$ を流すものとする。

(1)　ソレノイドの磁束密度を求めよ。

(2)　ソレノイドでの磁気エネルギー密度を求めよ。

(3)　ソレノイドに蓄えられる磁気エネルギーを求めよ。

(5.6)　抵抗 R とインダクタンス L を図 **5.6** に示すように直列に接続した回路に，電圧 V_0 を印加した場合についてつぎの問いに答えよ。

(1)　スイッチ SW を A 側に投入したときに流れる電流の時間変化を求め図示せよ。

(2)　その後，スイッチ SW を B 側に投入したときの電流の時間変化を求め図示せよ。

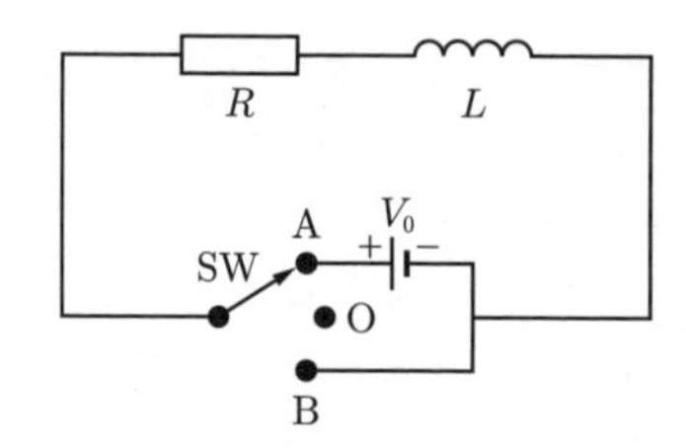

図 **5.6**　抵抗 R とインダクタンス L の直列回路

(5.7)　抵抗 R とキャパシタンス C を図 **5.7** に示すように直列に接続した回路に，電圧 V_0 を印加した場合についてつぎの問いに答えよ。

(1)　スイッチ SW を A 側に投入したときに流れる電流の時間変化を求め図示せよ。

(2)　その後，スイッチ SW を B 側に投入したときの電流の時間変化を求め図示せよ。

(3)　スイッチで充電後，スイッチを B 側に投入したとき，抵抗を通して流れる電流によるジュール熱を求めよ。

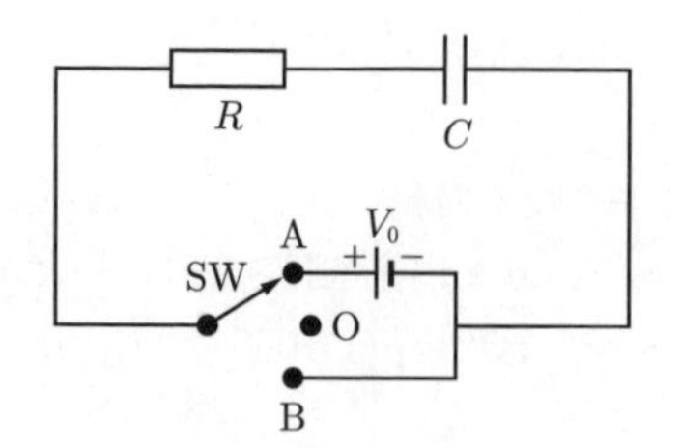

図 **5.7**　抵抗 R とキャパシタンス C の直列回路

(5.8) インダクタンス L とキャパシタンス C を図 **5.8** に示すように直列に接続した回路に，電圧 V_0 を印加した場合についてつぎの問いに答えよ。

(1) スイッチ SW を A 側に投入したとき，定常状態について述べよ。

(2) 定常状態になったのち，スイッチ SW を B 側に投入したときの応答について述べよ。エネルギーが失われないからこの回路には振動電流が流れることを示せ。

(3) (2) の結果を用いて，電流の極大値と極小値を求め，インダクタンス L に蓄えられる最大のエネルギーを求め，キャパシタンス C に蓄えられるエネルギーと比較せよ。また，L と C に蓄えられるエネルギーの和は一定となることを示せ。

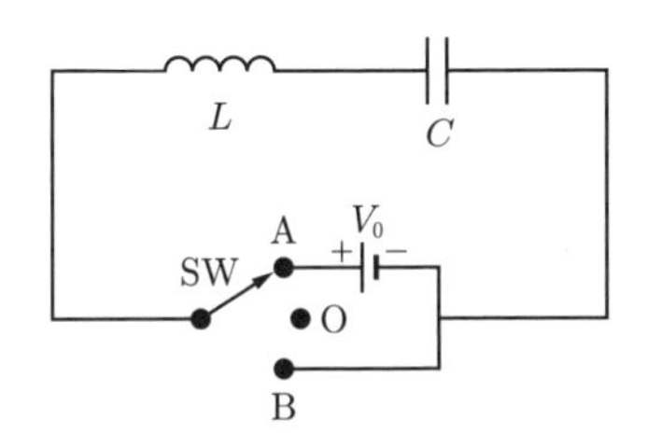

図 **5.8**　インダクタンス L とキャパシタンス C の直列回路

(5.9) インダクタンス L，抵抗 R とキャパシタンス C を図 **5.9** に示すように直列に接続した回路に，電圧 V_0 を印加した場合についてつぎの問いに答えよ。ただし，計算には印加電圧 $V_0 = 200\,\mathrm{V}$，インダクタンス $L = 0.10\,\mathrm{H}$，キャパシタンス $C = 10.0\,\mu\mathrm{F}$，$R = 50\,\Omega$（または $R = 0\,\Omega$）とする。

(1) スイッチ SW を A 側に投入したときに流れる電流の時間変化を与える式を導き図示せよ。

(2) その後，スイッチ SW を B 側に投入したときの電流の時間変化を $R = 50\,\Omega$ と $R = 0\,\Omega$ の場合について図示せよ。

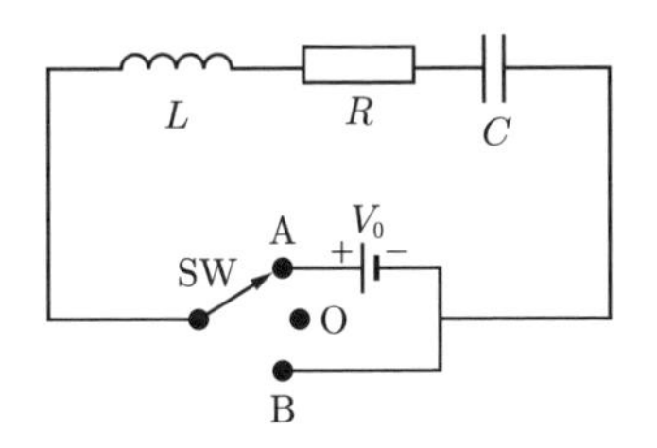

図 **5.9**　インダクタンス L，抵抗 R とキャパシタンス C の直列回路

(5.10) キャパシタンス C を図 **5.10** に示すように 2 個並列に接続した回路がある。最初に一方のキャパシタンスに電池から電圧 V_0 を供給し，電荷を蓄積させる。つぎの問いに答えよ。

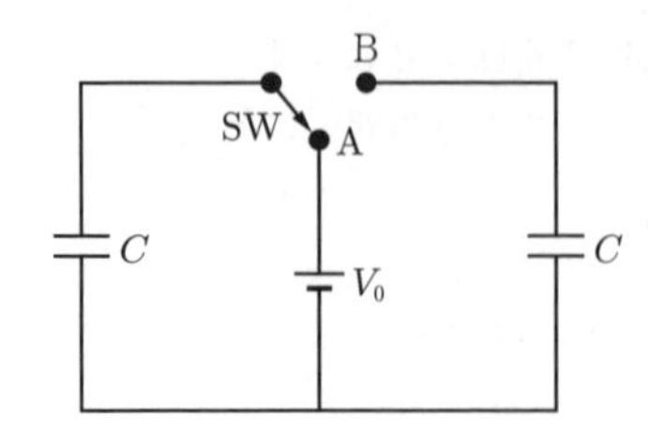

図 5.10　同一キャパシタンスの一方に電圧を加え，電荷を蓄積したのち，スイッチを B 側に投入して並列キャパシタンスの回路の電圧と電荷を求める。

(1)　その後，スイッチを B 側に投入したとき，電荷が失われることなく定常状態となるものと仮定する。このときのキャパシタンスの電圧はどのようになるか。

(2)　この結果，二つのキャパシタンスに蓄えられたエネルギーの和は初期値の半分になることを示せ。

(3)　初期値と並列回路のエネルギー差はどのように説明されるか。**図 5.11** のように抵抗 $r = r_1 + r_2$ がある場合と，ない場合（図 5.10）について考察せよ。

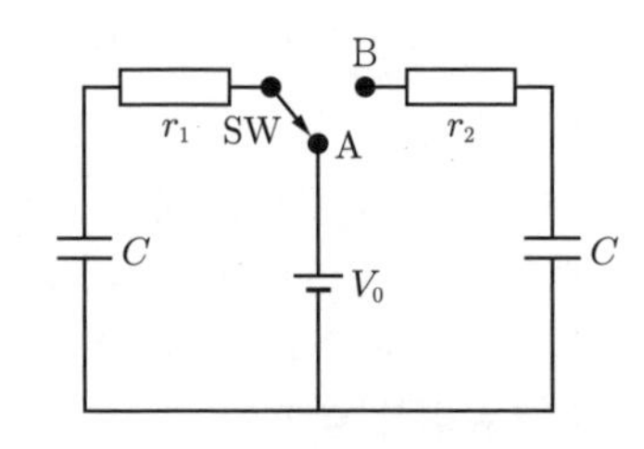

図 5.11　キャパシタンスを接続する導線には，わずかでも電気抵抗が存在する。この抵抗によるジュール熱を計算すると，並列回路の電荷の持つエネルギーが初期の半分になることが証明できる。

(4)　この結果を踏まえて，キャパシタンスに蓄積された電荷を安全にディスチャージする方法を述べよ。

6 電　磁　波

本章では，これまでに求めた電界と磁界に関する法則をマクスウェルの方程式と呼ばれる四つの方程式にまとめ，その解析から電磁波の伝搬を説明する。電磁波の伝搬速度から光が電磁波であることを示し，電界と磁界の偏向方向や境界面で入射，反射と透過の法則を導く。また，導波管内の電磁波の解析法についても述べる。

6.1 マクスウェルの方程式

2 章〜4 章に述べた内容はつぎの四つの方程式にまとめられる。

① クーロンの法則とガウスの定理から式 (2.41)

② アンペールの法則から式 (4.83)

③ ファラデーの電磁誘導の法則の式 (4.45)

④ 磁束の発散はゼロであること示す式 (4.46)

をまとめ，マクスウェル（James Clerk Maxwell, 1831–1879, 英国）はつぎの四つの方程式を導き，1865 年に発表した。本章では，電界に関して電束密度 $\boldsymbol{D}$，電界の強さ $\boldsymbol{E}$ の記号を，磁界に関して磁束密度 $\boldsymbol{B}$，磁界の強さ $\boldsymbol{H}$ の記号を用い，原則として真空中での電磁波を取り扱う。

$$\mathrm{div}\ \boldsymbol{D} = \rho \tag{6.1}$$

$$\mathrm{rot}\ \boldsymbol{H} = \boldsymbol{J} + \frac{\partial \boldsymbol{D}}{\partial t} \tag{6.2}$$

$$\mathrm{rot}\ \boldsymbol{E} = -\frac{\partial \boldsymbol{B}}{\partial t} \tag{6.3}$$

$$\mathrm{div}\ \boldsymbol{B} = 0 \tag{6.4}$$

この四つの方程式を**マクスウェルの電磁方程式**（Maxwell's equations）と呼ぶ。このマクスウェルの電磁方程式はベクトル演算記号 $\boldsymbol{\nabla}$ を用いて

$$\boldsymbol{\nabla} \cdot \boldsymbol{D} = \rho \tag{6.5}$$

$$\boldsymbol{\nabla} \times \boldsymbol{H} = \boldsymbol{J} + \frac{\partial \boldsymbol{D}}{\partial t} \tag{6.6}$$

$$\boldsymbol{\nabla} \times \boldsymbol{E} = -\frac{\partial \boldsymbol{B}}{\partial t} \tag{6.7}$$

$$\boldsymbol{\nabla} \cdot \boldsymbol{B} = 0 \tag{6.8}$$

のように表すこともできる。以上の式はマクスウェルの方程式の微分形式で表したものである。すでに述べたように，おのおのの式に対応する積分形式で表したマクスウェルの方程式がある。これらの代表的なものはそれぞれの式に対応して，式 (2.20)，式 (3.31) と式 (4.81) の組み合わせ，式 (4.42)，と式 (3.27) で与えられ，つぎのようになる。

$$\int_S \boldsymbol{D} \cdot \mathrm{d}\boldsymbol{S} = \int_v \rho\, \mathrm{d}v \tag{6.9}$$

$$\oint_C \boldsymbol{H} \cdot \mathrm{d}\boldsymbol{l} = \int_S \boldsymbol{J} \cdot \mathrm{d}\boldsymbol{S} + \frac{\mathrm{d}}{\mathrm{d}t} \int_S \boldsymbol{D} \cdot \mathrm{d}\boldsymbol{S} \tag{6.10}$$

$$\oint_C \boldsymbol{E} \cdot \mathrm{d}\boldsymbol{l} = -\frac{\mathrm{d}}{\mathrm{d}t} \int_S \boldsymbol{B} \cdot \mathrm{d}\boldsymbol{S} \tag{6.11}$$

$$\int_{\mathrm{S}} \boldsymbol{B} \cdot \mathrm{d}\boldsymbol{S} = 0 \tag{6.12}$$

これらの自由空間におけるマクスウェルの方程式は，$\boldsymbol{D} = \epsilon_0 \boldsymbol{E}$，$\boldsymbol{B} = \mu_0 \boldsymbol{H}$ の関係を用いて，$\boldsymbol{D}$ または $\boldsymbol{E}$ の一方と，$\boldsymbol{B}$ または $\boldsymbol{H}$ の一方を用いての書き換えられる。このことは，マクスウェルの方程式の微分形式でも同様である。

本章では，マクスウェルの方程式を理解するためにいろいろな条件のもとでこの方程式を解く方法について述べる。また，7 章では電磁波の輻射とアンテナの理論を，8 章ではマクスウェルの方程式を量子化して電磁波（光子，フォトン）が粒子（量子）であることを示し，プランクの輻射理論を説明する。

6.2　自由空間における平面波解析

簡単のため真空中（空気中）の電磁界を考え，誘電率を ϵ_0，誘磁率を μ_0 とすると，つぎの関係が成立する。

$$\boldsymbol{D} = \epsilon_0 \boldsymbol{E} \tag{6.13}$$

$$\boldsymbol{B} = \mu_0 \boldsymbol{H} \tag{6.14}$$

この関係式を式 (6.6) と式 (6.7) に代入し，電流 $\boldsymbol{J} = 0$ とすると

$$\boldsymbol{\nabla} \times \boldsymbol{H} = \epsilon_0 \frac{\partial \boldsymbol{E}}{\partial t} \tag{6.15}$$

$$\boldsymbol{\nabla} \times \boldsymbol{E} = -\mu_0 \frac{\partial \boldsymbol{H}}{\partial t} \tag{6.16}$$

が得られる。

そこで，式 (6.15) の両辺に時間微分をほどこすと

$$\boldsymbol{\nabla} \times \frac{\partial \boldsymbol{H}}{\partial t} = \epsilon_0 \frac{\partial^2 \boldsymbol{E}}{\partial t^2} \tag{6.17}$$

が得られる。この左辺の $\partial \boldsymbol{H}/\partial t$ に式 (6.16) を用いると

$$\boldsymbol{\nabla} \times \boldsymbol{\nabla} \times \boldsymbol{E} = -\mu_0 \epsilon_0 \frac{\partial^2 \boldsymbol{E}}{\partial t^2} \tag{6.18}$$

この左辺を演算子の公式 (1.42) を用いると

$$\boldsymbol{\nabla}(\boldsymbol{\nabla} \cdot \boldsymbol{E}) - \boldsymbol{\nabla}^2 \boldsymbol{E} = -\mu_0 \epsilon_0 \frac{\partial^2 \boldsymbol{E}}{\partial t^2} \tag{6.19}$$

となるが，真空中には電荷が存在しないので $\boldsymbol{\nabla} \cdot \boldsymbol{E} = 0$ であるから

$$\boldsymbol{\nabla}^2 \boldsymbol{E} = \epsilon_0 \mu_0 \frac{\partial^2 \boldsymbol{E}}{\partial t^2} \tag{6.20}$$

が得られる。これを**電界に関する波動方程式**と呼ぶ。

まったく同様にして，式 (6.16) の両辺を時間 t で微分し，これに式 (6.15) を用いて電界 $\boldsymbol{E}$ を消去すると

$$\nabla^2 \boldsymbol{H} = \epsilon_0 \mu_0 \frac{\partial^2 \boldsymbol{H}}{\partial t^2} \tag{6.21}$$

を得るが，これは式 (6.20) と同型の方程式である。これを**磁界に関する波動方程式**と呼ぶ。

いま，簡単な例として x 方向に偏波し，z 方向に伝搬する平面波を

$$E = E_x \mathrm{e}^{\mathrm{i}(k_z z - \omega t)} \tag{6.22}$$

と表すことにする。ここに，波長を λ とし，波数ベクトルを $k_z = 2\pi/\lambda$ と定義した。ω は角周波数である。これを式 (6.20) に代入すると

$$\nabla^2 E = \frac{\partial^2}{\partial z^2} E = -k_z^2 E_x \mathrm{e}^{\mathrm{i}(k_z z - \omega t)} = -k_z^2 E \tag{6.23}$$

$$\epsilon_0 \mu_0 \frac{\partial^2 E}{\partial t^2} = -\epsilon_0 \mu_0 \omega^2 E_x \mathrm{e}^{\mathrm{i}(k_z z - \omega t)} = -\epsilon_0 \mu_0 \omega^2 E \tag{6.24}$$

が得られるので，これをまとめて

$$k_z^2 = \epsilon_0 \mu_0 \omega^2 \tag{6.25}$$

なる関係が得られる。これより，この波の速度 c は

$$c = \frac{\omega}{k_z} = \frac{1}{\sqrt{\epsilon_0 \mu_0}} = 2.99 \times 10^8 \ \text{〔m/s〕} \tag{6.26}$$

となる。ただし，上式の右辺は $\epsilon_0 = 8.854 \times 10^{-12}$〔F/m〕，$\mu_0 = 4\pi \times 10^{-7}$〔H/m〕を代入して求めた。これらの定数は光速 c が実測値に合うように定められたものである。つまり，マクスウェルの波動方程式から真空中に対して得られる平面波では，その速度が光の速度で伝搬することを示している。式 (6.21) を解いても同様の結果が得られるので，電界と磁界は同じ位相速度（光速）と角周波数で伝搬することがわかる。

6.3　SI 単 位 系

マクスウェルは，本章で述べた方程式を導き，式 (6.26) で与えられる電磁波

の速度を求めた結果その速度が光速に等しいことを見いだし，光は電磁波であると結論した。現在の物理系ではこの光速がSI単位系で最も重要な物理定数となっている。つまり，現在の物理単位系ではSI単位系が採用されているが，その物理定数を決めるに当たっては光速〔m/s〕と時間の秒〔s〕の単位が基本となっている。時間の単位はセシウム原子時計の振動周波数から秒〔s〕を決める。その単位系の要点をまとめるとつぎのようでる。

① SI単位系では真空中の光速 c と透磁率 μ_0 をつぎのような値で固定する。

$$c = 299\,792\,458\,\mathrm{m\,s^{-1}} \tag{6.27}$$

$$\mu_0 = 4\pi \times 10^{-7}\,〔\mathrm{NA^{-2}}〕 \tag{6.28}$$

② 真空の誘電率 ϵ_0 は

$$\epsilon_0 = \frac{1}{c^2\,\mu_0} = 8.854\,187\,817 \times 10^{-12}\,〔\mathrm{Fm^{-1}}〕 \tag{6.29}$$

と定義する。

③ 時間の単位〔s〕はセシウム133原子の基底状態の二つの超微細構造の準位間遷移による輻射が9 192 631 770回振動する間の時間と定義する。

④ 長さの単位〔m〕は光が真空中を時間 $1/c = 1/299\,792\,458$〔$\mathrm{s^{-1}}$〕の間に走行する距離と定義する。

⑤ 重さの単位〔kg〕はメートル原器を使っているが，2018年には新しい度量衡で制定される予定である。

6.4　電界と磁界の偏波方向

6.2節では電界と磁界を独立に解き，まったく同じ方程式が独立に得られることを示した。しかし，マクスウェルの波動方程式を見れば明らかなように，電界と磁界はたがいに結び付けられており，独立ではない。つまり，電磁波は電界と磁界が同時に伝搬している。そこで，この電磁波の電界と磁界の関係を求めてみよう。

簡単のため，空気中（真空中）の場合を考える。このとき，式 (6.15) と式 (6.16) はつぎのように表される。

$$\mathrm{rot}\ \boldsymbol{H} = \epsilon_0 \frac{\partial}{\partial t}\boldsymbol{E} \tag{6.30}$$

$$\mathrm{rot}\ \boldsymbol{E} = -\mu_0 \frac{\partial}{\partial t}\boldsymbol{H} \tag{6.31}$$

式 (6.30)，式 (6.31) は 1 章で定義したベクトルの式を用いて

$$\left(\boldsymbol{i}\frac{\partial}{\partial x} + \boldsymbol{j}\frac{\partial}{\partial y} + \boldsymbol{k}\frac{\partial}{\partial z}\right) \times (\boldsymbol{i}H_x + \boldsymbol{j}H_y + \boldsymbol{k}H_z) = \epsilon_0 \frac{\partial}{\partial t}(\boldsymbol{i}E_x + \boldsymbol{j}E_y + \boldsymbol{k}E_z) \tag{6.32}$$

$$\left(\boldsymbol{i}\frac{\partial}{\partial x} + \boldsymbol{j}\frac{\partial}{\partial y} + \boldsymbol{k}\frac{\partial}{\partial z}\right) \times (\boldsymbol{i}E_x + \boldsymbol{j}E_y + \boldsymbol{k}E_z) = -\mu_0 \frac{\partial}{\partial t}(\boldsymbol{i}H_x + \boldsymbol{j}H_y + \boldsymbol{k}H_z) \tag{6.33}$$

と表される。式 (6.32) を成分に分けて表すと

$$\frac{\partial H_z}{\partial y} - \frac{\partial H_y}{\partial z} = \epsilon_0 \frac{\partial E_x}{\partial t} \tag{6.34}$$

$$\frac{\partial H_x}{\partial z} - \frac{\partial H_z}{\partial x} = \epsilon_0 \frac{\partial E_y}{\partial t} \tag{6.35}$$

$$\frac{\partial H_y}{\partial x} - \frac{\partial H_x}{\partial y} = \epsilon_0 \frac{\partial E_z}{\partial t} \tag{6.36}$$

また，式 (6.33) より，それぞれの成分に対してつぎの関係が得られる。

$$\frac{\partial E_z}{\partial y} - \frac{\partial E_y}{\partial z} = -\mu_0 \frac{\partial H_x}{\partial t} \tag{6.37}$$

$$\frac{\partial E_x}{\partial z} - \frac{\partial E_z}{\partial x} = -\mu_0 \frac{\partial H_y}{\partial t} \tag{6.38}$$

$$\frac{\partial E_y}{\partial x} - \frac{\partial E_x}{\partial y} = -\mu_0 \frac{\partial H_z}{\partial t} \tag{6.39}$$

いま，電界は x 軸方向の成分 E_x のみとし，y および z 軸方向成分はゼロであると仮定する。かつ，E_x は座標 x と y には無関係で，z および t の関数であるものとする。このとき

$$E_x \neq 0, \qquad E_y = E_z = 0 \tag{6.40}$$

$$\frac{\partial E_x}{\partial z} \neq 0, \qquad \frac{\partial E_x}{\partial x} = \frac{\partial E_x}{\partial y} = 0 \tag{6.41}$$

であるから，これらの関係を式 (6.37) ～ (6.39) に代入すると

$$H_x = H_z = 0, \quad -\mu_0 \frac{\partial H_y}{\partial t} = \frac{\partial E_x}{\partial z} \tag{6.42}$$

となる。すなわち，式 (6.40) ～ (6.42) のように，x 方向偏波の電界に対して，磁界は y 軸方向のみの H_y がゼロとならず，z と t の関数となる。つまり，磁界は電界と垂直な y 方向に偏波していることになる。また，式 (6.34) より

$$-\frac{\partial H_y}{\partial z} = \epsilon_0 \frac{\partial E_x}{\partial t} \tag{6.43}$$

となるから，式 (6.42)，式 (6.43) より，E_x あるいは H_y を消去すると

$$\frac{\partial^2 E_x}{\partial z^2} = \epsilon_0 \mu_0 \frac{\partial^2 E_x}{\partial t^2} \tag{6.44}$$

$$\frac{\partial^2 H_y}{\partial z^2} = \epsilon_0 \mu_0 \frac{\partial^2 H_y}{\partial t^2} \tag{6.45}$$

となり，これより，電界と磁界はつぎの波動関数で与えられる。

$$E_x(z,t) = E_\mathrm{m} \exp\left[\mathrm{i}\left(k_z z - \omega t\right)\right] = E_\mathrm{m} \exp\left[\mathrm{i}\,\omega\left(\frac{z}{c} - t\right)\right] \tag{6.46}$$

$$H_y(z,t) = H_\mathrm{m} \exp\left[\mathrm{i}\left(k_z z - \omega t\right)\right] = H_\mathrm{m} \exp\left[\mathrm{i}\,\omega\left(\frac{z}{c} - t\right)\right] \tag{6.47}$$

ここに，E_m と H_m は電界および磁界の振幅で，$c = \omega / k_z$ は光速である。この関係を示したのが**図 6.1** である。

また，電磁波は角周波数 ω で伝搬するものと考え，平面波を $\exp[\mathrm{i}(k_z z - \omega t)]$ とすると，時間に関する微分は $\partial / \partial t = -\mathrm{i}\omega$ とすることができる。式 (6.42)，式 (6.43) から

$$\mathrm{i}\omega\mu_0 H_y = \mathrm{i}k_z E_x \tag{6.48}$$

$$\mathrm{i}k_z H_y = \mathrm{i}\omega\epsilon_0 E_x \tag{6.49}$$

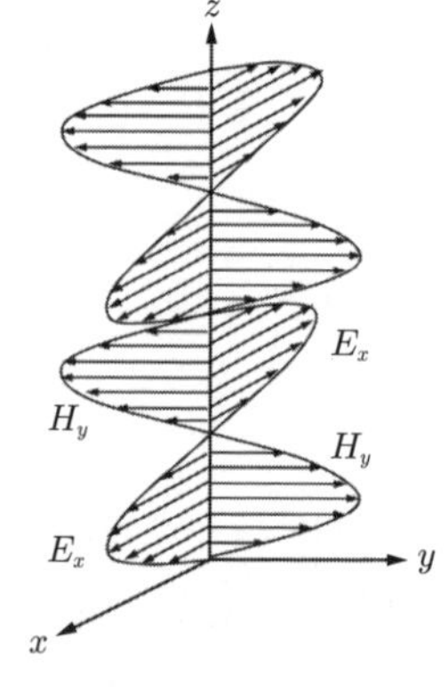

図 6.1　電磁波の平面波による解。電界と磁界のベクトルは直交し，この二つのベクトルに直交する z 方向に伝搬する平面波の様子を示す。

が得られるが，これらの関係を用いてインピーダンスをつぎのように定義することができる。

$$\frac{E_x}{H_y} = \frac{\omega\mu_0}{k_z} = c\mu_0 = \sqrt{\frac{\mu_0}{\epsilon_0}} \equiv Z_0 \tag{6.50}$$

ここに

$$Z_0 = 377\,\Omega \tag{6.51}$$

は空間の特性インピーダンスと呼ばれる。

6.5　ポインティングの定理とポインティング・ベクトル

5 章では電気エネルギー密度 $w_{\rm e}$ と磁気エネルギー密度 $w_{\rm m}$ を見積もり，その式に類似性があることを示した。このことをマクスウェルの方程式から考察してみる。

マクスウェルの方程式の第 3 式 (6.7) の両辺に $\boldsymbol{H}$ を掛けスカラ積をとる。

$$\boldsymbol{H} \cdot \boldsymbol{\nabla} \times \boldsymbol{E} = -\boldsymbol{H} \cdot \frac{\partial \boldsymbol{B}}{\partial t} \tag{6.52}$$

同様に第 2 式 (6.6) に $\boldsymbol{E}$ のスカラ積をとるとつぎのようになる。

$$\boldsymbol{E} \cdot \boldsymbol{\nabla} \times \boldsymbol{H} = \boldsymbol{E} \cdot \boldsymbol{J} + \boldsymbol{E} \cdot \frac{\partial \boldsymbol{D}}{\partial t} \tag{6.53}$$

これらの二つの式を辺々の引き算をすると

$$\boldsymbol{H}\cdot\boldsymbol{\nabla}\boldsymbol{E}-\boldsymbol{E}\cdot\boldsymbol{\nabla}\times\boldsymbol{H}=-\boldsymbol{E}\cdot\boldsymbol{J}-\boldsymbol{E}\cdot\frac{\partial\boldsymbol{D}}{\partial t}-\boldsymbol{H}\cdot\frac{\partial\boldsymbol{B}}{\partial t} \tag{6.54}$$

を得る。ところが

$$\frac{\partial(\boldsymbol{E}\cdot\boldsymbol{D})}{\partial t}=\boldsymbol{E}\cdot\frac{\partial\boldsymbol{D}}{\partial t}+\boldsymbol{D}\cdot\frac{\partial\boldsymbol{E}}{\partial t}=2\boldsymbol{E}\cdot\frac{\partial\boldsymbol{D}}{\partial t}=2\boldsymbol{D}\cdot\frac{\partial\boldsymbol{E}}{\partial t}=\frac{\partial}{\partial t}\left(\epsilon_0E^2\right) \tag{6.55}$$

であるから，式 (6.54) の右辺は負号を除くとつぎのような式を与える。

$$\boldsymbol{E}\cdot\boldsymbol{J}+\boldsymbol{E}\cdot\frac{\partial\boldsymbol{D}}{\partial t}+\boldsymbol{H}\cdot\frac{\partial\boldsymbol{B}}{\partial t}=\boldsymbol{E}\cdot\boldsymbol{J}+\frac{\partial}{\partial t}\left(\frac{1}{2}\epsilon_0E^2+\frac{1}{2}\mu_0H^2\right) \tag{6.56}$$

ベクトルの公式より

$$\boldsymbol{\nabla}\cdot(\boldsymbol{E}\times\boldsymbol{H})=\boldsymbol{H}\cdot(\boldsymbol{\nabla}\times\boldsymbol{E})-\boldsymbol{E}\cdot(\boldsymbol{\nabla}\times\boldsymbol{H}) \tag{6.57}$$

となる。これらの結果を用いると式 (6.54) はつぎのように表される。

$$\boldsymbol{\nabla}\cdot(\boldsymbol{E}\times\boldsymbol{H})+\frac{\partial}{\partial t}\left(\frac{1}{2}\epsilon_0E^2+\frac{1}{2}\mu_0H^2\right)=-\boldsymbol{E}\cdot\boldsymbol{J} \tag{6.58}$$

この式を**ポインティングの定理**（Poynting's theorem）と呼ぶ。この式の左辺第 2 項は 5 章で述べたように式 (5.67a) と (5.67b) で示した電気エネルギー密度と磁気エネルギー密度の和，つまり電磁エネルギー密度を表している。つまり，ポインティングの定理から得られる二つの項は電界と磁界のエネルギーの和を表しており，5 章で予想した結果と一致している。また，式 (6.58) は連続の式 (4.76) と類似の形をしている。つまり，$w=(1/2)(\epsilon E^2+\mu H^2)$ を電磁エネルギー密度とすると，第 1 項の $\boldsymbol{E}\times\boldsymbol{H}$ は電磁界のエネルギーが外部に流れ出す流速を表すと考えることができる。そこで

$$\boldsymbol{P}=\boldsymbol{E}\times\boldsymbol{H} \tag{6.59}$$

と表し，これを**ポインティング・ベクトル**と呼ぶことにすると，ポインティング・ベクトルは単位面積を通して単位時間に流れ出ていくエネルギーを表していると解釈できる。また $-\boldsymbol{E}\cdot\boldsymbol{J}$ は電気的エネルギーが，単位体積当りジュール熱

として消費される量を表している。そこで式 (6.58) の両辺の体積積分をとり，ポインティング・ベクトルの積分を面積分で置き換えるとつぎのようになる。

$$\int_S \boldsymbol{P}\cdot\mathrm{d}\boldsymbol{S} + \frac{\partial}{\partial t}\int_V (w_\mathrm{e}+w_\mathrm{m})\mathrm{d}v = -\int_V \boldsymbol{E}\cdot\boldsymbol{J}\mathrm{d}v \tag{6.60}$$

ここに

$$w_\mathrm{e} = \frac{1}{2}\epsilon_0 E^2, \quad w_\mathrm{m} = \frac{1}{2}\mu_0 H^2, \quad \boldsymbol{P} = \boldsymbol{E}\times\boldsymbol{H} \tag{6.61}$$

電界と磁界が共存する電磁波の電磁エネルギー密度を

$$w = w_\mathrm{e} + w_\mathrm{m} = \frac{1}{2}(\epsilon_0 E^2 + \mu_0 H^2) \tag{6.62}$$

と置き，平面波の電界と磁界の振幅に関して式 (6.50) より

$$H = \sqrt{\frac{\epsilon_0}{\mu_0}}E \tag{6.63}$$

となるから，これを式 (6.62) に代入するとつぎの関係が得られる。

$$w = \frac{1}{2}\left(\epsilon_0\sqrt{\frac{\mu_0}{\epsilon_0}}EH + \mu_0\sqrt{\frac{\epsilon_0}{\mu_0}}EH\right) = \sqrt{\epsilon_0\mu_0}EH \tag{6.64}$$

これが平面偏波電磁波の持つエネルギー密度であるが，平面偏波電磁波は電界とそれに直交する磁界に直角の方向に，光速 $c = 1/\sqrt{\epsilon_0\mu_0}$ で伝搬するが，媒質中で $\boldsymbol{D} = \epsilon\boldsymbol{E}$，$\boldsymbol{B} = \mu\boldsymbol{H}$ の関係が成立すれば，$c = 1/\sqrt{\epsilon\mu}$ で伝搬する。したがって，この平面偏波電磁波の伝搬方向に垂直な単位面積を単位時間に通過するエネルギーの流れ P は次式で与えられる。

$$P = w\cdot c = \sqrt{\epsilon_0\mu_0}EH\cdot\frac{1}{\sqrt{\epsilon_0\mu_0}} = EH \tag{6.65}$$

この関係を**ポインティングの定理**と呼ぶこともある。

6.6　スネルの法則とフレネルの法則

6.6.1　境　界　条　件

光は電磁波である。この光に対して種々の法則があり物質の光学的性質を理

解するうえで重要である。**図 6.2** に示すように媒質 1 と媒質 2 が平面で接触している場合の電界と磁界の境界条件はつぎのようにして決定される。まず，マクスウェルの方程式 (6.1) と (6.4)

$$\mathrm{div}\ \boldsymbol{D} = \rho \tag{6.66}$$

$$\mathrm{div}\ \boldsymbol{B} = 0 \tag{6.67}$$

より，電界（電束密度），磁界（磁束密度）の面に垂直な成分は

$$D_{2\perp} - D_{1\perp} = \sigma_s \tag{6.68}$$

$$B_{2\perp} = B_{1\perp} \tag{6.69}$$

ここに，σ_s は境界面内の電荷の面密度である。通常，$\sigma_s = 0$ であるから $D_{2\perp} = D_{1\perp}$ である。これらの関係は媒質の境界での発散（div）がゼロであることを式で表したものである。つまり，境界面を含む体積 $V = Sd$，微小面積 $\mathrm{d}\boldsymbol{S}$ を考え，ガウスの定理を用いると

$$\int_V \boldsymbol{\nabla}\cdot\boldsymbol{B}\,\mathrm{d}v = \int_S \boldsymbol{B}\cdot\mathrm{d}\boldsymbol{S} = 0 \tag{6.70}$$

となる。積分領域の体積（$\mathrm{d}v = \mathrm{d}S\cdot d$; d は境界面に垂直な方向の厚さ）を小さくした極限では（$d \to 0$），境界面に平行な面からの発散以外はゼロとなるから，この式から面に垂直な方向の $\boldsymbol{D}_\perp$ の発散のみを考慮すればよいことがわかる。

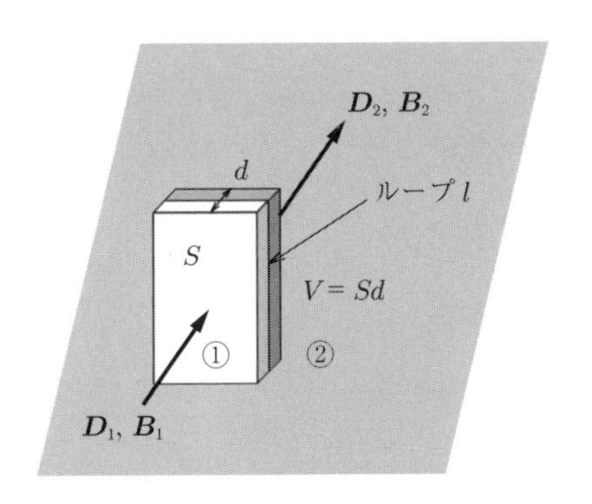

図 6.2　媒質①と②が接触している場合の電磁波の境界条件を求めるための図。接触面を含む体積 $V = Sd$ を考え，$d \to 0$ の極限では側面からの発散はゼロとなる。

境界面に平行な成分は，つぎのようにして決定される。まず，マクスウェルの式 (6.3)

$$\boldsymbol{\nabla} \times \boldsymbol{E} = -\frac{\partial \boldsymbol{B}}{\partial t} \tag{6.71}$$

を用いる。この左辺をストークスの定理の式 (3.39) または式 (4.9) を用いて経路積分に置き換える。図 6.2 において $d \to 0$ の極限を考えると，矩形のループとなるのでその辺の長さを l とする。媒質 1 から 2 への境界に垂直な単位ベクトルを $\boldsymbol{n}$ として

$$\int_S (\boldsymbol{\nabla} \times \boldsymbol{E}) \cdot \boldsymbol{n} \mathrm{d}S = \oint_C \boldsymbol{E} \cdot \mathrm{d}\boldsymbol{l}$$

この関係を用いて式 (6.71) の面積分をとり，さらにループに沿っての積分に変換するとつぎのようになる。

$$\boldsymbol{E}_1 \cdot \boldsymbol{l} - \boldsymbol{E}_2 \cdot \boldsymbol{l} = -\frac{\partial}{\partial t}\int_S \boldsymbol{B} \cdot \mathrm{d}\boldsymbol{S}$$

ループの面積がゼロの極限を考えると，右辺の積分はループの面積がゼロとなるので消える。この結果，$\boldsymbol{l}$ が境界面に平行であることに注意してつぎの関係を得る。

$$E_{1\parallel} - E_{2\parallel} = 0 \tag{6.72}$$

一方，磁界 $\boldsymbol{H}$ についてはマクスウェルの式 (6.2)

$$\boldsymbol{\nabla} \times \boldsymbol{H} = \boldsymbol{J} + \frac{\partial \boldsymbol{D}}{\partial t}$$

を面積分に置き換えてストークスの定理を用いると

$$\int_S \boldsymbol{\nabla} \times \boldsymbol{H} \cdot \mathrm{d}\boldsymbol{S} = \oint_S \boldsymbol{H} \cdot \mathrm{d}\boldsymbol{l} = \int_S \boldsymbol{J} \cdot \mathrm{d}\boldsymbol{S} + \frac{\partial}{\partial t}\int_S \boldsymbol{D} \cdot \mathrm{d}\boldsymbol{S} \tag{6.73}$$

この関係式から先の電界に関する境界条件と同様にして

$$H_{1\parallel} - H_{2\parallel} = J_{s\perp} \tag{6.74}$$

が得られる。表面電流 $J_{s\perp} = 0$ のときつぎのようになる。

$$H_{1\parallel} - H_{2\parallel} = 0 \tag{6.75}$$

以上の四つの境界条件をまとめると，境界面に面電荷や面電流が存在しない場合にはつぎの関係が成立する。

$$D_{1\perp} = D_{2\perp}, \quad B_{1\perp} = B_{2\perp}, \quad E_{1\parallel} = E_{2\parallel}, \quad H_{1\parallel} = H_{2\parallel} \tag{6.76}$$

6.6.2 スネルの法則

誘電率 $\epsilon = \kappa\epsilon_0$，透磁率 $\mu = \mu_r\mu_0$ の媒質中における電磁波は，先に行った計算において $\epsilon_0 \to \epsilon$，$\mu_0 \to \mu$ と置いて電磁界の方程式を解けばよい。平面波で表すと

$$\boldsymbol{E} = \boldsymbol{E}_0 e^{i(\boldsymbol{k}\cdot\boldsymbol{r} - \omega t)} \tag{6.77}$$

と表される。ここに，角周波数 ω は媒質の境界条件によらず一定である。また式 (6.25) より

$$k^2 = \mu\epsilon\omega^2 = \frac{\kappa\,\mu_r}{c^2}\omega^2 \tag{6.78}$$

が得られる。ここに，自由空間での光速を $c = 1/\sqrt{\epsilon_0\,\mu_0}$ と置いた。これより媒質中での電磁波（光）の速度は

$$c_m = \frac{\omega}{k} = \frac{c}{\sqrt{\kappa\,\mu_r}} \equiv \frac{c}{n} \tag{6.79}$$

ここに

$$n = \sqrt{\kappa\,\mu_r} \tag{6.80}$$

を媒質の**屈折率**（refractive index）と呼ぶ。自由空間での波長 λ_0 に対して媒質中での電磁波の波長は $\lambda = \lambda_0/n$ となる。

図 6.3 に示すように，電磁波（光）が入射角 θ_i で媒質 1 から媒質 2 に入射し，屈折角 θ_t で媒質 2 を伝搬するものとする。このとき

$$AB\sin\theta_i = \lambda_i, \quad BC\sin\theta_t = \lambda_t \tag{6.81}$$

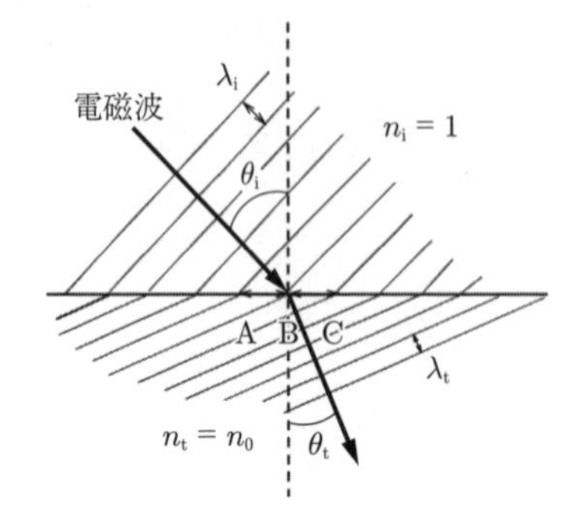

図 6.3　屈折率 $n_\mathrm{i} = 1$ の媒質 1 から屈折率 $n_\mathrm{t} = n_0$ の入射する電磁波屈折の法則，スネルの法則を導くための図

の境界条件は上で求めたように $AB = BC$ であるから

$$\frac{\lambda_\mathrm{i}}{\sin\theta_\mathrm{i}} = \frac{\lambda_\mathrm{t}}{\sin\theta_\mathrm{t}}, \qquad \frac{\sin\theta_\mathrm{i}}{\sin\theta_\mathrm{t}} = \frac{\lambda_\mathrm{i}}{\lambda_\mathrm{t}} = \frac{n_\mathrm{t}}{n_\mathrm{i}}\ (= n_0) \tag{6.82}$$

この関係を**スネルの法則**（Snell's law）と呼ぶ。

6.6.3　フレネルの法則

図 6.4 に示すような境界での電磁波（光）の入射，反射，透過について考察してみよう。それぞれの電磁波をつぎのように定義する（角周波数は不変）

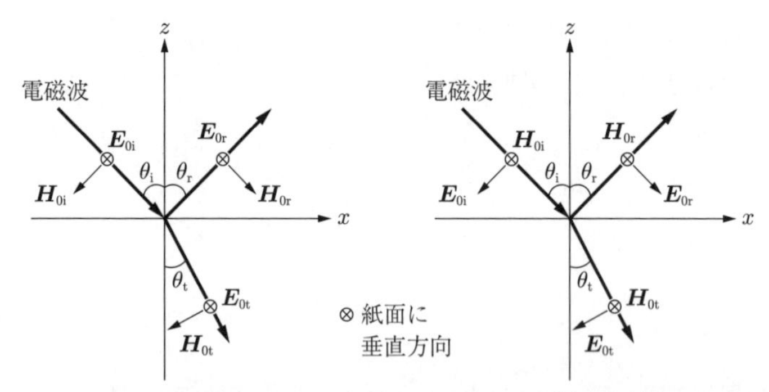

(a)　s 波：電界が紙面に垂直方向 ⊗（y 方向）に偏向しており，磁界が zx 面に平行に偏向している s 波の場合

(b)　p 波：電界が紙面に平行に偏向しており，磁界が紙面に垂直方向 ⊗（y 方向）に偏向している p 波の場合

図 6.4　媒質 1 と 2 の接触面が xy 面で，電磁波が zx 面から入射する場合の境界条件

$$\boldsymbol{E}_{\mathrm{i}} = \boldsymbol{E}_{0\mathrm{i}} e^{\mathrm{i}(\boldsymbol{k}_{\mathrm{i}} \cdot \boldsymbol{r} - \omega t)}, \quad \boldsymbol{E}_{\mathrm{t}} = \boldsymbol{E}_{0\mathrm{t}} e^{\mathrm{i}(\boldsymbol{k}_{\mathrm{t}} \cdot \boldsymbol{r} - \omega t)}, \quad \boldsymbol{E}_{\mathrm{r}} = \boldsymbol{E}_{0\mathrm{r}} e^{\mathrm{i}(\boldsymbol{k}_{\mathrm{r}} \cdot \boldsymbol{r} - \omega t)} \tag{6.83}$$

電磁波の伝搬方向 $\boldsymbol{k}$ は xz 面内にあり，y 方向の成分を持たないので

$$k_{\mathrm{i}y} = k_{\mathrm{t}y} = k_{\mathrm{r}y} = 0 \tag{6.84}$$

であり，x 方向の境界条件から

$$k_{\mathrm{i}x} = k_{\mathrm{t}x} = k_{\mathrm{r}x} \tag{6.85}$$

となるが，それぞれの電磁波の入射，反射，透過の角度を用いて

$$k_{\mathrm{i}} \sin\theta_{\mathrm{i}} = k_{\mathrm{t}} \sin\theta_{\mathrm{t}} = k_{\mathrm{r}} \sin\theta_{\mathrm{r}} \tag{6.86}$$

この条件からスネルの法則を導けることは自明である。つまり

$$\frac{\sin\theta_{\mathrm{i}}}{\sin\theta_{\mathrm{t}}} = \frac{k_{\mathrm{t}}}{k_{\mathrm{i}}} = \frac{v_{\mathrm{i}}}{v_{\mathrm{t}}} = \frac{n_{\mathrm{t}}}{n_{\mathrm{i}}} \tag{6.87}$$

ここに，$v_{\mathrm{i}} = c/n_{\mathrm{i}}$，$v_{\mathrm{t}} = c/n_{\mathrm{t}}$ である。

電磁波の偏向方向に関して図 6.4 に示したように s 波と p 波をつぎのように定義する。媒質 1 と 2 の接触面が xy 面で，電磁波が zx 面から入射する場合

① 電界が紙面に垂直方向 $\otimes$（y 方向）に偏向しており，磁界が zx 面に平行に偏向している場合を s 波と呼ぶ。

② 電界が紙面に平行に偏向しており，磁界が紙面に垂直方向 $\otimes$（y 方向）に偏向している場合を p 波と呼ぶ。

電界と磁界の境界条件は電磁波の偏向方向により異なり s 波に対しては

$$E_{0\mathrm{i}} + E_{0\mathrm{r}} = E_{0\mathrm{t}}, \quad (H_{0\mathrm{i}} - H_{0\mathrm{r}})\cos\theta_{\mathrm{i}} = H_{0\mathrm{t}}\cos\theta_{\mathrm{t}} \tag{6.88}$$

となり，p 波に対してはつぎのようになる。

$$(E_{0\mathrm{i}} - E_{0\mathrm{r}})\cos\theta_{\mathrm{i}} = E_{0\mathrm{t}}\cos\theta_{\mathrm{t}}, \quad H_{0\mathrm{i}} + H_{0\mathrm{r}} = H_{0\mathrm{t}} \tag{6.89}$$

電磁波の媒質内でのインピーダンスの定義式

$$Z = \frac{E_0}{H_0} = \sqrt{\frac{\mu}{\epsilon}} \tag{6.90}$$

を用い，式 (6.88) と式 (6.89) を解けば，反射係数と透過係数を求めることができる。

媒質 1 と 2 のインピーダンスをそれぞれ Z_1，Z_2 とすると，s 波に対する電界の反射係数と透過係数は

$$\left(\frac{E_{0\mathrm{r}}}{E_{0\mathrm{i}}}\right)_s = \frac{Z_2\cos\theta_\mathrm{i} - Z_1\cos\theta_\mathrm{t}}{Z_2\cos\theta_\mathrm{i} + Z_1\cos\theta_\mathrm{t}}, \quad \left(\frac{E_{0\mathrm{t}}}{E_{0\mathrm{i}}}\right)_s = \frac{2Z_2\cos\theta_\mathrm{i}}{Z_2\cos\theta_\mathrm{i} + Z_1\cos\theta_\mathrm{t}} \quad (6.91)$$

となる。一方 p 波についてはつぎのような関係が得られる。

$$\left(\frac{E_{0\mathrm{r}}}{E_{0\mathrm{i}}}\right)_p = \frac{Z_2\cos\theta_\mathrm{t} - Z_1\cos\theta_\mathrm{i}}{Z_2\cos\theta_\mathrm{t} + Z_1\cos\theta_\mathrm{i}}, \quad \left(\frac{E_{0\mathrm{t}}}{E_{0\mathrm{i}}}\right)_p = \frac{2Z_2\cos\theta_\mathrm{i}}{Z_2\cos\theta_\mathrm{t} + Z_1\cos\theta_\mathrm{i}} \quad (6.92)$$

これらの関係式を**フレネルの式**（Fresnel's equations）と呼ぶ。これらの結果から s 偏向波に対する反射率（エネルギーの反射係数で電界の反射係数を 2 乗したもの）R_s は

$$R_s = \left|\frac{Z_2\cos\theta_\mathrm{t} - Z_1\cos\theta_\mathrm{i}}{Z_2\cos\theta_\mathrm{t} + Z_1\cos\theta_\mathrm{i}}\right|^2 = \left|\frac{\sqrt{\dfrac{\mu_2}{\epsilon_2}}\cos\theta_\mathrm{t} - \sqrt{\dfrac{\mu_1}{\epsilon_1}}\cos\theta_\mathrm{i}}{\sqrt{\dfrac{\mu_2}{\epsilon_2}}\cos\theta_\mathrm{t} + \sqrt{\dfrac{\mu_1}{\epsilon_1}}\cos\theta_\mathrm{i}}\right|^2$$

$$= \left|\frac{n_1\cos\theta_\mathrm{i} - n_2\cos\theta_\mathrm{t}}{n_1\cos\theta_\mathrm{i} + n_2\cos\theta_\mathrm{t}}\right|^2 \quad (6.93)$$

となる。また，p 偏向波に対する反射率 R_p はつぎのようになる。

$$R_p = \left|\frac{Z_2\cos\theta_\mathrm{t} - Z_1\cos\theta_\mathrm{i}}{Z_2\cos\theta_\mathrm{t} + Z_1\cos\theta_\mathrm{i}}\right|^2 = \left|\frac{\sqrt{\dfrac{\mu_2}{\epsilon_2}}\cos\theta_\mathrm{t} - \sqrt{\dfrac{\mu_1}{\epsilon_1}}\cos\theta_\mathrm{i}}{\sqrt{\dfrac{\mu_2}{\epsilon_2}}\cos\theta_\mathrm{t} + \sqrt{\dfrac{\mu_1}{\epsilon_1}}\cos\theta_\mathrm{i}}\right|^2$$

$$= \left|\frac{n_1\cos\theta_\mathrm{t} - n_2\cos\theta_\mathrm{i}}{n_1\cos\theta_\mathrm{t} + n_2\cos\theta_\mathrm{i}}\right|^2 \quad (6.94)$$

これらの反射率の公式を**フレネルの法則**（Fresnel's law）と呼ぶ。**図 6.5** は $n_1 = 1.0$，$n_2 = 1.5$ の場合で，p 偏向波に対して $\theta_\mathrm{B} = 56.3°$ で反射率がゼロ $(R_p = 0)$ となる。この角度 θ_B のことを**ブリュースター角**（Brewster's angle）と呼ぶ。

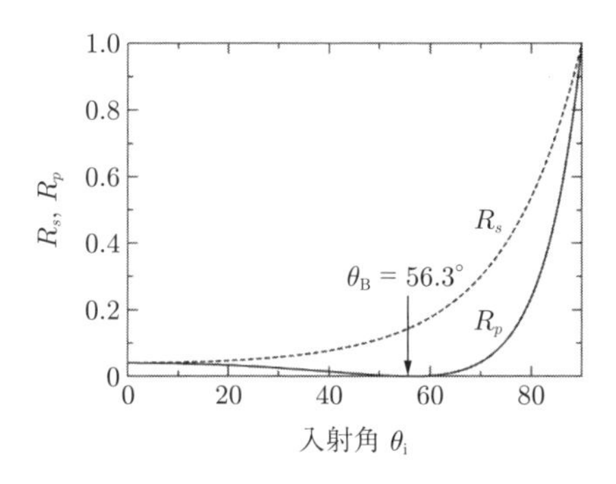

図 **6.5**　フレネルの法則における電界ベクトルが入射面に垂直の s 偏向波の反射率 R_s と入射面に平行な場合の p 偏向波の反射率 R_p を入射角の関数としてプロットしたもので，$n = 1.0$，$n_2 = 1.5$ とした。$R_p = 0$ となる角度をブリュースター角と呼び，この場合では $\theta_B = 56.3°$ である。

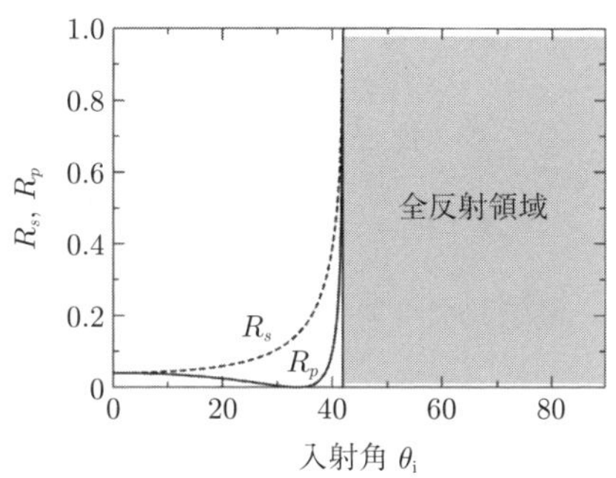

図 **6.6**　$n = 1.5$，$n_2 = 1.0$ とした場合の R_s と R_p で $n_1 > n_2$ のように屈折率の大きい媒質から小さい媒質に向かって入射するとき，電磁波は $R_s = R_p = 1$ となる条件で全反射が起こり，この角度 $\theta_i \simeq 42°$ よりも大きな入射角では全反射が起こる。ブリュースター角は $\theta_B = 33.7°$ である。

これに対して媒質の屈折率が逆転し，媒質 1 の屈折率を $n_1 = 1.5$，媒質 2 の屈折率を $n_2 = 1.0$ として，屈折率の大きい媒質から小さい媒質に入射する場合，$R_s = R_p = 1$ を超える入射角に対しては**全反射**（total internal reflection）が起こり，電磁波はすべて反射されて透過成分はゼロとなる。この様子を図 **6.6** に示す。

6.6.4　複素誘電率と電磁波の吸収

この問題に関しては文献 9) に詳しく述べられている。ただし，$\mu = \mu_0$ の場合について，光が媒質 1（自由空間）から媒質 2（複素誘電率）への垂直入射について考察している。その結果は半導体などにおける光学的性質を論じる場合に重要な結果を教えてくれる。ここでは，導体に入射する場合についてまとめる。電磁波ば誘電率 $\epsilon = \kappa\epsilon_0$，透磁率 $\mu = \mu_r\mu_0$ と置く。自由空間では電荷が存在しないので電流は流れない。媒質に電流が流れるときその導電度を σ とすると電流は $\boldsymbol{J} = \sigma\boldsymbol{E}$ と表される。このときのマクスウェルの式 (6.2) は $\boldsymbol{B} = \mu\boldsymbol{H}$ の関係を用いるとつぎのようになる。

$$\nabla \times \boldsymbol{B} = \mu\sigma\boldsymbol{E} + \mu\epsilon\frac{\partial \boldsymbol{E}}{\partial t} \tag{6.95}$$

そこで，式 (6.20) を導いたときと同じ手順をとればつぎの関係が得られる。

$$\nabla^2\boldsymbol{E} - \mu\sigma\frac{\partial \boldsymbol{E}}{\partial t} - \mu\epsilon\frac{\partial^2 \boldsymbol{E}}{\partial t^2} = 0 \tag{6.96}$$

電磁波をつぎの平面波で解析する。

$$\boldsymbol{E} = \boldsymbol{E}_0 \mathrm{e}^{\mathrm{i}(\boldsymbol{k}\cdot\boldsymbol{r}-\omega t)} \tag{6.97}$$

これを上式に代入すると

$$-k^2 + \mathrm{i}\mu\sigma\omega + \mu\epsilon\omega^2 = 0 \tag{6.98}$$

ここで $\boldsymbol{k}$ が複素数であると考え

$$\boldsymbol{k} = \boldsymbol{k}_{\mathrm{r}} + \mathrm{i}\boldsymbol{k}_{\mathrm{i}} \tag{6.99}$$

とすると，式 (6.98) を用いてつぎの関係が導かれる。

$$k_{\mathrm{r}} = \omega\sqrt{\mu\epsilon}\left(\frac{1}{2} + \frac{1}{2}\sqrt{1 + \frac{\sigma^2}{\omega^2\epsilon^2}}\right)^{1/2}, \quad k_{\mathrm{i}} = \frac{\omega\mu\sigma}{2k_{\mathrm{r}}}$$

この結果，電磁波は

$$\boldsymbol{E} = \boldsymbol{E}_0 \mathrm{e}^{-\boldsymbol{k}_{\mathrm{i}}\cdot\boldsymbol{r}} \mathrm{e}^{\mathrm{i}(\boldsymbol{k}_{\mathrm{r}}\cdot\boldsymbol{r}-\omega t)} \tag{6.100}$$

となり，電磁波は $\mathrm{e}^{-\boldsymbol{k}_{\mathrm{i}}\cdot\boldsymbol{r}}$ で減衰し，その電磁波の波長は $\lambda = 2\pi/k_{\mathrm{r}}$ である。金属のような導電体に電磁波が入射すると

$$\delta = \frac{1}{k_{\mathrm{i}}} \tag{6.101}$$

で，ほぼ $1/\mathrm{e} \simeq 1/3$ に減衰するので，この δ のことをスキンデプス (skin depth) と呼ぶ。式 (6.100) において $\sigma \ll \omega\epsilon$ のときつぎのようになる。

$$k_{\mathrm{r}} \simeq \omega\sqrt{\mu\epsilon} = \frac{\omega}{c}\sqrt{\mu_{\mathrm{r}}\kappa} = \frac{\omega}{c}n \tag{6.102}$$

このときの屈折率 n はスネルの法則を導いたときに定義した式 (6.79) と一致する。$\mu_{\mathrm{r}} = 1$ で $\mu = \mu_0$ のとき，屈折率 n_0 は次式で与えられる。

$$n_0 = \sqrt{\kappa} \tag{6.103}$$

6.7　導波管を伝搬する電磁波とヘルムホルツの方程式

一般に，導波回路とは電磁波をある領域に閉じ込めて，伝搬，伝送する回路のことで，同軸ケーブル（coaxial cable）や矩形で中空となっている導波管（waveguide）などがある。また電磁波を空洞（キャビティ：cavity）に閉じ込めて加熱したり（例えば電子レンジなど），共振器として用いる場合がある。いずれも，マイクロ波領域（MHz ないし GHz 領域）であるが，半導体レーザ，レーザや導波路を集積化した光集積回路などを理解するには本章で述べる解析法が必要となる。マクスウェルの方程式を用いた電磁波の計算の例として，**図 6.7** に示すような幅 a_x，高さ a_y の導波管を伝搬するマイクロ波の解を求める。そこで再度マクスウェルの方程式を示す。

$$\nabla \cdot \boldsymbol{E} = 0, \quad \nabla \cdot \boldsymbol{B} = 0, \quad \nabla \times \boldsymbol{E} = -\frac{\partial \boldsymbol{B}}{\partial t}, \quad \nabla \times \boldsymbol{B} = \frac{1}{c^2}\frac{\partial \boldsymbol{E}}{\partial t} \tag{6.104}$$

図のような矩形導波管の境界条件を満たすマクスウェルの方程式の解を求めるため

$$\frac{\partial}{\partial z} = \mathrm{i}\,k_z, \qquad \frac{\partial}{\partial t} = -\mathrm{i}\,\omega \tag{6.105}$$

と置く。ここに，k_z は図 6.7 における導波路に沿って伝搬する電磁波の波数ベクトル成分で，ω は角周波数である。この関係を式 (6.104) に作用させる成分で示すと，つぎのような関係式が導かれる。

$$\frac{\partial E_x}{\partial x} + \frac{\partial E_y}{\partial y} + \mathrm{i}k_z E_z = 0 \tag{6.106a}$$

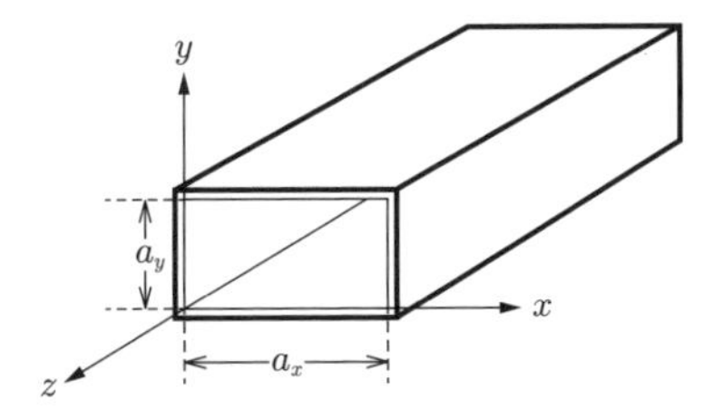

図 6.7　矩形断面積を持つ導波管を伝搬するマイクロ波

$$\frac{\partial B_x}{\partial x} + \frac{\partial B_y}{\partial y} + \mathrm{i}k_z B_z = 0 \tag{6.106b}$$

$$\mathrm{i}\,\omega B_x = \frac{\partial E_z}{\partial y} - \mathrm{i}k_z E_y \tag{6.106c}$$

$$\mathrm{i}\,\omega B_y = -\frac{\partial E_z}{\partial x} + \mathrm{i}k_z E_x \tag{6.106d}$$

$$\mathrm{i}\,\omega B_z = \frac{\partial E_y}{\partial x} - \frac{\partial E_x}{\partial y} \tag{6.106e}$$

$$\mathrm{i}\,\frac{\omega}{c^2} E_x = -\frac{\partial B_z}{\partial y} + \mathrm{i}k_z B_y \tag{6.106f}$$

$$\mathrm{i}\,\frac{\omega}{c^2} E_y = \frac{\partial B_z}{\partial x} - \mathrm{i}k_z B_x \tag{6.106g}$$

$$\mathrm{i}\,\frac{\omega}{c^2} E_z = -\frac{\partial B_y}{\partial x} + \frac{\partial B_x}{\partial y} \tag{6.106h}$$

式 (6.106d) と式 (6.106f) よりつぎの関係式が得られる。

$$E_x = \mathrm{i}\left(\omega\frac{\partial B_z}{\partial y} + k_z\frac{\partial E_z}{\partial x}\right)\left(\frac{\omega^2}{c^2} - k_z^2\right)^{-1} \tag{6.107a}$$

$$B_y = \mathrm{i}\left(\frac{\omega}{c^2}\frac{\partial E_z}{\partial x} + k_z\frac{\partial B_y}{\partial x}\right)\left(\frac{\omega^2}{c^2} - k_z^2\right)^{-1} \tag{6.107b}$$

また式 (6.106c) と式 (6.106g) よりつぎの関係式が得られる。

$$E_y = \mathrm{i}\left(-\omega\frac{\partial B_z}{\partial x} + k_z\frac{\partial E_z}{\partial y}\right)\left(\frac{\omega^2}{c^2} - k_z^2\right)^{-1} \tag{6.108a}$$

$$B_x = \mathrm{i}\left(-\frac{\omega}{c^2}\frac{\partial E_z}{\partial y} + k_z\frac{\partial B_z}{\partial x}\right)\left(\frac{\omega^2}{c^2} - k_z^2\right)^{-1} \tag{6.108b}$$

これらの四つの式は電界と磁界それぞれをまとめてつぎのように表すことができる。

$$\boldsymbol{E}_\mathrm{t} = \mathrm{i}\left(\omega\boldsymbol{\nabla}_\mathrm{t}B_z \times \hat{\boldsymbol{z}} + k_z\boldsymbol{\nabla}E_z\right)\left(\frac{\omega^2}{c^2} - k_z^2\right)^{-1} \tag{6.109a}$$

$$\boldsymbol{B}_\mathrm{t} = \mathrm{i}\left(-\frac{\omega}{c^2}\boldsymbol{\nabla}_\mathrm{t}E_z \times \hat{\boldsymbol{z}} + k_z\boldsymbol{\nabla}B_z\right)\left(\frac{\omega^2}{c^2} - k_z^2\right)^{-1} \tag{6.109b}$$

ここに，$\hat{\boldsymbol{z}}$ は z 方向の単位ベクトルで，$\boldsymbol{\nabla}_\mathrm{t}$ は横方向（x–y 面内方向の）演算子で

$$\boldsymbol{\nabla}_\mathrm{t} = \hat{\boldsymbol{x}}\frac{\partial}{\partial x} + \hat{\boldsymbol{y}}\frac{\partial}{\partial y}, \quad \boldsymbol{\nabla} = \hat{\boldsymbol{x}}\frac{\partial}{\partial x} + \hat{\boldsymbol{y}}\frac{\partial}{\partial y} + \hat{\boldsymbol{z}}\frac{\partial}{\partial z} = \boldsymbol{\nabla}_\mathrm{t} + \hat{\boldsymbol{z}}\frac{\partial}{\partial z} \tag{6.110}$$

を意味する。これらの定義を用いて $\boldsymbol{E}_{\mathrm{t}}$ と $\boldsymbol{B}_{\mathrm{t}}$ の x 成分と y 成分を計算してみれば先に求めた四つの式と一致することがわかる。式 (6.109a) の $\boldsymbol{E}_{\mathrm{t}}$ と式 (6.109b) の $\boldsymbol{B}_{\mathrm{t}}$ は x–y 面内の電界と磁束密度であり，それぞれ，**横方向電界** (transverse electric field)，**横方向磁界** (transverse magnetic field) と呼ばれる。これらの式から電磁界の横方向成分は縦方向成分 (longitudinal field) の E_z と B_z が決まれば自動的に決まることを意味している。

式 (6.109a) と (6.109b) を式 (6.106e) と (6.106h) に代入すればつぎの関係が得られる。

$$\left(\frac{\partial^2}{\partial x^2}+\frac{\partial^2}{\partial y^2}\right)E_z+\left(\frac{\omega^2}{c^2}-k_z^2\right)E_z=0, \tag{6.111a}$$

$$\left(\frac{\partial^2}{\partial x^2}+\frac{\partial^2}{\partial y^2}\right)B_z+\left(\frac{\omega^2}{c^2}-k_z^2\right)B_z=0 \tag{6.111b}$$

これら 2 式を**ヘルムホルツの式** (Helmholtz equations) と呼ぶ。残りの式 (6.106a) と (6.106b) は式 (6.109a)～(6.111b) が満たされると自動的に満たされる。

6.8 導波管を伝搬する電磁波のモード

導波管の内壁は完全導体から成るとすると（この仮定は正しい），この内壁で $\boldsymbol{E}=0$，$\boldsymbol{B}=0$ を満たさなければならない。この境界条件から導波管内側壁に平行な電界成分と磁束密度の垂直成分はゼロでつぎのように表される。

$$E_{\parallel}=0, \quad B_{\perp}=0 \tag{6.112}$$

これらの境界条件は式 (6.109a) と (6.109b) よりつぎの関係式が成り立てば満たされる。

$$E_z=0, \quad \hat{\boldsymbol{n}}\cdot\boldsymbol{\nabla}_{\mathrm{t}}B_z=0 \tag{6.113}$$

ここに，$\hat{\boldsymbol{n}}$ は導波管内側壁に垂直な方向の単位ベクトルである。

このような境界条件のもとでは，ヘルムホルツの式 (6.111a)，(6.111b) はつぎのような独立した解を与える。以下の計算に便利なように，つぎのパラメータを定義する。

$$\eta = \sqrt{\frac{\mu_0}{\epsilon_0}}, \quad k_c^2 = \frac{\omega^2}{c^2} - k_z^2, \quad c = \frac{1}{\sqrt{\epsilon_0 \mu_0}} \tag{6.114a}$$

$$\eta_{\mathrm{TE}} = \frac{\omega \mu_0}{k_z} = \eta \frac{\omega}{k_z c}, \quad \eta_{\mathrm{TM}} = \frac{k_z}{\omega \epsilon_0} = \eta \frac{k_z c}{\omega} \tag{6.114b}$$

$$\omega_c = c k_c = \sqrt{\omega^2 - c^2 k_z^2} \tag{6.114c}$$

また，以下の計算では $\boldsymbol{B} = \mu_0 \boldsymbol{H}$ とおいて $\boldsymbol{H}$ に関する方程式を解く。

6.8.1　TE　モ　ー　ド

TE モード（transverse electric mode）は $E_z = 0$，$H_z \neq 0$ の条件下での解である。このときヘルムホルツの式 (6.111a) と (6.111b) より

$$\left.\begin{array}{l} \boldsymbol{\nabla}_{\mathrm{t}} H_z + k_c^2 H_z = 0 \\ \boldsymbol{H}_{\mathrm{t}} = -\mathrm{i}\,\dfrac{k_z}{k_c^2} \boldsymbol{\nabla}_{\mathrm{t}} H_z \\ \boldsymbol{E}_{\mathrm{t}} = \eta_{\mathrm{TE}} \boldsymbol{H}_{\mathrm{t}} \times \hat{\boldsymbol{z}} \end{array}\right\} \text{(TE モード)} \tag{6.115}$$

この式を直交座標系で書き換えるとつぎのようになる。

$$\left.\begin{array}{l} \left(\dfrac{\partial^2}{\partial x^2} + \dfrac{\partial^2}{\partial y}\right) H_z + k_c^2 H_z = 0 \\ H_x = -\mathrm{i}\,\dfrac{k_z}{k_c^2} \dfrac{\partial}{\partial x} H_z, \quad H_y = -\mathrm{i}\,\dfrac{k_z}{k_c^2} \dfrac{\partial}{\partial y} H_z \\ E_x = \eta_{\mathrm{TE}} H_y, \quad E_y = \eta_{\mathrm{TE}} H_x \end{array}\right\} \text{(TE モード)} \tag{6.116}$$

上の第 1 式は変数分離型であるので x，y 方向成分の解を用いて

$$H_z(x, y) = F(x) F(y) \tag{6.117}$$

と置ける。これより

$$F''(x) G(y) + F(x) G''(y) + k_c^2 F(x) G(y) = 0 \tag{6.118a}$$

となる。この式を変形して変数分離型で書き直すとつぎのようになる。

$$\frac{F''(x)}{F(x)} + \frac{G''(y)}{G(y)} + k_c^2 = 0 \tag{6.118b}$$

これらの式は導波管内のどの (x, y) に対しても成り立つのでつぎのように置くことができる。

$$\frac{F''(x)}{F(x)} = -k_x^2, \quad \frac{G''(y)}{G(y)} = -k_y^2 \tag{6.119a}$$

あるいはつぎのように書き改めることができる。

$$F''(x) + k_x^2 F(x) = 0, \quad G''(y) + k_y^2 G(y) = 0 \tag{6.119b}$$

この定数 k_x^2 と k_y^2 はつぎの関係を満たす。

$$k_c^2 = k_x^2 + k_y^2 \tag{6.120}$$

TE モードの境界条件を満たすには $F(x)$ と $G(y)$ は $\cos(k_x x)$，$\cos(k_y y)$ で $\sin(k_x x)$ や $\sin(k_y y)$ は満たさない。つまり

$$H_z(x, y) = H_0 \cos(k_x x) \cos(k_y y) \quad \text{(TE モード)} \tag{6.121}$$

これを式 (6.116) に代入するとつぎの関係式が得られる。

$$H_x(x, y) = H_1 \sin(k_x x) \cos(k_y y) \tag{6.122a}$$

$$H_y(x, y) = H_2 \cos(k_x x) \sin(k_y y) \tag{6.122b}$$

$$E_x(x, y) = E_1 \cos(k_x x) \sin(k_y y) \tag{6.122c}$$

$$E_y(x, y) = E_2 \sin(k_x x) \cos(k_y y) \tag{6.122d}$$

ここに

$$H_1 = \mathrm{i}\,\frac{k_z k_x}{k_c^2} H_0, \quad H_2 = \mathrm{i}\,\frac{k_z k_y}{k_c^2} H_0 \tag{6.123a}$$

$$E_1 = \eta_{\mathrm{TE}} H_2 = \mathrm{i}\,\eta \frac{\omega k_y}{\omega_c k_c} H_0, \quad E_2 = -\eta H_1 = -\mathrm{i}\,\eta \frac{\omega k_x}{\omega_c k_c} H_0 \tag{6.123b}$$

導波管の境界条件から E_y は管内側壁 $x = a$ でゼロに，E_x は上部の管壁 $y = b$ でゼロとならなければならないから

$$E_y(a, y) = E_{0y} \sin(k_x a) \cos(k_y y) = 0 \tag{6.124a}$$

$$E_x(x, b) = E_{0x} \cos(k_x x) \sin(k_y b) = 0 \tag{6.124b}$$

これより

$$k_x a = m\pi, \quad k_y b = n\pi \tag{6.125a}$$

この結果はつぎのように表される。

$$k_x = \frac{m\pi}{a}, \quad k_y = \frac{n\pi}{b} \tag{6.125b}$$

$k_c = \sqrt{k_x^2 + k_y^2}$ であるから

$$k_c = \sqrt{\left(\frac{m\pi}{a}\right)^2 + \left(\frac{n\pi}{b}\right)^2} \tag{6.126a}$$

あるいは ω_{mn} をつぎのように定義する。

$$\omega_{mn} = c\pi\sqrt{\frac{m^2}{a^2} + \frac{n^2}{b^2}} \tag{6.126b}$$

この結果を式 (6.114a) に代入すると

$$\omega^2 = c^2 k_z^2 + c^2\pi^2 \left[\left(\frac{m}{a}\right)^2 + \left(\frac{n}{b}\right)^2\right] \tag{6.127a}$$

あるいは ω_{mn} を用いると

$$\omega^2 = c^2 k_z^2 + \omega_{mn}^2 \tag{6.127b}$$

ここに，$m = 0, 1, 2, \cdots$，$n = 0, 1, 2, \cdots$ である。m，n の値により電磁波のモードが異なるので，m, n の組合せにより TE_{mn} モードと呼ぶ。ただし，TE_{00} モードは存在しない。なぜなら $m = n = 0$ と置くと，$H_z(x, y)$ は一様となるからである。この TE_{mn} モードの分散関係は式 (6.127a) あるいは式 (6.127b) によると，$\omega < \omega_{mn}$ のとき k_z は虚数となり，z 方向に減衰しながら伝搬する。そのようなことから ω_{mn} を遮断周波数（cut-off frequency）と呼ぶ。

TE モードで遮断周波数より高い周波数に対する位相速度 v_p と群速度 v_g は次式で与えられる。

$$v_{\mathrm{p}} = \frac{\omega}{k_z} = \frac{c}{\sqrt{1-\omega_{mn}^2/\omega^2}}, \quad v_{\mathrm{g}} = \frac{\mathrm{d}\omega}{\mathrm{d}k_z} = c\sqrt{1-\omega_{mn}^2/\omega^2} \quad (6.128)$$

群速度は式 (6.127b) の微分より，$\omega\,\mathrm{d}\omega = c^2 k_z \mathrm{d}k_z$ となるので

$$v_{\mathrm{g}} = c^2\frac{k_z}{\omega} = \frac{c^2}{v_{\mathrm{p}}}$$

で与えられる。これよりつぎの関係が成り立つ。

$$v_{\mathrm{p}} v_{\mathrm{g}} = c^2 \quad (6.129)$$

この結果は，位相速度は光速 c より速く，群速度は光速より遅く，$v_{\mathrm{g}} < c$ で周波数が遮断周波数に近づくとゼロに近づく。この様子を示したのが**図 6.8** である。位相速度は ω が遮断周波数 ω_{mn} に近づくと光速 c より速く，$\omega \gg \omega_{mn}$ となると光速 c に近づく。一方，群速度は光速 c よりも遅く，$\omega \gg \omega_{mn}$ となると光速 c に近づく。エネルギーは群速度で伝わるから光速を超えることはない。なお，TE モードの分散関係を**図 6.9** に実線で示す。破線は自由空間での分散関係 $\omega/k_z = c$ を表している。

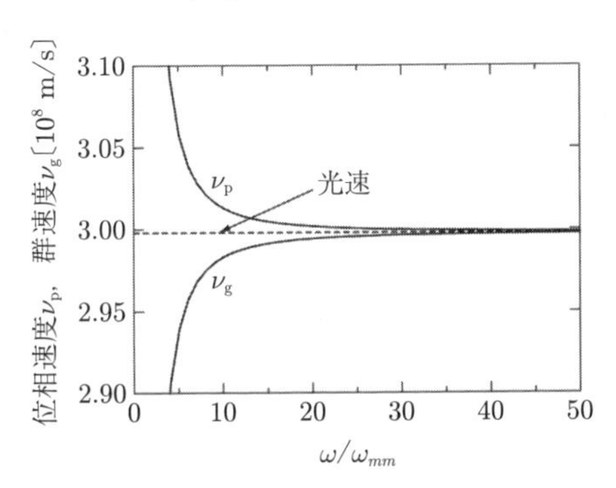

図 6.8　導波管における TE モードの位相速度 v_{p} と群速度 v_{g}。遮断周波数 ω_{mn} で規格化した周波数 ω/ω_{mn} の関数としてプロットしたもの

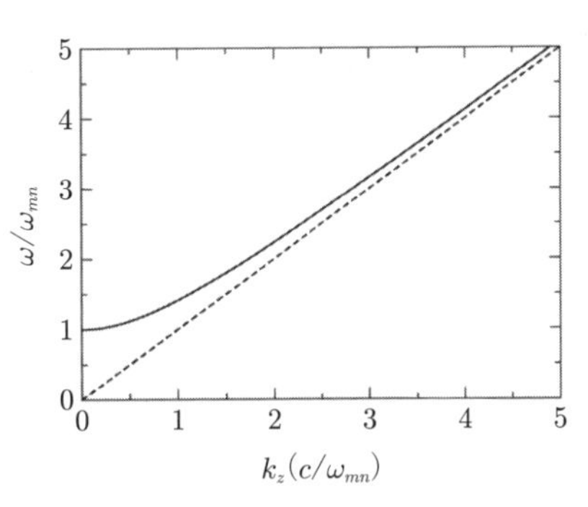

図 6.9　導波管内の TE モード波に関する分散関係，ω を k_z の関数として表したもの（実線）と，自由空間における $\omega/k_z = c$ をプロットしたもの（破線）

導波管の形状で $a > b$ とすると，最も低い遮断周波数のモードは TE_{10} となる。このモードに対しては

$$\omega_{10} = \frac{\pi c}{a} \equiv \omega_c \tag{6.130}$$

となる。このモードに対する電界 $E_y(x) = E_0 \sin(k_x x)$ をプロットしたのが図 **6.10** である。

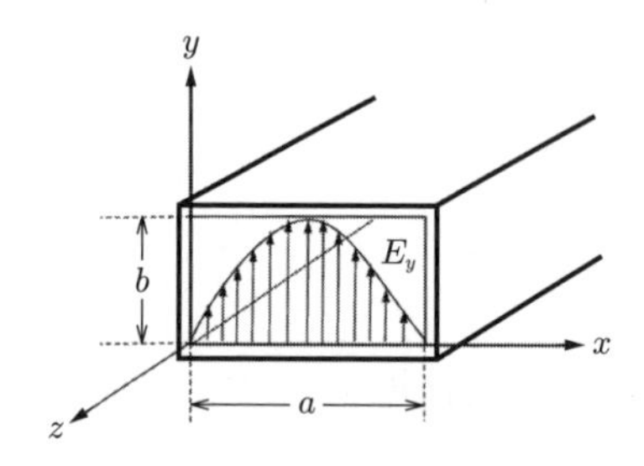

図 **6.10**　導波管が $a > b$ であるときの TE モード電磁波の基底波は $m = 1,\ n = 0$ に対する TE_{10} で，電界成分 E_y がプロットしてある。

TE モードの電界と磁界を z 方向と時間変化を入れて式 (6.122a)，(6.122c) を書き直すとつぎのようになる。

$$H_x(x,y,z,t) = H_1 \sin(k_x x)\cos(k_y y)\mathrm{e}^{\mathrm{i}(k_z z - \omega t)} \tag{6.131a}$$

$$H_y(x,y,z,t) = H_2 \cos(k_x x)\sin(k_y y)\mathrm{e}^{\mathrm{i}(k_z z - \omega t)} \tag{6.131b}$$

$$E_x(x,y,z,t) = E_1 \cos(k_x x)\sin(k_y y)\mathrm{e}^{\mathrm{i}(k_z z - \omega t)} \tag{6.131c}$$

$$E_y(x,y,z,t) = E_2 \sin(k_x x)\cos(k_y y)\mathrm{e}^{\mathrm{i}(k_z z - \omega t)} \tag{6.131d}$$

TE モードに対する z 方向のポインティング・ベクトルの実部 P_z は

$$\begin{aligned} P_z &= \frac{1}{2}\mathrm{Re}\left(\boldsymbol{E}_\mathrm{t} \times \boldsymbol{H}_\mathrm{t}^*\right)\cdot\hat{\boldsymbol{z}} = \frac{1}{2}\eta_\mathrm{TE}|E_\mathrm{t}|^2 = \frac{1}{2}\eta_\mathrm{TE}|H_\mathrm{t}|^2 \\ &= \frac{1}{2}\eta_\mathrm{TE}\frac{k_z^2}{k_c^4}|\boldsymbol{\nabla}_\mathrm{t} H_z|^2 \end{aligned} \tag{6.132}$$

ここに，係数 1/2 は $\langle\cos^2(\boldsymbol{k}\cdot\boldsymbol{r} - \omega t)\rangle = \langle\sin^2(\boldsymbol{k}\cdot\boldsymbol{r} - \omega t)\rangle = 1/2$ のように時間平均値を用いたためである。導波管の断面積を S とすると導波管を通して運ばれる全エネルギー P_T はつぎのようになる。

$$P_\mathrm{T} = \int_S P_z \mathrm{d}S \tag{6.133}$$

例題 6.1 2 種類の矩形導波管における TE_{10} モードの管内波長（z 方向）の長さを自由空間の電磁波の波長 $\lambda_0 = c/(\omega/2\pi) = c/f$ と比較せよ。X バンド（$f = 8.2 \sim 12.5\,\mathrm{GHz}$）の WR-90（JEITA 規格：WRI-100）; $a = 22.86\,\mathrm{mm}$, $b = 10.16\,\mathrm{mm}$，Ka バンド（$f = 26.4 \sim 40\,\mathrm{GHz}$）WR-28（JEITA 規格：WRI-320）; $a = 7.112\,\mathrm{mm}$, $b = 3.556\,\mathrm{mm}$）の導波管で X バンド $f = 10\,\mathrm{GHz}$，K バンド $f = 30\,\mathrm{GHz}$ の発振周波数のマイクロ波の管内波長と自由空間での波長を比較せよ。

【解答】 自由空間での波長は $f = 10\,\mathrm{GHz}$，$30\,\mathrm{GHz}$ に対して

$$\lambda_0\ (10\,\mathrm{GHz}) = c/f = 2.998 \times 10^8/(10.0 \times 10^9) = 2.998\,\mathrm{cm}$$

$$\lambda_0\ (25\,\mathrm{GHz}) = c/f = 2.998 \times 10^8/(30.0 \times 10^9) = 0.999\,\mathrm{cm}$$

である。これより，X バンドマイクロ波をセンチメートル波，Ka バンドマイクロ波をミリ波と呼ぶことがある。

管内波長は $\omega^2 = k_z^2 c^2 + (\pi c/a)^2$ の関係から

$$k_z = \frac{1}{c}\sqrt{(2\pi f)^2 - (\pi c/a)^2}, \qquad \lambda_\mathrm{g} = \frac{2\pi}{k_z}$$

これより

$$\lambda_\mathrm{g}\ (10\,\mathrm{GHz}) = 0.039\,7\,\mathrm{m} = 3.971\,\mathrm{cm}$$

$$\lambda_\mathrm{g}\ (25\,\mathrm{GHz}) = 0.014\,5\,\mathrm{m} = 1.404\,\mathrm{cm}$$

となり，それぞれの管内波長は自由空間での波長よりも長くなっている。 ◇

6.8.2 TM モード

TM モード（transverse magnetic mode）は $H_z = 0$，$E_z \neq 0$ の条件下での解である。電界は導波管の壁面に沿って伝搬する電磁波であるから，電界の z 方向成分 E_z はつぎのように表すことができる。

$$E_z = E_0 \sin(k_x x)\sin(k_y y) \quad (\text{TM モード}) \tag{6.134}$$

TE モードの場合とまったく同様にしてつぎの結果が得られる

$$E_1 = -\mathrm{i}\,\frac{k_z k_x}{k_c^2}E_0,\ E_2 = -\mathrm{i}\,\frac{k_z k_y}{k_c^2}E_0 \tag{6.135a}$$

$$H_1 = -\frac{1}{\eta_{\mathrm{TM}}}E_2 = \mathrm{i}\frac{\omega k_y}{\omega_c k_c}\frac{1}{\eta}E_0,\ H_2 = \frac{1}{\eta_{\mathrm{TM}}}E_1 = -\mathrm{i}\frac{\omega k_x}{\omega_c k_c}\frac{1}{\eta}E_0 \tag{6.135b}$$

E_x および E_y の境界条件は TE モードの場合と同様である。また，E_z は導波管内壁の境界でゼロとならなければならないので TE_{mn} モードと同様の式 (6.125a)，(6.126a) が成立する。このような導波路モードを TM_{mn} モードと呼ぶ。TE モードでは遮断周波数は TE_{10} モードに対する ω_{10} であるが，TM モードでは m, n のいずれかが 0 のとき $E_z = 0$ となるので，TM_{11} が基底モードとなり，これに対する遮断周波数は $\omega_{11} = \omega_c$ である。

6.8.3　$\mathbf{TE}_{10}$ 波のエネルギー密度とエネルギー伝送

ここで，TE_{10} 波を例にとり，エネルギー密度，エネルギー伝送の計算を行ってみる。もちろん，TE_{mn} 波の場合に拡張することは容易である。先に示したように，TE_{10} 波（$m = 1, n = 0$）に対する境界条件から

$$k_x = \frac{m\pi}{a} = \frac{\pi}{a} = k_c,\quad k_y = \frac{n\pi}{b} = 0 \tag{6.136}$$

となるので，これを式 (6.121)，式 (6.122b) と式 (6.122d) に用いると

$$E_y(x) = E_0 \sin(k_c x) \tag{6.137}$$

$$H_z(x) = H_0 \cos(k_c x),\ H_x(x) = H_1 \sin(k_c x) \tag{6.138}$$

ここに，電界 $E_y(x)$ の振幅を $E_2 = E_0$ と置いた。

$$k_c = \frac{\pi}{a}\quad k_c = \sqrt{\left(\frac{m\pi}{a}\right)^2 + \left(\frac{n\pi}{b}\right)^2} = \frac{\pi}{a} \tag{6.139}$$

$$E_0 = -\eta_{\mathrm{TE}} H_1 = -\mathrm{i}\eta\frac{\omega}{\omega_c}H_0 \tag{6.140}$$

$$H_1 = \mathrm{i}\frac{k_z}{k_c}H_0 \tag{6.141}$$

また，ポインティング・ベクトルは式 (6.132) より

$$P_z = \frac{1}{2\eta_{\mathrm{TE}}}|\boldsymbol{E}_\mathrm{t}|^2 = \frac{1}{2\eta_{\mathrm{TE}}}|\boldsymbol{E}_y(x)|^2 = \frac{1}{2\eta_{\mathrm{TE}}}|\boldsymbol{E}_0|^2 \sin^2(k_c x) \tag{6.142}$$

となる。これより導波管を通して伝送されるエネルギーは P_z を導波管の断面積で積分して

$$P_{\mathrm{total}} = \int_0^a \int_0^b \frac{1}{2\eta_{\mathrm{TE}}}|\boldsymbol{E}_0|^2 \sin^2(k_c x)\mathrm{d}x\mathrm{d}y \tag{6.143}$$

で与えられる。ここで

$$\int_0^a \sin^2(k_c x)\mathrm{d}x = \int_0^a \sin^2\left(\frac{\pi x}{a}\right) = \frac{a}{2} \tag{6.144}$$

の関係がある。$\eta_{\mathrm{TE}} = \eta\omega/k_z c = \eta\sqrt{1-\omega_c^2/\omega^2}$，$\omega_c = \omega_{10} = c\pi/a$ であるから

$$\begin{aligned} P_{\mathrm{total}} &= \frac{1}{4\eta_{\mathrm{TE}}}|E_0|^2 ab = \frac{1}{4\eta}|E_0|^2 ab\sqrt{1-\frac{\omega_c^2}{\omega^2}} \\ &= \frac{1}{4}\epsilon_0|E_0|^2 ab\cdot c\sqrt{1-\frac{\omega_c^2}{\omega^2}} \end{aligned} \tag{6.145}$$

となる。最後の関係は $\eta = \sqrt{\mu_0/\epsilon_0}$ とつぎの関係を用いて導いた。

$$\frac{1}{\eta\epsilon_0} = \sqrt{\frac{\epsilon_0}{\mu_0}}\frac{1}{\epsilon_0} = \frac{1}{\sqrt{\epsilon_0\mu_0}} = c$$

式 (6.145) は電磁エネルギーが導波管の断面積 ab を通して，群速度 $v_\mathrm{g} = c\sqrt{1-\omega_c^2/\omega^2}$ で流れていく値を表している。つまり

$$P_{\mathrm{total}} = \frac{1}{4}\epsilon_0|E_0|^2\, ab\cdot v_\mathrm{g}\ [\mathrm{J/s}] \tag{6.146}$$

であることを表している。

つぎに，導波管の断面積当りの電気エネルギー w_e と磁気エネルギー w_m を求める。時間平均したエネルギー密度（実効値）は

$$w_\mathrm{e} = \frac{1}{2}\mathrm{Re}\left(\frac{1}{2}\epsilon_0\boldsymbol{E}\cdot\boldsymbol{E}^*\right) = \frac{1}{4}\epsilon_0|E_y|^2 \tag{6.147}$$

$$w_{\mathrm{m}} = \frac{1}{2}\mathrm{Re}\left(\frac{1}{2}\mu_0 \boldsymbol{H}\cdot\boldsymbol{H}^*\right) = \frac{1}{4}\mu_0(|H_x|^2 + |H_z|^2) \tag{6.148}$$

上式に電界と磁界を代入するとつぎのようになる。

$$w_{\mathrm{e}} = \frac{1}{4}\epsilon_0|E_0|^2\sin^2(k_c x) \tag{6.149}$$

$$w_{\mathrm{m}} = \frac{1}{4}\mu_0(|H_1|^2\sin^2(k_c x) + |H_0|^2\cos^2(k_c x)) \tag{6.150}$$

これらの式に式 (6.140) と式 (6.141) の関係を代入して，導波管の断面積にわたって積分すると

$$\begin{aligned} W_{\mathrm{e}} &= \int_0^a\int_0^b w_{\mathrm{e}}\mathrm{d}x\mathrm{d}y = \int_0^a\int_0^b \frac{1}{4}\epsilon_0|E_0|^2\sin^2(k_c x)\mathrm{d}x\mathrm{d}y \\ &= \frac{1}{8}\epsilon_0|E_0|^2 ab \end{aligned} \tag{6.151}$$

$$\begin{aligned} W_{\mathrm{m}} &= \int_0^a\int_0^b w_{\mathrm{m}}\mathrm{d}x\mathrm{d}y \\ &= \int_0^a\int_0^b \frac{1}{4}\mu_0(|H_1|^2\sin^2(k_c x) + |H_0|^2\cos^2(k_c x))\mathrm{d}x\mathrm{d}y \\ &= \int_0^a\int_0^b \frac{1}{8}\mu_0(|H_1|^2 + |H_0|^2)ab \end{aligned} \tag{6.152}$$

となる。ここで，式 (6.139)，式 (6.140) と式 (6.141) の関係を用いると，つぎの関係が得られる。

$$\begin{aligned} \mu_0(|H_1|^2 + |H_0|^2) &= \mu_0\left(|H_0|^2\frac{k_z^2}{k_c^2} + |H_0|^2\right) = \mu_0|H_0|^2\frac{\omega^2}{\omega_c^2} = \frac{\mu_0}{\eta^2}|E_0|^2 \\ &= \epsilon_0|E_0|^2 \end{aligned} \tag{6.153}$$

これらの結果から，導波管断面積当りの電気エネルギーと磁気エネルギーの和 U はつぎのようになる。

$$U = \frac{1}{4}\epsilon_0|E_0|^2 ab \ \text{〔J/m〕} \tag{6.154}$$

エネルギーは群速度 v_{g} で伝わるので，導波管の断面積を通して単位時間に伝送されるエネルギーは

$$W = U \cdot v_{\rm g} = \frac{1}{4}\epsilon_0 |E_0|^2 ab \cdot v_{\rm g} \equiv P_{\rm total}\ ([{\rm J/s}]) \tag{6.155}$$

となり，式 (6.146) の結果と一致する。ここに，W は単位時間当りに導波管を通して伝送されるエネルギーの平均値（実効値）を表しており，その単位はワット〔W〕＝〔J/s〕である。あらためてエネルギーの平均値を $\langle W \rangle$ と置くと

$$\langle W \rangle = \frac{1}{4}\epsilon_0 |E_0|^2 ab \cdot c\sqrt{1 - \frac{\omega_c^2}{\omega^2}}\ \ ([{\rm J/s}]) \tag{6.156}$$

となる。ジュール〔J〕とワット〔W〕の単位の間にはつぎの関係がある。

$$1\,{\rm J} = 1\,{\rm W} \cdot {\rm s},\ \text{または}\ 1\,{\rm W} = 1\,{\rm J/s} \tag{6.157}$$

問題 (**6.7**) の解答に示すように，出力 50 kW 程度のマグネトロンで発生するマイクロ波を導波管で伝搬させると，管内に高電界が発生し，また導波管の無反射終端部でこのマイクロ波を吸収しなければならない。実際にこのような高出力マイクロ波を用いる場合には，時間幅 Δt を例えば 1 μs で，繰返し周波数 f ($\simeq 10 \sim 100$)〔1/s〕のように，パルス発振で用いる場合が多い。このとき，観測される出力は $\langle W \rangle_{\rm av} = \langle W \rangle f \cdot \Delta t$ となるので，このときのピーク電界の強さは

$$E_0 = \sqrt{\frac{4\,\langle W \rangle_{\rm av}}{\epsilon_0\, a\, b \cdot v_{\rm g}\, f\, \Delta t}} = \left[\frac{4\,\langle W \rangle_{\rm av}}{\epsilon_0\, a\, b \cdot c\,\sqrt{1 - \omega_c^2/\omega^2}\, f \cdot \Delta t}\right]^{1/2} \tag{6.158}$$

で与えられる。

6.8.4　マイクロ波発生装置

マイクロ波領域の電磁波を発生するデバイスには，真空の空洞共振器を用いる進行波管タイプのクライストロン（Klystron）とマグネトロン（Magnetron），半導体タイプのガンダイオード（Gunn diode）やインパット（IMPATT）などがある。クライストロンでは陰極から陽極に向かって電子が加速されたあと，空洞部に導入され，マイクロ波の位相に応じた中間空洞で電子ビームの加速，減速を行い，電子ビームのバンチング（bunching）を発生させる。この電子ビー

ムは自己誘導電界により増幅され，出力空洞を通過するときに大きな交流電界を誘起して大電力のマイクロ波を出力させる。この装置は手のひらに乗る小型の真空管タイプのものから大型加速器に至るまで種々のものがある。マグネトロンは円筒中心に配置した陰極とこれを取り囲んで空洞を複数個持った陽極を配置する。静磁界あるいはコイルに電流を流して円筒軸方向の磁界を作る。陰極から放射された電子ビームは磁界に垂直方向の面内でサイクロトロン運動をするが，電界で加速すると円運動に電界による加速運動が重畳され，サイクロイド運動をする。陽極の空洞に導入されると共振周波数で振動する。この共振で発生したマイクロ波を出力回路から取り出すようにしたものである。このような進行波管は小型のものから大電力用まで開発され，大型のものはパルス発振を行い，その反射波を測定するマイクロ波レーダとして用いられているが，小型のマグネトロンは発振周波数 2.45 GHz（ISM バンド）程度のものが家庭

マクスウェル

マクスウェル（James Clerk Maxwell, 1831 年 6 月 13 日–1879 年 11 月 5 日，英国）はスコットランドのエディンバラに生まれ，1847 年には 16 才でエディンバラ大学に入学。1850 年にケンブリッジ大学に入学，翌年にはニュートンの在籍したケンブリッジ大学の名門トリニティ・カレッジに移り，1854 年数学の学位を取得して卒業した。電磁誘導の実験に成功したマイケル・ファラデーとは深い親交があり，1865 年に**マクスウェルの方程式**を完成させた。1856 年から 1860 はアバディーンのマリシャル・カレッジの教授に，1860 年にキングス・カレッジ（King's College, London）の教授に，1871 年にはケンブリッジ大学物理学科の初代キャベンディッシュ教授職（Cavendish Professor）とキャベンディッシュ研究所所長職を得た。電磁気学の四つの基本方程式にまとめたマクスウェルの方程式は；Maxwell, James Clerk：A dynamical theory of the electromagnetic field, Philosophical Transactions of the Royal Society of London Vol.**155** pp.459–512 (1865) として発表された。40 歳も年上のファラデーの最もよき理解者で，ファラデーが研究をしていた王立研究所（Royal Institution）でしばしば講義をした。ファラデーと共に電磁波の存在を予言したといわれている。

用電子レンジに使用されている。

一方，ガンダイオードの原理は以下のとおりである。半導体 GaAs の陰極と陽極の電極間隔を数 μm から数十 μm とし，これに直流高電界を印加すると，伝導電子は加速され，そのエネルギーが基底伝導帯よりも高エネルギー側に存在する有効質量の大きい伝導帯バレーに遷移し遅い速度で移動する。このとき電子の平均速度が減少するため，負性微分抵抗が現れる。陰極の近傍にある不純物分布の不均一さにより電界が集中し，高電界ドメインが形成される。この高電界ドメインが陰極近傍から陽極に到達して消滅するが，再度繰り返されるために電流振動がマイクロ波領域で発生する。電子の移動度はおよそ $v_d = 10^7$ cm/s であるので，走行時間 t_d は電極間の距離を L とすると $t_d = L/v_d$ となり，その振動の周波数は $f \simeq 1/t_d = v_d/L$ で与えられる。つまり，このマイクロ波の発振周波数は $L = 10$ μm に対して，$f \simeq 10^{10}$ 1/s となる。これはおよそ 10 GHz の振動数に相当する。ガンダイオードは直流電圧を印加し，電界 $E > 3.5 \times 10^3$〔V/cm〕とすれば発振するので，$L = 10$ μm のダイオードでは数ボルトの電池で起動する。このような小型で電源が電池で済むことから，スピードガン（speed gun）や携帯や車載レーダに用いられている。インパット・ダイオード（IMPATT: **IMP**act ionization **A**valanche **T**ransit-**T**ime diode）は半導体 pn 接合からなり，逆方向にバイアスすると接合部で高電界となり，インパクト・イオン化により，電子−正孔対（electron–hole pair）が作られる。逆バイアスであるから p 領域をマイナスに，n 領域をプラスに印加されており，電子は n 方向に，正孔は p 領域方向に加速される。インパクト・イオン化を起こす臨界の電界に近い直流バイアスに重畳して外部から交流電流を印加すると，電子，正孔の粗密波を誘起して，増幅と共振を起こす。これを共振回路につないでマイクロ波発振装置として利用できる。

章　末　問　題

(6.1) 自由空間における電磁波の電界成分を $\boldsymbol{E} = \boldsymbol{E}_0 \cos(\boldsymbol{k} \cdot \boldsymbol{r} - \omega t)$ とするとき，電気エネルギー密度 w_{e} と任意の空間点における電気エネルギー密度の時間平均 $\langle w_{\mathrm{e}} \rangle$ を求めよ。

(6.2) 自由空間における電磁波の磁束密度成分を $\boldsymbol{B} = \boldsymbol{B}_0 \cos(\boldsymbol{k} \cdot \boldsymbol{r} - \omega t)$ とするとき，磁気エネルギー密度 w_{m} と任意の空間点における磁気エネルギー密度の時間平均 $\langle w_{\mathrm{m}} \rangle$ を求めよ。

(6.3) 上の 2 問の解答より，電界と磁界のエネルギー密度の時間平均値は等しいことを証明せよ。

(6.4) ポインティング・ベクトルと上の結果を比較し，ポインティングベクトルの意味を説明せよ。

(6.5) ブリュースター角をスネルの法則とフレネルの法則から導け。また，ブリュースター角で入射したときの反射波と透過波の偏向方向について考察せよ。

(6.6) s 波と p 波に対する透過係数を求めよ。また，入射光の s 波と p 波が半々で構成されている場合の全反射係数 R を求めよ。

(6.7) X バンドの導波管（$a = 22.86\,\mathrm{mm}, b = 10.16\,\mathrm{mm}$）において，周波数 $f = 10\,\mathrm{GHz}$，出力 $P = 50\,\mathrm{kW}$ のマグネトロンでマイクロ波を伝送させたとき，導波管の断面中央部 $x = a/2$ における電界の値を求めよ。

7 輻射とアンテナ

電磁気学ではマクスウェルの方程式の解釈，特に自由空間における波動方程式の解法は最も重要ある。本章では，電磁波の輻射とアンテナの原理について述べるが，学部学生でも十分に理解できるよう配慮して解説してある。アンテナについては，数学的な取扱いがかなり多いが，アンテナの設計や解析に必要な基礎を学ぶ章として含めた。場合によっては前章の導波管と本章のアンテナの解析は学部の講義から省略し，大学院での電磁気学の学習内容にすることも考えられる。また，遅延ポテンシャルの取扱いについては一部を省略した。

7.1 スカラ・ポテンシャルとベクトル・ポテンシャル

マクスウェルの式 (6.1)~(6.4)，あるいは式 (6.5)~ (6.8) をあらためてつぎのような順序で表す。

$$\boldsymbol{\nabla} \cdot \boldsymbol{D} = \rho, \quad \boldsymbol{\nabla} \cdot \boldsymbol{B} = 0 \tag{7.1a}$$

$$\boldsymbol{\nabla} \times \boldsymbol{H} = \boldsymbol{J} + \frac{\partial \boldsymbol{D}}{\partial t}, \quad \boldsymbol{\nabla} \times \boldsymbol{E} = -\frac{\partial \boldsymbol{B}}{\partial t} \tag{7.1b}$$

ファラデーの電磁誘導を表式化したマクスウェルの式 (7.1b) において，磁束密度をベクトル・ポテンシャルを用いて表した式 (4.86)

$$\boldsymbol{B} = \boldsymbol{\nabla} \times \boldsymbol{A} \tag{7.2}$$

を用いると

$$\boldsymbol{\nabla} \times \boldsymbol{E} = -\frac{\partial \boldsymbol{B}}{\partial t} = -\frac{\partial}{\partial t}(\boldsymbol{\nabla} \times \boldsymbol{A}) \tag{7.3}$$

となるから

$$\boldsymbol{E} = -\frac{\partial \boldsymbol{A}}{\partial t} \tag{7.4}$$

と表すことができる。2 章で述べたように，電荷が存在する場合にはスカラ・ポテンシャル V の勾配が電界を与えるので（式 (2.11) 参照）

$$\boldsymbol{E} = -\boldsymbol{\nabla} V \tag{7.5}$$

を加えなければならない。つまりこのポテンシャル V の時間変化が電磁界を変調し，輻射の源となる。この考えはヘルツ（Heinrich Rudolf Hertz, 1857 年 2 月 22 日–1894 年 1 月 1 日，ドイツ）によるもので，ヘルツはマクスウェルの方程式が正しければ，電磁波の発生ができると信じて 1888 年に実験で証明した。

このスカラ・ポテンシャルと磁界に関するベクトル・ポテンシャルを総称して**電磁ポテンシャル**と呼ぶことがある。式 (7.1b) を満たす電界 $\boldsymbol{E}$ として式 (7.4) と式 (7.5) を加えてつぎのように一般化できるものとする。

$$\boldsymbol{E} = -\boldsymbol{\nabla} V - \frac{\partial \boldsymbol{A}}{\partial t} \tag{7.6}$$

この式からわかるように，座標に依存しない一様な任意のポテンシャル V を追加しても電界 $\boldsymbol{E}$ は不変である。さらに，任意のベクトル・ポテンシャルに $\boldsymbol{\nabla}\times \equiv \mathrm{rot}$ を作用させるとゼロになるもので，時間変化のない項を加えても上の式は不変となる。このようなスカラ・ポテンシャルとベクトル・ポテンシャルを**ゲージ不変**（gauge invariance）と呼ぶ。これらのポテンシャルはマクスウェルの方程式でソース（源泉；電荷）を含まない 2 式を満たすことはつぎの関係から明らかである。

$$\boldsymbol{\nabla} \cdot \boldsymbol{\nabla} \times \boldsymbol{A} \equiv 0 \tag{7.7a}$$

つまり，マクスウェルの第 2 の式 $\boldsymbol{\nabla} \cdot \boldsymbol{B} = 0$ を満たし，ベクトルの公式から

$$\boldsymbol{\nabla} \times \boldsymbol{\nabla} V \equiv 0 \tag{7.7b}$$

となり，式 (7.6) の両辺に $\boldsymbol{\nabla}\times$ を掛けるとマクスウェルの第 4 の式（ファラデーの電磁誘導の式）を満たしていることがわかる。式 (7.7a) は，$\boldsymbol{\nabla}$ 記号を定

義式に従って書き換えると，つぎのように証明される。

$$\begin{aligned}\nabla\times\nabla V &= \left(\boldsymbol{i}\frac{\partial}{\partial x}+\boldsymbol{j}\frac{\partial}{\partial y}+\boldsymbol{k}\frac{\partial}{\partial z}\right)\times\left(\boldsymbol{i}\frac{\partial}{\partial x}+\boldsymbol{j}\frac{\partial}{\partial y}+\boldsymbol{k}\frac{\partial}{\partial z}\right)V\\ &= \left[\boldsymbol{i}\left(\frac{\partial}{\partial y}\frac{\partial}{\partial z}-\frac{\partial}{\partial z}\frac{\partial}{\partial y}\right)+\boldsymbol{j}\left(\frac{\partial}{\partial z}\frac{\partial}{\partial x}-\frac{\partial}{\partial x}\frac{\partial}{\partial z}\right)\right.\\ &\quad\left.+\boldsymbol{k}\left(\frac{\partial}{\partial x}\frac{\partial}{\partial y}-\frac{\partial}{\partial y}\frac{\partial}{\partial x}\right)\right]V = 0V \equiv 0\end{aligned} \tag{7.8}$$

以上の結果から任意のスカラ・ポテンシャル V とベクトル・ポテンシャル $\boldsymbol{A}$ に対して，マクスウェルの第 4 の式 (7.1b) が満たされる。ただし，磁束密度 $\boldsymbol{B}$ はベクトル・ポテンシャル $\boldsymbol{A}$ から導かれるものとする。

つぎに，源泉となる電荷密度 ρ と電流密度 $\boldsymbol{J}$ がある場合について考察してみよう。式 (7.2) と (7.3) をマクスウェルの方程式 (7.1a) と (7.1b) に代入し，さらにつぎの関係を用いる。

$$\boldsymbol{D}=\epsilon_0\boldsymbol{E},\quad \boldsymbol{B}=\mu_0\boldsymbol{H} \tag{7.9}$$

これらの式を用いてマクスウェルの式を書き換える。式 (7.6) をマクスウェルの第 1 式 (7.1a) に代入するとつぎの関係式が得られる。

$$\nabla^2 V+\frac{\partial}{\partial t}\nabla\cdot\boldsymbol{A}=-\frac{\rho}{\epsilon_0} \tag{7.10}$$

また，式 (7.3) をマクスウェルの第 3 式 (7.1b) に代入し，少し変形すると次式が得られる。

$$\nabla^2\boldsymbol{A}-\frac{1}{c^2}\frac{\partial^2\boldsymbol{A}}{\partial t^2}=-\mu_0\boldsymbol{J}+\nabla\left(\nabla\cdot\boldsymbol{A}+\frac{1}{c^2}\frac{\partial V}{\partial t}\right) \tag{7.11}$$

7.2 ローレンツ・ゲージとゲージ変換不変の法則

前節の (7.10) と (7.11) は，スカラ・ポテンシャル V とベクトル・ポテンシャル $\boldsymbol{A}$ を，電荷密度 ρ および電流密度 $\boldsymbol{J}$ とを結びつける方程式（coupled equations）である。先に述べたようにこれらの 2 種類のポテンシャルにはゲージ不変性があるから，適当なゲージを選べば 2 式を独立した式に書き換えることが可能である。ここではつぎのようなゲージを採用することにする。

$$\boldsymbol{\nabla}\cdot\boldsymbol{A}+\frac{1}{c^2}\frac{\partial V}{\partial t}=0 \tag{7.12}$$

このゲージを**ローレンツ・ゲージ**（Lorenz gauge）と呼ぶ。このゲージを選ぶと，式 (7.10) は

$$\boldsymbol{\nabla}^2 V-\frac{1}{c^2}\frac{\partial V}{\partial t}=-\frac{\rho}{\epsilon_0} \tag{7.13}$$

式 (7.11) は

$$\boldsymbol{\nabla}^2\boldsymbol{A}-\frac{1}{c^2}\frac{\partial^2\boldsymbol{A}}{\partial t^2}=-\mu_0\boldsymbol{J} \tag{7.14}$$

となる。上の 2 式はソース（源泉）ρ と電流密度 $\boldsymbol{J}$ を持つ式となっている。

ローレンツ・ゲージのゲージ不変性を考察してみる，元のポテンシャルに，ある関数 ϕ を加えて新しいスカラ・ポテンシャル V' とベクトル・ポテンシャル $\boldsymbol{A}'$ をつぎのように定義してみる。

$$V'=V+\frac{\partial\phi}{\partial t} \tag{7.15}$$

$$\boldsymbol{A}'=\boldsymbol{A}-\boldsymbol{\nabla}\phi \tag{7.16}$$

この 2 式はゲージ変換を表している。新しいポテンシャルを用いると，元の電界 $\boldsymbol{E}$ および磁束密度 $\boldsymbol{B}$ と同じ結果を与えることがつぎのように証明できる。

$$\boldsymbol{B}'=\boldsymbol{\nabla}\times\boldsymbol{A}'=\boldsymbol{\nabla}\times\boldsymbol{A}=\boldsymbol{B} \tag{7.17}$$

ここに，式 (7.8) の結果を用い，$\boldsymbol{\nabla}\times\boldsymbol{\nabla}\phi=0$ の関係を用いた。また

$$\begin{aligned}\boldsymbol{E}'&=-\boldsymbol{\nabla}V'-\frac{\partial\boldsymbol{A}'}{\partial t}=-\boldsymbol{\nabla}V-\frac{\partial\boldsymbol{A}}{\partial t}-\boldsymbol{\nabla}\frac{\partial\phi}{\partial t}+\frac{\partial}{\partial t}\boldsymbol{\nabla}\phi\\&=-\boldsymbol{\nabla}V-\frac{\boldsymbol{A}}{\partial t}=\boldsymbol{E}\end{aligned} \tag{7.18}$$

このようにゲージ不変の原理が証明される。ただし，この結論はすべての変数は座標と時間とは独立した変数であり，微分の順序は変えることができると仮

定している。この条件下で任意のポテンシャル ϕ によるゲージ変換は電界と磁界に変化をもたらさないことがわかる。

このポテンシャル ϕ によるゲージ変換の結果から

$$\boldsymbol{\nabla}\cdot\boldsymbol{A}' + \frac{1}{c^2}\frac{\partial\phi'}{\partial t} = \boldsymbol{\nabla}\cdot\boldsymbol{A} + \frac{1}{c^2}\frac{\partial V}{\partial t} - \boldsymbol{\nabla}^2\phi + \frac{1}{c^2}\frac{\partial^2\phi}{\partial t^2} \tag{7.19}$$

の関係が得られる。そこで，ポテンシャル V と $\boldsymbol{A}$ がつぎの式を満たすものと仮定する。

$$\boldsymbol{\nabla}\cdot\boldsymbol{A} + \frac{1}{c^2}\frac{\partial V}{\partial t} = f \tag{7.20}$$

ここで，f は座標と時間の関数であるが，$f \neq 0$ の場合ポテンシャル V と $\boldsymbol{A}$ はローレンツ・ゲージを満たさない。そこで

$$\boldsymbol{\nabla}^2\phi - \frac{1}{c^2}\frac{\partial^2\phi}{\partial t^2} = f \tag{7.21}$$

とすると，V' と $\boldsymbol{A}'$ はローレンツ変換を満たし，つぎの関係が成立する。

$$\boldsymbol{\nabla}\cdot\boldsymbol{A}' + \frac{1}{c^2}\frac{\partial V'}{\partial t} = 0 \tag{7.22}$$

この結果，式 (7.21) はソース f の波動関数を表していることがわかる。

7.3　ソースを含む波動関数と遅延ポテンシャル

前節で述べたように，ローレンツ・ゲージの式 (7.12)

$$\boldsymbol{\nabla}\cdot\boldsymbol{A} + \frac{1}{c^2}\frac{\partial V}{\partial t} = 0 \tag{7.23}$$

を用いると，ベクトル・ポテンシャルとスカラ・ポテンシャルについての波動方程式

$$\boldsymbol{\nabla}^2 V - \frac{1}{c^2}\frac{\partial V}{\partial t} = -\frac{\rho}{\epsilon_0}, \quad \boldsymbol{\nabla}^2\boldsymbol{A} - \frac{1}{c^2}\frac{\partial^2\boldsymbol{A}}{\partial t^2} = -\mu_0\boldsymbol{J} \tag{7.24}$$

が得られる。このようにソースとしての電荷密度 ρ と電流密度 $\boldsymbol{J}$ をもつ独立な波動方程式となる。二次微分形式の波動方程式となるが，マクスウェルの波

動方程式のように一次微分形式の連立方程式と異なり，解を求めることが容易となる。ここでは，その解法を詳しく述べないがスカラ・ポテンシャル V に関する解は次式で与えられる。

$$V(\boldsymbol{r}, t) = \frac{1}{4\pi\epsilon_0}\int \frac{\rho(\boldsymbol{r}, t')}{|\boldsymbol{r}' - \boldsymbol{r}|}\mathrm{d}^3\boldsymbol{r}' \tag{7.25}$$

$$t' = t - \frac{|\boldsymbol{r}' - \boldsymbol{r}|}{c} \tag{7.26}$$

ここに，$\mathrm{d}^3\boldsymbol{r} = \mathrm{d}x\mathrm{d}y\mathrm{d}z$ で，上の積分は時刻 t' におけるソースの存在する点からの寄与を全空間で求めることを意味している。また，ソースが存在しない場合，電磁波は光速 c で空間を伝搬する。時刻 t' と t の間隔は電荷による変化がソース点から観測点までの伝達に要する時間である。**図 7.1** はこのスカラ・ポテンシャルを模式的に表したものである。このようなことから式 (7.25) で与えられるポテンシャルのことを**遅延ポテンシャル**（retarded potential）と呼ぶ。ベクトル・ポテンシャルについても同様の式が得られることは自明でつぎの解が存在する。

$$\boldsymbol{A}(\boldsymbol{r}, t) = \frac{\mu_0}{4\pi}\int \frac{\boldsymbol{J}(\boldsymbol{r}, t')}{|\boldsymbol{r}' - \boldsymbol{r}|}\mathrm{d}^3\boldsymbol{r}' \tag{7.27}$$

$$t' = t - \frac{|\boldsymbol{r}' - \boldsymbol{r}|}{c} \tag{7.28}$$

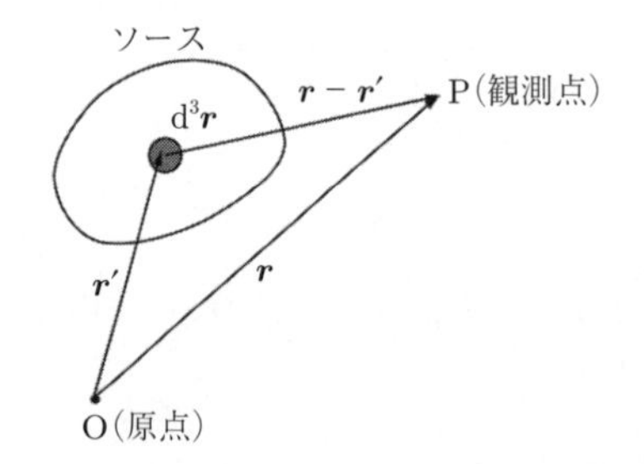

図 7.1　遅延ポテンシャルの模式図。原点 O からソースまでのベクトルを $\boldsymbol{r}'$ とし，観測点 P までのベクトルを $\boldsymbol{r}$ とすると観測点でのポテンシャルは時間 $|\boldsymbol{r}' - \boldsymbol{r}|/c$ だけ遅れる。

ここで，電磁ポテンシャル V と $\boldsymbol{A}$ の解の式 (7.25) と式 (7.27) が静電的な場合，つまり時間変化を無視できる場合，式 (7.13) と式 (7.14) の解であることを示すことができる。このとき $\partial/\partial t = 0$ とおけるから，式 (7.25) において点

電荷 q の場合を仮定してディラックのデルタ関数を用い

$$\rho(\boldsymbol{r}') = q\delta(\boldsymbol{r}' - \boldsymbol{r}_0) \tag{7.29}$$

と置くと

$$V(\boldsymbol{r}) = \frac{1}{4\pi\epsilon_0}\frac{q}{|\boldsymbol{r}_0 - \boldsymbol{r}|} \tag{7.30}$$

となり，波動方程式 (7.25) から得られる 2 章で示したポアソンの式（$V \to V$）

$$\boldsymbol{\nabla}^2 V = -\frac{\rho}{\epsilon_0} \tag{7.31}$$

の解と一致する。また，ベクトル・ポテンシャルについても定常電流に対してはポアソンの式 (4.91)

$$\boldsymbol{A} = \frac{\mu_0}{4\pi}\int\frac{\boldsymbol{J}}{|\boldsymbol{r}_0 - \boldsymbol{r}|}\mathrm{d}^3\boldsymbol{r} \tag{7.32}$$

となり，一致することがわかる。

7.4 ヘルツのダイポールとアンテナ

前節で導いた電磁ポテンシャル V と $\boldsymbol{A}$ に関する方程式は電磁波の生成（発生）に関する現象を説明することができる。ヘルツはマクスウェルの方程式の完成（1865 年）のあと，この理論の検証には電磁波の発生が不可欠であると信じ，種々の実験を試み，ついに 1888 年に電磁波の生成と観測に成功した。彼は優れた実験家であると同時に理論にも卓越した才能を持っていた。本節では彼の計算結果の一部を紹介する。

いま，**図 7.2** に示すように z 軸上に $\pm q$ の点電荷があり，この電荷が角周波数 ω で振動するものとする。このような電気双極子の系を**ヘルツ・ダイポール**（Hertzian dipole）と呼ぶ。

一方の電荷が

$$q_1 = +q\mathrm{e}^{-\mathrm{i}\omega t} \tag{7.33a}$$

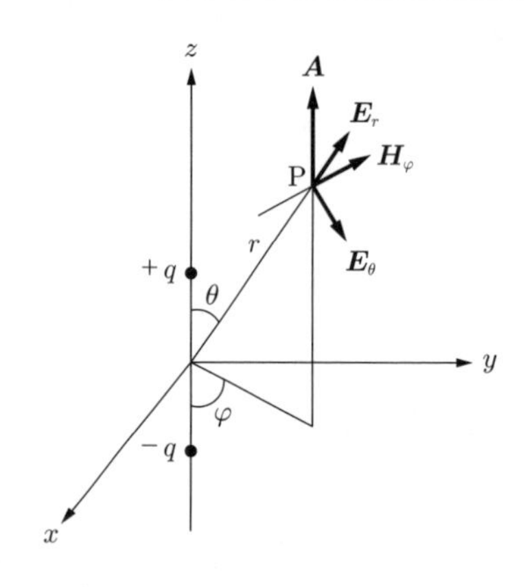

図 7.2　ヘルツ・ダイポール。z 軸上に点電荷 $\pm q$ が存在し，これが時間的に変動するときこのダイポールから電磁波が放射される。

で振動し，他方の電荷は

$$q_2 = -q\mathrm{e}^{\mathrm{i}\omega t} \tag{7.33b}$$

で振動するものとする。二つの点電荷の距離が非常に小さいと仮定すると，この電荷による z 方向の電流は

$$\boldsymbol{I e}_z = \frac{\mathrm{d}q_1}{\mathrm{d}t}\boldsymbol{e}_z = -\mathrm{i}\,\omega q\mathrm{e}^{-\mathrm{i}\omega t}\boldsymbol{e}_z \tag{7.34}$$

ここに，$\boldsymbol{e}_z$ は z 方向の単位ベクトルである。電荷間の距離がゼロに近づくと正味の電荷はゼロに近づくが，原点での電流は消えないものとする。このときの電流は角周波数 ω で振動し，振幅は次式で与えられる。

$$I_0 = -\mathrm{i}\,\omega q \tag{7.35}$$

電荷間の距離を l とする。$l \to 0$ のとき電流 I_0 を増やし，$I_0 l$ を有限に保つものとする。このとき，式 (7.14) よりただちにつぎの関係式が導かれる。

$$\boldsymbol{A}(\boldsymbol{r}, t) = \frac{\mu_0}{4\pi}(I_0 l)\frac{\mathrm{e}^{\mathrm{i}(kr-\omega t)}}{r}\boldsymbol{e}_z \tag{7.36}$$

ここに，波数ベクトル k は

$$k = \frac{\omega}{c} \tag{7.37}$$

である。磁界は $\boldsymbol{B} = \boldsymbol{\nabla} \times \boldsymbol{A}$ から求められるが，座標系を図 7.2 に示したような極座標 (r, θ, φ) を用いたほうが便利である。位置を (r, θ, φ) で表すと，直交

座標系の (x, y, z) とはつぎのような関係がある。

$$x = r\sin\theta\cos\varphi,\ y = r\sin\theta\sin\varphi,\ z = r\cos\theta \tag{7.38}$$

このとき，線素 $\mathrm{d}l$，面積素 $\mathrm{d}S$，体積素 $\mathrm{d}^3\boldsymbol{r} = \mathrm{d}x\mathrm{d}y\mathrm{d}z$ はつぎのようになる。

$$\mathrm{d}l = \sqrt{(\mathrm{d}r)^2 + r^2\sin^2\theta(\mathrm{d}\varphi)^2 + r^2(\mathrm{d}\theta)^2} \tag{7.39a}$$

$$\mathrm{d}S = r^2\sin\theta\mathrm{d}\theta\mathrm{d}\varphi \tag{7.39b}$$

$$\mathrm{d}^2\boldsymbol{r} == r^2\sin\theta\mathrm{d}r\mathrm{d}\theta\mathrm{d}\varphi \tag{7.39c}$$

この結果を用いると

$$(\boldsymbol{\nabla}\times\boldsymbol{A})_r = (\mathrm{rot}\boldsymbol{A})_r = \frac{1}{r\sin\theta}\left\{\frac{\partial}{\partial\theta}(\sin\theta A_\varphi) - \frac{\partial A_\theta}{\partial\varphi}\right\} \tag{7.40a}$$

$$(\boldsymbol{\nabla}\times\boldsymbol{A})_\theta = (\mathrm{rot}\boldsymbol{A})_\theta = \frac{1}{r\sin\theta}\frac{\partial A_r}{\partial\varphi} - \frac{1}{r}\frac{\partial(r\cdot A_\varphi}{\partial r}) \tag{7.40b}$$

$$(\boldsymbol{\nabla}\times\boldsymbol{A})_\varphi = (\mathrm{rot}\boldsymbol{A})_\varphi = \frac{1}{r}\left\{\frac{\partial(r\cdot A_\theta)}{\partial r} - \frac{\partial A_r}{\partial\theta}\right\} \tag{7.40c}$$

となる。参考までにスカラ・ポテンシャル V の勾配 $\mathrm{grad}\,V$，ラプラシアン $\boldsymbol{\nabla}^2 V$ とベクトル $\boldsymbol{A}$ の発散 $\boldsymbol{\nabla}\cdot\boldsymbol{A} = \mathrm{div}\boldsymbol{A}$ を極座標で表した結果を示しておく。

$$(\boldsymbol{\nabla}V)_r = (\mathrm{grad}V)_r = \frac{\partial V}{\partial r} \tag{7.41a}$$

$$(\boldsymbol{\nabla}V)_\theta = (\mathrm{grad}V)_\theta = \frac{1}{r}\frac{\partial V}{\partial\theta} \tag{7.41b}$$

$$(\boldsymbol{\nabla}V)_\varphi = (\mathrm{grad}V)_\varphi = \frac{1}{r\sin\theta}\frac{\partial V}{\partial\varphi} \tag{7.41c}$$

$$\boldsymbol{\nabla}\boldsymbol{A} = \mathrm{div}\boldsymbol{A} = \frac{1}{r^2}\frac{\partial}{\partial r}(r^2 A_r) + \frac{1}{r\sin\theta}\frac{\partial}{\partial\theta}(\sin\theta A_\theta) + \frac{1}{r\sin\theta}\frac{\partial}{\partial\varphi}A_\varphi$$

$$\boldsymbol{\nabla}^2 V = \frac{1}{r^2}\frac{\partial}{\partial r}\left(r^2\frac{\partial V}{\partial r}\right) + \frac{1}{r^2\sin\theta}\frac{\partial}{\partial\theta}\left(\sin\theta\frac{\partial V}{\partial\theta}\right) + \frac{1}{r^2\sin^2\theta}\frac{\partial^2 V}{\partial\varphi^2}$$

上述の式 (7.40a) ～ (7.40c) を用いて，式 (7.36) より磁束密度 $\boldsymbol{B}$ の極座標表示はつぎのようになる。

$$B_r = 0 \tag{7.42a}$$

$$B_\theta = 0 \tag{7.42b}$$

$$B_\varphi = \frac{\mu_0}{4\pi}(I_0 l)k\sin\theta\left(\frac{1}{kr} - \mathrm{i}\right)\frac{\mathrm{e}^{\mathrm{i}(kr-\omega t)}}{r} \tag{7.42c}$$

電界 $\boldsymbol{E}$ はマクスウェルの式 (7.1b)，つまり $\boldsymbol{\nabla}\times\boldsymbol{B} = (1/c^2)(\partial\boldsymbol{E}/\partial t)$ より求められつぎのようになる。

$$E_r = \frac{1}{4\pi\epsilon_0}\frac{2}{c}(I_0 l)\left(1 + \frac{\mathrm{i}}{kr}\right)\frac{\mathrm{e}^{\mathrm{i}(kr-\omega t)}}{r^2} \tag{7.43a}$$

$$E_\theta = \frac{1}{4\pi\epsilon_0}(I_0 l)\frac{k}{c}\sin\theta\left(\frac{\mathrm{i}}{k^2r^2} + \frac{1}{kr} - \mathrm{i}\right)\frac{\mathrm{e}^{\mathrm{i}(kr-\omega t)}}{r} \tag{7.43b}$$

$$E_\varphi = 0 \tag{7.43c}$$

この結果を近視野像（near field pattern）と遠視野像（far field pattern）に分けて考察してみる。自由空間での電磁波の波長 λ は

$$\lambda = \frac{2\pi}{k} = \frac{2\pi c}{\omega}$$

であるから，波長 λ 程度の近距離の電磁波を**近視野像**と呼ぶ。$r \ll \lambda$ つまり $kr \ll 1$ における近視野像と，$r \gg \lambda$ つまり $kr \gg 1$ の**遠視野像**に分けて近似解を議論すると便利である。

近視野像の場合，$kr \ll 1$ に対して磁界と電界はつぎのように近似できる。

$$H_\varphi \simeq \frac{1}{4\pi}(I_0 l)\sin\theta\frac{\mathrm{e}^{\mathrm{i}(kr-\omega t)}}{r^2} \tag{7.44a}$$

$$E_r \simeq \frac{1}{4\pi\epsilon_0}\frac{2\mathrm{i}}{c}(I_0 l)\frac{\mathrm{e}^{\mathrm{i}(kr-\omega t)}}{kr^3} \tag{7.44b}$$

$$E_\theta \simeq \frac{1}{4\pi\epsilon_0}(I_0 l)\frac{\mathrm{i}}{c}\sin\theta\frac{\mathrm{e}^{\mathrm{i}(kr-\omega t)}}{kr^3} \tag{7.44c}$$

一方，遠視野像の場合，$kr \gg 1$ に対して磁界と電界はつぎのように近似できる。

$$H_\varphi \simeq -\mathrm{i}\frac{1}{4\pi}(I_0 l)k\sin\theta\frac{\mathrm{e}^{\mathrm{i}(kr-\omega t)}}{r} \tag{7.45a}$$

$$E_r \simeq \frac{1}{4\pi\epsilon_0}\frac{2}{c}(I_0 l)\frac{\mathrm{e}^{\mathrm{i}(kr-\omega t)}}{r^2} \tag{7.45b}$$

$$E_\theta \simeq -\mathrm{i}\frac{1}{4\pi\epsilon_0}(I_0 l)\frac{k}{c}\sin\theta\frac{\mathrm{e}^{\mathrm{i}(kr-\omega t)}}{r} \tag{7.45c}$$

さて，これらの結果を見るとつぎのようなことがわかる。

① 電界，磁界の方向は直交しており，輻射方向（r 方向）に対しても直交している。

② 任意の場所と時刻に対して，電界と磁界は共に同位相で伝搬する。

③ 電界と磁界の比は $E_\theta/H_\varphi \approx c\mu_0$ つまり $E_\theta/B_\varphi \approx c$ である。

④ 電磁波は遠距離では $1/r$ で減衰するが，振動ダイポールから十分遠い距離となると，平面波で伝搬する。

⑤ 電荷の振動方向は $\theta = 0$ と $\theta = \pi$ の方向であるが，輻射される電磁波の振幅は極座標の θ に依存し，ダイポールの振動方向に垂直な $\theta = \pm\pi/2$ で最大となる。この様子を**図 7.3** に示す。

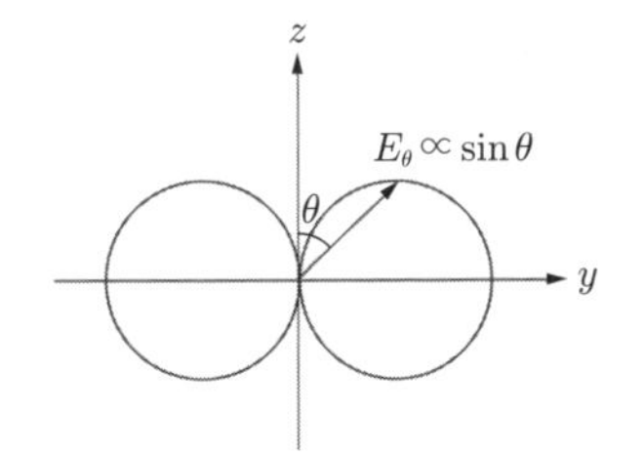

図 7.3　ヘルツ・ダイポールから輻射される電界の θ 方向依存性。z 軸上の振動する点電荷 $\pm q$ から電磁波が放射される。

つぎに，電磁波の輻射エネルギーを求めるためにポインティング・ベクトルを計算する。そのため輻射電磁波の実部を求めるとつぎのようになる。

$$H_\varphi = \frac{1}{4\pi}(I_0 l)k\frac{\sin\theta}{r}\left(\frac{\cos(kr-\omega t)}{kr} + \sin(kr-\omega t)\right) \tag{7.46a}$$

$$E_r = \frac{1}{4\pi\epsilon_0}\frac{2}{c}(I_0 l)\frac{1}{r^2}\left(\cos(kr-\omega t) - \frac{\sin(kr-\omega t)}{kr}\right) \tag{7.46b}$$

$$E_\theta = \frac{1}{4\pi\epsilon_0}(I_0 l)\frac{k}{c}\frac{\sin\theta}{r} \times\left(-\frac{\sin(kr-\omega t)}{k^2r^2} + \frac{\cos(kr-\omega t)}{kr} + \sin(kr-\omega t)\right) \tag{7.46c}$$

これより，ポインティング・ベクトル

$$\boldsymbol{P} = \boldsymbol{E} \times \boldsymbol{H} \tag{7.47}$$

を求めることができるが，簡単のため時間平均をとることにすると

$$\langle \boldsymbol{P} \rangle = \frac{(I_0 l)^2 k^2}{32\pi^2 \epsilon_0 c} \frac{\sin^2\theta}{r^2} \hat{\boldsymbol{r}} \tag{7.48}$$

となる。ここに，$\hat{\boldsymbol{r}}$ は距離ベクトル $\boldsymbol{r}$ 方向の単位ベクトルである。**図 7.4** は輻射強度 $\langle P \rangle \propto E_\theta^2$ をプロットしたもので，$\sin^2\theta$ に比例している様子を示している。このポインティング・ベクトル $\langle P \rangle$ の総和 $\langle P \rangle_{\mathrm{total}}$ は空間座標 (r, θ, φ) で積分して

$$\langle P \rangle_{\mathrm{total}} = \int_{\theta=0}^{\pi} \int_{\varphi=0}^{2\pi} |\langle \boldsymbol{P} \rangle| r^2 \sin\theta \mathrm{d}\theta \mathrm{d}\varphi \tag{7.49a}$$

で与えられる。ここで

$$\int_{\theta=0}^{\pi} \sin^3 \mathrm{d}\theta = \frac{4}{3} \tag{7.49b}$$

の関係を用いると次式となる。

$$\langle P \rangle_{\mathrm{total}} = \frac{(I_0 l)^2 k^2}{12\pi\epsilon_0 c} = \frac{(I_0 l)^2 \omega^2}{12\pi\epsilon_0 c^3} \tag{7.49c}$$

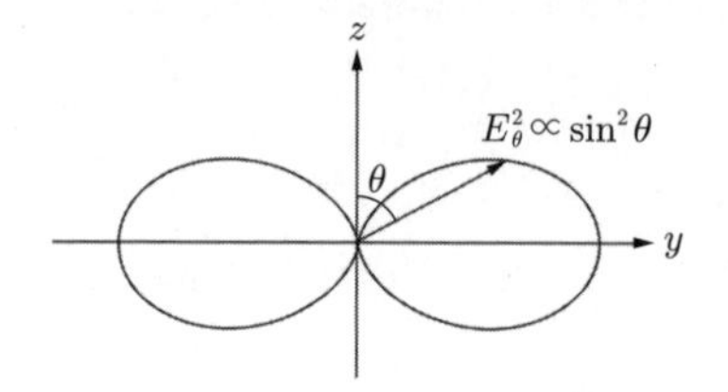

図 7.4　ヘルツ・ダイポールから輻射される電磁波のポインティング・ベクトルの遠視野像で $\sin^2\theta$ に比例する。

電流を $I = I_0 \cos(\omega t)$ とすると，ジュール熱は抵抗 R_{rad} を仮定して

$$P_{\mathrm{heat}} = \langle I^2 R_{\mathrm{rad}} \rangle = \frac{1}{2} I_0^2 R_{\mathrm{rad}} \tag{7.50}$$

となる。したがって，ヘルツ・ダイポールの輻射抵抗 R_{rad} は

$$R_{\mathrm{rad}} = \frac{\langle P \rangle_{\mathrm{total}}}{I_0^2/2} = \frac{2\pi}{3\epsilon_0 c} \left(\frac{l}{\lambda}\right)^2 \tag{7.51}$$

で与えられる。よって，つぎの結果が得られる。

$$R_{\mathrm{rad}} = 789 \left(\frac{l}{\lambda}\right)^2 \text{〔}\Omega\text{〕} \tag{7.52}$$

ヘルツのダイポールアンテナの輻射パターンを理解するために，式 (7.48) の極座標表示を**図 7.5** に示す。左の図面は $\sim \sin^2(\theta)$ を極座標表示したもので図 7.4 と同じである。これを $\theta = 0$ の軸に対して $V = 0 \sim 2\pi$ だけ回転した立体表示が右の図である。この図ではアンテナの軸を z 軸としている。これらの図から輻射パターンの立体的な様子がよく理解できる。

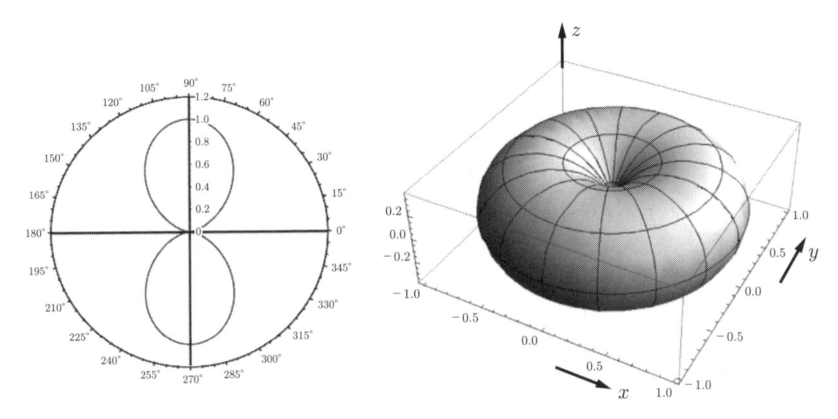

図 7.5　ヘルツ・ダイポールから輻射される電磁波の遠視野像 $\sim \sin^2\theta$ を立体表示したもの

7.5　半波長ダイポールアンテナ

発信，受信用のアンテナとして最も代表的なものは，半波長ダイポールアンテナ（half–wave–dipole antenna）と呼ばれるもので，アンテナの長さ L に対して $L = \lambda/2$，つまり $kL = \pi$ の条件のもとで輻射する装置である。その特性はつぎのように計算できる。ダイポールアンテナの軸は z 方向を向いおり，その中心は $z = 0$ で電流が $I(0) = 0$ となる条件のもとでは，このアンテナの電流分布はつぎのようになる。

$$I(z) = \begin{cases} I_0 \sin\left[k\left(\dfrac{L}{2} - z\right) - \mathrm{i}\,\omega t\right], & 0 \leqq z \leqq \dfrac{L}{2} \\ I_0 \sin\left[k\left(\dfrac{L}{2} + z\right) - \mathrm{i}\,\omega t\right], & -\dfrac{L}{2} \leqq z \leqq 0 \end{cases}$$

このとき，輻射される電界と磁界は

$$E_\theta = \frac{\mathrm{i}\,Z_0 I_0}{2\pi r}\left[\frac{\cos\left(\dfrac{kL}{2}\cos\theta\right) - \cos\left(\dfrac{kL}{2}\right)}{\sin\theta}\right]\mathrm{e}^{\mathrm{i}(kr - \omega t)} \tag{7.53}$$

$$H_\psi = \frac{E_\theta}{Z_0} \tag{7.54}$$

となる[†1]。半波長ダイポールアンテナの場合，$L = \lambda/2$ のとき，$k = 2\pi/\lambda$ より $kL/2 = \pi/2$ となるから

$$\begin{aligned} E_\theta &= \frac{\mathrm{i}Z_0 I_0}{2\pi r}\left[\frac{\cos\left(\dfrac{\pi}{2}\cos\theta\right) - \cos\left(\dfrac{\pi}{2}\right)}{\sin\theta}\right]\mathrm{e}^{\mathrm{i}(kr - \omega t)} \\ &= \frac{\mathrm{i}Z_0 I_0}{2\pi r}\frac{\cos\left(\dfrac{\pi}{2}\cos\theta\right)}{\sin\theta}\mathrm{e}^{\mathrm{i}(kr - \omega t)} \end{aligned} \tag{7.55}$$

輻射パターンの計算にはコンピュータ・プログラムが必要で，いくつかのツールが公表されている。ここでは，アンテナの基本的な構造と輻射パターンの結果を示すだけにとどめる[†2]。

図 7.6 は半波長ダイポールアンテナの写真で，その構造を**図 7.7** に示す。図 7.7 にはアンテナの電位分布を合わせて示してある。計算では，全長 150 mm のアンテナに対して計算領域は 200 mm 四方の立方体で，電界の強さの等高線と電界の方向を示す矢印による表示を給電位相（$\omega t = 0 \sim 90°(\pi)$）を $30°(\pi/6)$ の間隔で計算した結果である。発振周波数を 1 GHz とした。ある瞬間における

---

†1　Samuel Silver (Editor)：Microwave Antenna Theory and Design (IEE Electromagnetic Waves Seies 19), (The Institution of Electrical Engineerings, UK) pp. 98–99 (1984)

†2　これらの一連の計算結果は福田健志（現：パナソニック株式会社，先端研究本部）によるものである。

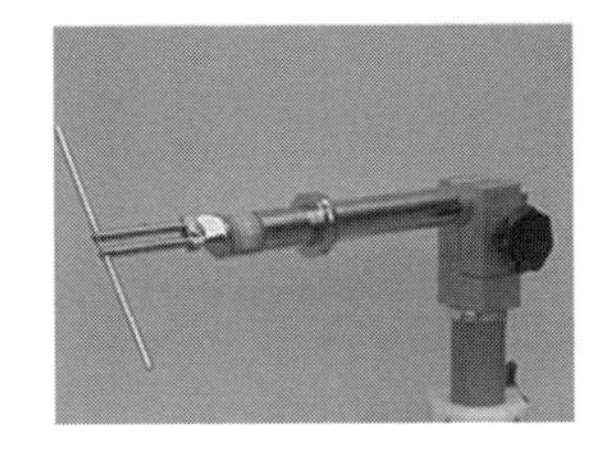

図 **7.6**　半波長ダイポールアンテナの実例（Wikipedia より）

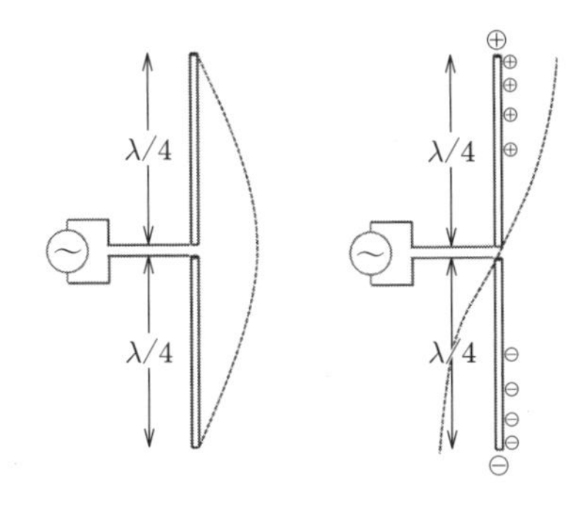

図 **7.7**　半波長ダイポールアンテナの動作原理。長さ $\lambda/4$ と $\lambda/4$ の対からなるアンテナに交流電流を流し，電位分布を作ると電磁波が放射される。図の破線は給電位相 0°（左図）と 90°（右図）の場合の電位分布を示す。

輻射のフィールド・パターンを図 **7.8** に示す。給電位相が 0°，30°，60°，90°，120° と 150° に対する，放射のフィールド・パターンにおける電界の強さの等高線と電界の方向を示す矢印で示したのが図 **7.9** である。給電位相が 180° の場合は 0° の結果と一致する。

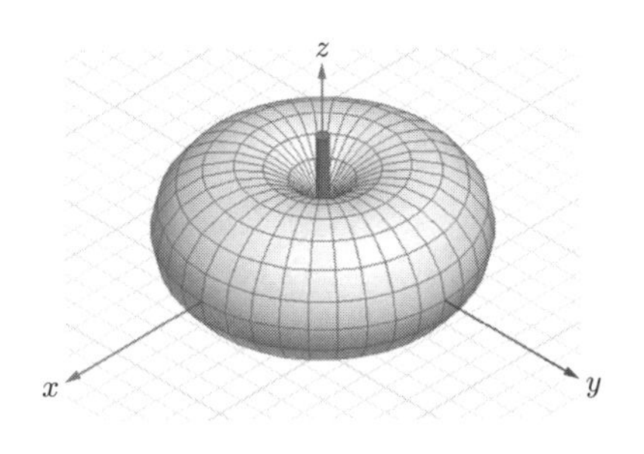

図 **7.8**　半波長ダイポールアンテナの電界フィールド・パターンの一例（福田健志による）

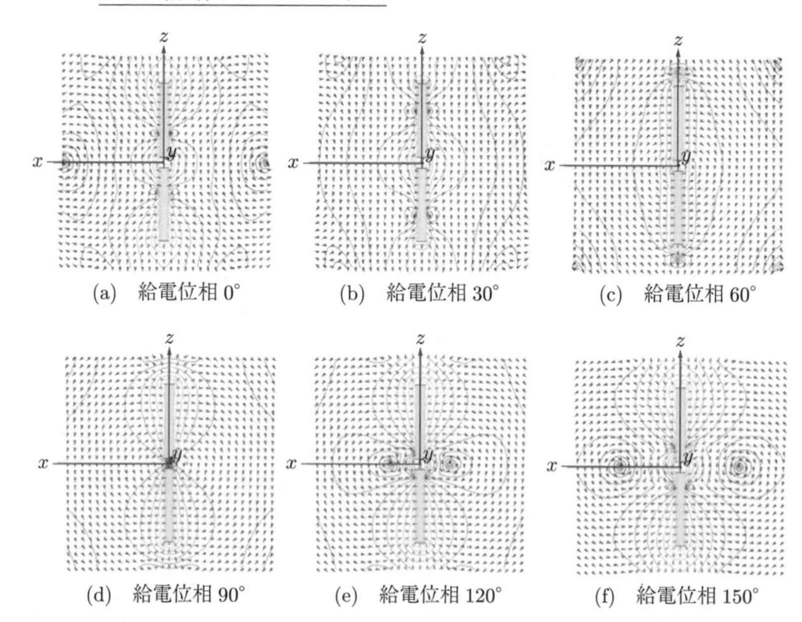

図 7.9　半波長ダイポールアンテナの電界フィールド・パターンを給電位相 0° から 150° の間で 30° ずつの間隔でプロットしたもの（福田健志による）

ヘルツ

ヘルツ（Heinrich Rudolf Hertz, 1857 年 2 月 22 日–1894 年 1 月 1 日，ドイツ）はマクスウェルの提唱した電磁波を実験によって証明した最初の科学者である。彼はハンブルグの裕福な家庭に生まれ，ハンブルグの Gelehrtenschule des Johanneums で学んだのち，ドレスデン，ミュンヘン，ベルリンでキルヒホッフ（Gustav R. Kirchhoff）やヘルムホルツ（Hermann von Helmholtz）の下で研究を行い，1880 年に博士号 PhD をベルリン大学（University of Berlin）から授与された。ヘルムホルツの助手，キール大学（University of Kiel）を経て，カールスルーエ大学（University of Karlsruhe）の教授職を得た。1886 年にはマクスウェルの方程式とヘルムホルツの理論をもとにこれを定式化し，本章で取り上げたヘルツ・ダイポールアンテナの理論計算を行い，マクスウェルの方程式の正しさを認識した。1888 年にスパーク・ギャップのあるコイルを用い電磁波の発信と受信に成功し，ドイツの科学誌アナーレン・デア・フィジーク（Annalen der Physik）に発表した。

章 末 問 題

(7.1) ダイポールアンテナの長さを l, 発振波長を λ とするとき，全輻射エネルギーは

$$\langle P \rangle_{\mathrm{total}} = 395 \left(\frac{I_0 l}{\lambda} \right)^2$$

となることを示し，$|I_0 l/\lambda|^2$ に比例して増大することを示せ。

(7.2) 式 (7.53) を用いて，$L/\lambda = 1.0$ と $L/\lambda = 1.5$ の場合の極座標での輻射パターンを求めよ。$L/\lambda = 1.5$ の場合，電流の条件から z 軸方向に節ができるので輻射パターンにもそのことが反映されると予想される。実際のパターンからその様子を示せ。

(7.3) 一波長ダイポールアンテナは $\lambda = L$ で与えられる。式 (7.53) はどのようになるか示せ。

8 輻射場の量子論

本章では，マクスウェルの方程式を量子化する方法について述べる。すでにプランクの黒体輻射の理論で電磁波（光）は光子（フォトン：photon）と呼ばれる量子であることを知っている。つまり角周波数 ω の電磁波（光）を量子化すると，エネルギー $\hbar\omega$ の量子（フォトン）が得られる。この量子はボーズ粒子であることなどを本章で論じる。なお，ボーズ粒子と電子のようなフェルミ粒子の違いについては付録 A.4 に解説している。

8.1 量子力学の背景

初めに量子化に至る歴史を見てみよう。プランク（Max Karl Ernst Ludwig Planck, 1858 年 4 月 23 日–1947 年 10 月 4 日，ドイツ）は輻射のスペクトルの解析から光（電磁波）は角周波数 ω に対して $\hbar\omega = h\nu$（$\hbar = h/2\pi$，$\nu = \omega/2\pi$ は周波数）の離散的なエネルギー量からなるという仮説を立て，その量を energy quanta（エネルギーカンタ）と名付けた。1900 年に発表されたこの輻射理論は，現代科学の根底をなす量子力学の誕生を促す画期的な仮説であった。その後しばらくはマクスウェルの方程式から電磁波を量子化する理論は出てこなかった。量子力学（量子理論）はシュレディンガー（Erwin Rudolf Josef Alexander Schrödinger, 1887 年 8 月 12 日–1961 年 1 月 4 日，オーストリア）やハイゼンベルグ（Werner Karl Heisenberg, 1901 年 12 月 5 日–1976 年 2 月 1 日，ドイツ）などにより 1925 年から 1927 年にかけて確立された。天才と呼ばれたディラックが彼独特のひらめきから，1927 年に電磁波は量子化できることを示したが，あまりにも先進的なアイデアであったためすぐには理解されなかった。彼はプランクの定義したエネルギーカンタを光量子（light–quantum）と呼び，生成と消滅のオペレータ（creation and annihilation operators）の導入で量子化を示した。この光量子はのちに光子（フォトン，photon）と呼ばれるようになった。本書で述べるような電磁波の量子化の方法は後世の科学者達によって定式化された。このマクスウェルの方程式の量子化は学部学生でも十分に理解できる内容であるので以下にその詳細を述べる。その前に，理解の助けとなる量子力学の基礎の要点の一部をまとめる。

光はマクスウェルの方程式で示されるように電磁波の一種で，波動として取り扱われる。19 世紀末には輻射を詳しく調べると，その波長分布は輻射母体の温度により決まることが実験で示された。この波長あるいは角周波数依存性を広い範囲で説明できる理論は存在しなかった。プランクがこの黒体輻射は電磁波が境界条件で決まる波長や振動数で記述できることを示した。その詳細は 8.5 節で述べるが，計算結果はつぎのようになる。振動数 ν と $\nu+\mathrm{d}\nu$ の間の輻射強度 $w_T(\nu)\mathrm{d}\nu$，あるいは角周波数 ω と $\omega+\mathrm{d}\omega$ の間の輻射密度 $w_T(\omega)\mathrm{d}\omega$ は

$$w_T(\nu)\mathrm{d}\nu=\frac{8\pi\nu^2}{c^3}\frac{h\nu}{\exp\left(h\nu/k_\mathrm{B}T\right)-1}\mathrm{d}\nu \tag{8.1}$$

$$w_T(\omega)\mathrm{d}\omega=\frac{\omega^2}{\pi^2c^3}\frac{\hbar\omega}{\exp(\hbar\omega/k_\mathrm{B}T)-1}\mathrm{d}\omega \tag{8.2}$$

で与えられる。ここに h をプランク定数と呼び，$\hbar=h/2\pi$ ディラック定数（Dirac h）と呼ぶことになった。これらの式から電磁波（光）は $h\nu$ あるいは $\hbar\omega$ のエネルギーを持った粒子の集団であると仮定し，これを量子（quanta）と呼び，のちに光の場合は光子と呼ばれるようになった。つまり，光は波動性と同時に粒子性を持つことが示された。これが量子力学の始まりである。その波長分布を黒体の温度をパラメータとしてプロットしたのが図 **8.1** で，黒体の温度が $T=1\,646\,\mathrm{K}$ のときの実験とプランクの法則との比較を図 **8.2** に示す。なお，式 (8.2) から，輻射強度の極大となるのは角周波数 ω_max が

$$\hbar\omega_\mathrm{max}=2.821k_\mathrm{B}T \tag{8.3}$$

のときである。つまり，輻射体の温度が高くなるほど輻射のピークは高い角周

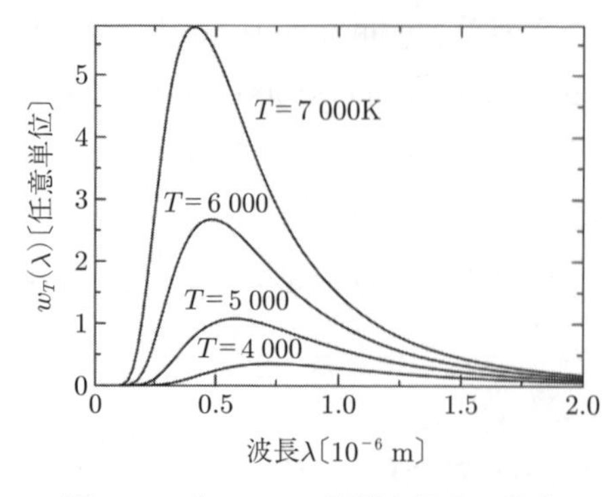

図 **8.1**　プランクの法則を黒体の温度 $T=4\,000,\ 5\,000,\ 6\,000,\ 7\,000$〔K〕に対してプロットしたもの

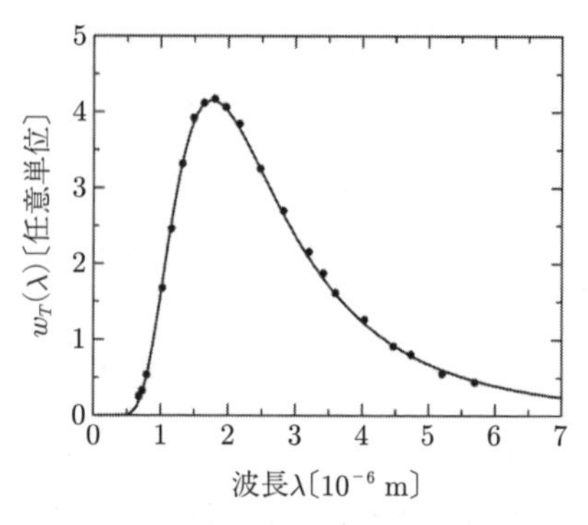

図 **8.2**　黒体の温度が 1646 K における輻射スペクトルを実験結果とプランクの法則と比較したもの

波数側（短波長側）に移動する。ここに示した黒体輻射スペクトルの波長依存性は，プランクの輻射の式で波長 λ と $\lambda+\mathrm{d}\lambda$ の間のスペクトルを $\lambda=c/\nu$ の関係を用いて書き換えて

$$w_T(\lambda)\mathrm{d}\lambda = w_T(\nu)\frac{c}{\lambda^2}\mathrm{d}\lambda = \frac{8\pi}{c^4h^4}\left(\frac{hc}{\lambda}\right)^5\frac{1}{\exp\left(hc/\lambda k_{\mathrm{B}}T\right)-1}\mathrm{d}\lambda \quad (8.4)$$

から求めた。この結果を見ればプランクの輻射理論は，これまでの矛盾を解決した完璧な理論であることがわかる。

量子力学で学ぶように，その基本は座標を $\boldsymbol{q}$ と運動量を $\boldsymbol{p}$ とし，運動量 $\boldsymbol{p}$ は粒子の波動関数に作用させるオペレータであると解釈する。理解を助けるために質量 m の物体に対して $\boldsymbol{p}=m\boldsymbol{v}$（$\boldsymbol{v}$ は物体の速度ベクトル）とする。このとき

$$p_x = -\mathrm{i}\hbar\frac{\partial}{\partial x} \quad (8.5)$$

$$p_y = -\mathrm{i}\hbar\frac{\partial}{\partial y} \quad (8.6)$$

$$p_z = -\mathrm{i}\hbar\frac{\partial}{\partial z} \quad (8.7)$$

を運動量オペレータと定義する。あるいは

$$\boldsymbol{p} = -\mathrm{i}\hbar\,\mathrm{grad} = -\mathrm{i}\hbar\boldsymbol{\nabla} \quad (8.8)$$

のように，運動量をオペレータで定義する。粒子の総エネルギー $\mathcal{E} = p^2/2m + V(x, y, z)$ に対応するハミルトニアン $\mathcal{H}$ は運動量オペレータを $\mathcal{E}$ に代入してつぎのように表される。

$$\begin{aligned} \mathcal{H} =& \frac{1}{2m}\left(p_x^2 + p_y^2 + p_z^2\right) + V(x, y, z) \\ =& -\frac{\hbar^2}{2m}\left(\frac{\partial^2}{\partial x^2} + \frac{\partial^2}{\partial y^2} + \frac{\partial^2}{\partial z^2}\right) + V(x, y, z) \end{aligned} \tag{8.9}$$

この結果は，波動関数を $\Psi(x, y, z)$ とすると

$$\begin{aligned} \mathcal{H}\Psi(x, y, z) &= \left[-\frac{\hbar^2}{2m}\left(\frac{\partial^2}{\partial x^2} + \frac{\partial^2}{\partial y^2} + \frac{\partial^2}{\partial z^2}\right) + V(x, y, z)\right]\Psi(x, y, z) \\ &= \mathcal{E}\Psi(x, y, z) \end{aligned} \tag{8.10}$$

と表され，シュレディンガーの波動方程式が導かれる。シュレディンガーはこの方程式を 1926 年に発表し，量子力学の完成に大きな貢献をなした。プランクの光量子（フォトン）の提案から 26 年後のことである。ディラックによる電磁波の量子化はその 1 年後のことで，当然理解できる科学者は非常に少なかったと想像される。

プランク

プランク（Max Karl Ernst Ludwig Planck, 1858 年 4 月 23 日–1947 年 10 月 4 日，ドイツ）は Kiel, Duchy of Holstein 生まれで，1877 年からベルリンの Friedrich Wilhelms University において Hermann von Helmholtz や Gustav Kirchhoff のもとで学ぶ。1885 年には Kiel University の准教授，1889 年には Friedrich Wilhelms University において Kirchhoff 教授の後任となる。1894 年からは黒体輻射の研究に没頭し，1900 年 12 月 4 日のドイツ物理学会（DPG：Deutsche Physikalische Gesellschaft）において，後年，**プランクの輻射理論**と呼ばれる，光の粒子性（photon）を発表した。これが量子力学の始まりである。

8.2　調和振動子の量子化とボゾン・オペレータ

本節では単純調和振動子をシュレンディンガーの波動方程式で解析的に解く方法とボゾン・オペレータを用いて解く方法について述べる。後者の方法はマクスウェルの方程式の量子化を行うための準備であるので，ボゾン・オペレータの性質を詳しく説明する。

8.2.1　単純調和振動子の波動方程式と解

図 **8.3** のように，質量 M の質点がばね定数 k のばねの先端に取り付けられており，他方は固定されているものとする。この質点が床の上を移動するとき摩擦はないものとする。質点 M を距離 x だけ変位させると，ばねには kx の力が働き，このとき蓄えられる位置エネルギーは $V(x) = (1/2)kx^2$ である。このときのハミルトニアンは

$$\mathcal{H} = \frac{p^2}{2M} + \frac{1}{2}kx^2 \tag{8.11}$$

であるから，運動量 p のオペレータ表示から $p = -\mathrm{i}\hbar\partial/\partial x$ の関係を用いるとシュレディンガーの波動方程式

$$\left[-\frac{\hbar^2}{2M}\frac{\partial^2}{\partial x^2} + \frac{1}{2}kx^2\right]\psi(x) = \mathcal{E}\psi(x) \tag{8.12}$$

が得られる。この波動方程式の固有関数と固有値は

$$\psi(x) = \sqrt{A}\,H_n(\xi)\exp\left(-\frac{\xi^2}{2}\right), \quad \mathcal{E} = \left(n + \frac{1}{2}\right)\hbar\omega \tag{8.13}$$

となる。ここに

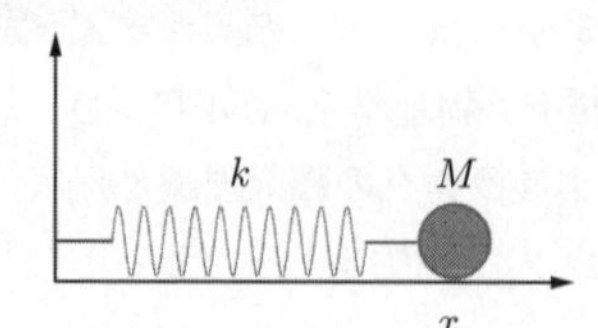

図 **8.3**　ばね定数 k のばねに質点 M がつながれた調和振動子の模式図

$$\omega = \sqrt{\frac{k}{M}}, \quad \xi = \sqrt{\frac{M\omega}{\hbar}}x, \quad A = \frac{1}{n!2^2}\sqrt{\frac{M\omega}{\pi\hbar}} \tag{8.14}$$

で，$H_n(x)$ はエルミート多項式で $n = 0, 1, 2$ に対しては

$$H_0(x) = 1, \quad H_1(x) = 2x, \quad H_2(x) = 4x^2 - 2 \tag{8.15}$$

である。一次元調和振動子の固有値は $\hbar\omega$ の間隔で現れ，基底状態は $n = 0$ つまり，基底エネルギーは $(1/2)\hbar\omega$ となる。このエネルギーをゼロ点エネルギーと呼ぶ。これらの結果を示したのが**図 8.4** で，ポテンシャル・エネルギー $V(x) = (1/2)kx^2$ と波動関数を実線で，$(n + 1/2)\hbar\omega$ を破線で示す。

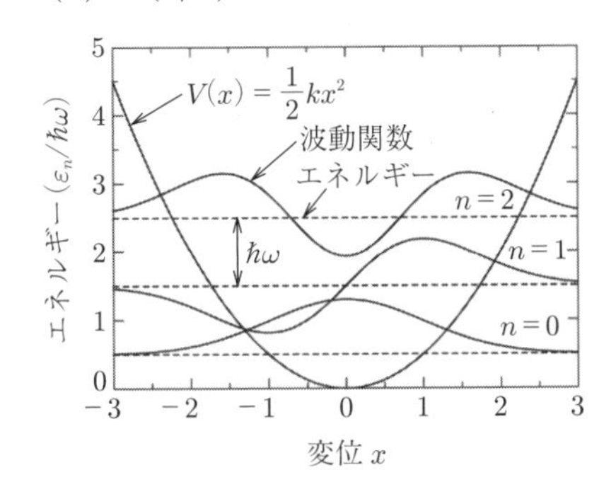

図 8.4 調和振動子のポテンシャル・エネルギー $V(x) = (1/2)kx^2$ を実線，$n = 0, 1, 2$ に対する固有エネルギー $(n + 1/2)\hbar\omega$ を破線，波動関数を実線で示す。

これらの結果を総合すると，一次元調和振動子は離散的なエネルギー固有値を持ち，そのエネルギーは等間隔 $\hbar\omega$ で $\mathcal{E}_n = (n + 1/2)\hbar\omega$ で与えられる。また，固有状態はエルミート多項式を用いて解析的な解で与えられる。次節ではボゾン・オペレータを用いて，これらの結果を容易に導き出せることを示す。その過程を理解すれば電磁波の量子化は非常に簡単となる。

8.2.2 ボゾン・オペレータを用いた調和振動子の量子化

ここでは，このシュレディンガーの波動方程式を解く方法ではなく，量子力学のオペレータの交換関係を用いる手法を述べる。この方法はディラックのひらめきと，その後発展させた第二量子化に近い方法で，マクスウェルの方程式の量子化を行う際に用いられるもので，学部学生でも十分理解できる内容である。

量子力学の公式であるオペレータの交換関係は以下のとおりである。よく知

られたように

$$[A, B] = AB - BA$$

を交換子と呼ぶ。運動量オペレータに対しては

$$[p_x, x]\Psi(x) = -\mathrm{i}\,\hbar\left[\left(\frac{\partial}{\partial x}x\Psi(x)\right) - \left(x\frac{\partial}{\partial x}\Psi(x)\right)\right]$$
$$= -\mathrm{i}\,\hbar\left[\left(\Psi(x) + x\frac{\partial}{\partial x}\Psi(x)\right) - \left(x\frac{\partial}{\partial x}\Psi(x)\right)\right] = -\mathrm{i}\,\hbar\Psi(x) \tag{8.16}$$

となり，その他の組合せについても計算して，座標 (x, y, z) を (q_x, q_y, q_z) に書き換えると

$$[p_i, q_j] = -\mathrm{i}\,\hbar\delta_{i,j}, \quad \delta_{ij} = \begin{cases} 1 \ (i = j) \\ 0 \ (i \neq j) \end{cases} \tag{8.17}$$

のように表される。ここに，δ_{ij} はクロネッカーのデルタ記号と呼ばれる。運動量は

$$p_i = M\frac{\partial q_i}{\partial t} = M\dot{q}_i \tag{8.18}$$

である。

単純調和振動子のハミルトニアンは質量 M の運動量 $p = M\dot{q} = M(\partial q/\partial t)$ とばね定数 k のばねの変位を q と置き，つぎのようになる。

$$\mathcal{H} = \frac{p^2}{2M} + \frac{1}{2}kq^2 \tag{8.19}$$

ここで変数変換

$$P = \frac{p}{\sqrt{M}}, \quad \omega = \sqrt{\frac{k}{M}} \tag{8.20}$$

を行い，新しい運動量 P と座標変位を $Q\,(= \sqrt{M}q)$ を用いると，単純調和振動子のハミルトニアンは

$$\mathcal{H} = \frac{1}{2}\left(P^2 + \omega^2 Q^2\right) \tag{8.21}$$

となる。このことは単位質量を考え $M=1$ と置き，$\omega=\sqrt{k/M}=\sqrt{k}$ として，新たに運動量 P と変位 Q を定義した場合と等価である。のちに，この式 (8.21) は電磁波の正準化ハミルトニアンの式 (8.95) とまったく等価であることが示される。このハミルトニアンを用いて量子化する方法を考える†。ここで，運動量オペレータ P と位置オペレータ Q の間には

$$[P, Q] = [PQ - QP] = -\mathrm{i}\,\hbar \tag{8.22}$$

の交換関係が成立する（問題 (8.4) を参照）。そこで，つぎのような新しいオペレータ a，$a^\dagger$ を定義して，Q と P を置き換えることにする。

$$a = \frac{1}{\sqrt{2\hbar\omega}}(\omega Q + \mathrm{i}P), \quad a^\dagger = \frac{1}{\sqrt{2\hbar\omega}}(\omega Q - \mathrm{i}P) \tag{8.23}$$

この定義式を用いてオペレータ Q，P を書き換えるとつぎのようになる。

$$Q = \sqrt{\frac{\hbar}{2\omega}}\left(a + a^\dagger\right), \quad P = -\mathrm{i}\sqrt{\frac{\hbar\omega}{2}}\left(a - a^\dagger\right) \tag{8.24}$$

このように定義した**ボゾン・オペレータ** a を**消滅オペレータ**（annihilation operator），$a^\dagger$ を**生成オペレータ**（creation operator）と呼び，非常に重要で役立つ性質のものである。その理由は下記の考察から明らかとなる。

いま，つぎのようなオペレータの積を考えてみる。

$$a^\dagger a = \frac{1}{2\hbar\omega}\left(P^2 + \omega^2 Q^2 + \mathrm{i}\omega QP - \mathrm{i}\omega PQ\right) \tag{8.25a}$$

$$a a^\dagger = \frac{1}{2\hbar\omega}\left(P^2 + \omega^2 Q^2 - \mathrm{i}\omega QP + \mathrm{i}\omega PQ\right) \tag{8.25b}$$

この式に交換関係の式 (8.22) を用いるとつぎのような関係が導かれる。

$$a^\dagger a = \frac{1}{\hbar\omega}\left(\mathcal{H} - \frac{1}{2}\hbar\omega\right), \quad a a^\dagger = \frac{1}{\hbar\omega}\left(\mathcal{H} + \frac{1}{2}\hbar\omega\right) \tag{8.26}$$

また，新しいオペレータ a と $a^\dagger$ の交換関係はつぎのようになる。

---

† 調和振動のハミルトニアンの量子化については，量子力学のテキストに述べられているが，巻末の付録に詳述してあるので参考にしていただきたい[9)]。

$$[a, a^\dagger] = aa^\dagger - a^\dagger a = 1 \tag{8.27}$$

上述の関係からハミルトニアン $\mathcal{H}$ はつぎのように表すことができる。

$$\mathcal{H} = \hbar\omega\left(a^\dagger a + \frac{1}{2}\right) \tag{8.28}$$

この式で表されたオペレータ $a^\dagger a$ は**数オペレータ**（number operator）と呼ばれ

$$\hat{n} = a^\dagger a \tag{8.29}$$

と定義することがあるが，この数オペレータは単純調和振動子の固有状態 $|n\rangle$ を与えるオペレータでその固有値を $\mathcal{E}_n$ とすると以下のような関係が成り立つ。

$$\mathcal{H}|n\rangle = \hbar\omega\left(a^\dagger a + \frac{1}{2}\right)|n\rangle = \mathcal{E}_n|n\rangle \tag{8.30}$$

この式にオペレータ $a^\dagger$ と a の交換関係の式 (8.27) を用いて書き換えると

$$\hbar\omega\left(aa^\dagger - 1 + \frac{1}{2}\right)|n\rangle = \mathcal{E}_n|n\rangle \tag{8.31}$$

となるが，両辺の左から $a^\dagger$ を掛けると

$$\hbar\omega\left(a^\dagger aa^\dagger - a^\dagger + \frac{1}{2}a^\dagger\right)|n\rangle = \mathcal{E}_n a^\dagger|n\rangle \tag{8.32}$$

この式の左辺第 2 項を右辺に移項して整理すると

$$\hbar\omega\left(a^\dagger a + \frac{1}{2}\right)a^\dagger|n\rangle = \mathcal{H}a^\dagger|n\rangle = (\mathcal{E}_n + \hbar\omega)\,a^\dagger|n\rangle \tag{8.33}$$

となる。この式は固有状態 $a^\dagger|n\rangle$ に関する調和振動子の固有方程式でその固有値は $\mathcal{E}_n + \hbar\omega$ であると考えることができる。あるいは状態 $|n\rangle$ にオペレータ $a^\dagger$ を作用させると固有値は $\mathcal{E}_n$ から $\mathcal{E}_n + \hbar\omega$ へと変化するものと考えられる。このような新しい固有状態と固有値をつぎのように表すことにする。

$$a^\dagger|n\rangle = c_n|n+1\rangle, \quad \mathcal{E}_n + \hbar\omega = \mathcal{E}_{n+1} \tag{8.34}$$

ただし，式 (8.34) の定数 c_n は固有状態を規格化するための定数で，すぐあとで決定される。これを用いると式 (8.33) はつぎのように表すことができる。

$$\mathcal{H}a^\dagger|n\rangle = \mathcal{H}|n+1\rangle = \mathcal{E}_{n+1}|n+1\rangle \tag{8.35a}$$

一方，式 (8.32) の両辺に左から a を掛けて，同様の手続きをとることにより

$$\mathcal{H}a|n\rangle = (\mathcal{E}_n - \hbar\omega)\, a|n\rangle \tag{8.35b}$$

となるから，固有状態 $a|n\rangle$ の固有値は $\mathcal{E}_n - \hbar\omega$ と考えられる。そこで $a^\dagger$ の場合と同様に

$$a|n\rangle = c'_n|n-1\rangle \tag{8.36a}$$

$$\mathcal{E}_n - \hbar\omega = \mathcal{E}_{n-1} \tag{8.36b}$$

$$\mathcal{H}a|n\rangle = \mathcal{H}|n-1\rangle = \mathcal{E}_{n-1}|n-1\rangle \tag{8.36c}$$

ここに，c'_n は固有状態 $|n-1\rangle$ を規格化するための定数である。

式 (8.35a) と式 (8.36c) を導いた過程より明らかなように，調和振動子の固有状態 $|n\rangle$ と固有値 $\mathcal{E}_n$ がわかれば，ほかのあらゆる固有状態と固有値を求めることができる。しかも，これらの固有値は式 (8.34) と式 (8.36b) より $\hbar\omega$ ずつ異なることがわかる。いま，状態 $|n\rangle$ が基底状態でなければ $a|n\rangle$ が存在し，それは $|n\rangle$ よりもエネルギーが $\hbar\omega$ だけ低い。この $a|n\rangle$ が基底状態でなければ $a^2|n\rangle$ が存在し，$|n\rangle$ よりも $2\hbar\omega$ だけ低いエネルギー固有値を有する。このようにして最低のエネルギー状態（基底状態）$|0\rangle$ が見いだされ，そのエネルギー固有値を $\mathcal{E}_0$ とするとこのエネルギー値は負となりえない。なぜなら，調和振動子の運動エネルギーと位置エネルギーは正であるからである。そこで，この基底状態に a を作用させる場合を考えると

$$\mathcal{H}a|0\rangle = (\mathcal{E}_0 - \hbar\omega)\, a|0\rangle \tag{8.37}$$

となるが，仮定により基底状態よりも低いエネルギー固有値を有する固有状態は存在しえない。つまり

$$a|0\rangle = 0 \tag{8.38}$$

とならなければならない。この条件に対する式 (8.30) の基底状態に対する固有方程式はつぎのようになる。

$$\mathcal{H}|0\rangle = \frac{1}{2}\hbar\omega|0\rangle = \mathcal{E}_0|0\rangle \tag{8.39}$$

つまり，基底状態のエネルギー固有値は

$$\mathcal{E}_0 = \frac{1}{2}\hbar\omega \tag{8.40}$$

となり，式 (8.34) あるいは式 (8.36b) より

$$\mathcal{E}_n = \left(n + \frac{1}{2}\right)\hbar\omega,\ n = 0, 1, 2, 3, \cdots \tag{8.41}$$

が得られる。この基底状態のエネルギー $(1/2)\hbar\omega$ を**ゼロ点エネルギー**（zero point energy）と呼ぶ。

つぎに，上の固有状態 $|n\rangle$ はハミルトニアン $\mathcal{H}$ の固有状態であると同時にオペレータ $a^\dagger a = \hat{n}$ の固有状態であることが証明される。つまり式 (8.30) と式 (8.41) より

$$\mathcal{H}|n\rangle = \hbar\omega\left(\hat{n} + \frac{1}{2}\right)|n\rangle = \hbar\omega\left(n + \frac{1}{2}\right)|n\rangle \tag{8.42}$$

となるから，次式が成立する。

$$\hat{n}|n\rangle = a^\dagger a|n\rangle = n|n\rangle \tag{8.43}$$

これよりオペレータ $\hat{n} = a^\dagger a$ の固有値は n であることがわかる。それゆえ $\hat{n} = a^\dagger a$ のことを数オペレータ（number operator）と呼ぶわけである。また，式 (8.41) より n は基底状態のエネルギー固有値 $(1/2)\hbar\omega$ より上の量子（ボゾン）が何個励起されているかを与える数と考えてよい。このような粒子は**ボーズ粒子**（boson）と呼び，ボーズ統計に従う。ボーズ粒子には電磁波を量子化したフォトン（photon，光子）や格子振動を量子化したフォノン（phonon，音子）がある。フォトンの平均エネルギーはボーズ統計から求められ，プランクの法則を説明する。また，式 (8.30) と交換関係式 (8.27) を用いて同様の手続きをとれば

$$aa^\dagger|n\rangle = (n+1)\,|n\rangle \tag{8.44}$$

が得られることは容易に確かめることができる。

さて，式 (8.34)，式 (8.36a) で用いた規格化定数 c_n，c'_n を決定してみよう。固有状態 $|n\rangle$，$|n+1\rangle$，$|n-1\rangle$ はつぎのように規格化されるべきものである。

$$\langle n|n\rangle = \langle n+1|n+1\rangle = \langle n-1|n-1\rangle = 1 \tag{8.45}$$

式 (8.34) のエルミート共役を両辺から掛け，式 (8.44) と式 (8.45) を用いることにより

$$\langle n+1|c_n^* c_n|n+1\rangle = \langle n|aa^\dagger|n\rangle = (n+1)\langle n|n\rangle = n+1 \tag{8.46}$$

つまり

$$|c_n|^2 = n+1 \tag{8.47}$$

となる。この関係からは厳密には $c_n = \sqrt{n+1}\exp(\mathrm{i}\varphi)$ のように位相定数 φ を含むが，慣例に従って $\varphi = 0$ と置き，$c_n = \sqrt{n+1}$ とする。これより式 (8.34) をつぎのように表すことができる。

$$a^\dagger|n\rangle = \sqrt{n+1}|n+1\rangle \tag{8.48}$$

まったく同様にして式 (8.36a) より次式が得られる。

$$a|n\rangle = \sqrt{n}|n-1\rangle \tag{8.49}$$

また，固有関数の直交性から

$$\langle n|n'\rangle = \delta_{n,n'} \tag{8.50}$$

が成立するから，オペレータ $a^\dagger$ と a の行列要素で 0 でないものはつぎのようになる。

$$\langle n+1|a^\dagger|n\rangle = \sqrt{n+1}, \quad \langle n-1|a|n\rangle = \sqrt{n} \tag{8.51}$$

以上の考察から，オペレータ $a^\dagger$（または a）は式 (8.48)（または式 (8.49)）に示すように固有状態 $|n\rangle$ を $|n+1\rangle$（または $|n-1\rangle$）に変え，固有エネルギーを $\mathcal{E}_n$ から $\mathcal{E}_n + \hbar\omega$（または $\mathcal{E}_n - \hbar\omega$）へ変える作用を持っていることがわかる。つまり，$\hbar\omega$ という量子を生成（または消滅）させる作用を持っている。このことはすでに述べており，$a^\dagger$ を**生成オペレータ**（creation operator），a を**消滅オペレータ**（annihilation operator, destruction operator）と呼ぶ。

先に，ある状態 $|n\rangle$ がわかれば，ほかの状態は決定できると述べたが，基底状態 $|0\rangle$ を用いて，固有状態 $|n\rangle$ は式 (8.48) よりつぎのように求めることができる。

$$|n\rangle = \frac{1}{\sqrt{n!}}(a^\dagger)^n|0\rangle \tag{8.52}$$

また，式 (8.51) を用いて $\langle n|Q^2|n\rangle$ と $\langle n|P^2|n\rangle$ を容易に計算できる。

$$Q^2 = \frac{\hbar}{2\omega}\left(a^\dagger a + aa^\dagger + a^2 + a^{\dagger 2}\right) = \frac{\hbar}{\omega}\left(n + \frac{1}{2}\right) \tag{8.53a}$$

$$P^2 = -\frac{\hbar\omega}{2}\left(-a^\dagger a - aa^\dagger + a^2 + a^{\dagger 2}\right) = \hbar\omega\left(n + \frac{1}{2}\right) \tag{8.53b}$$

$$\langle n|\frac{1}{2}P^2|n\rangle = \langle n|\frac{1}{2}\omega^2 Q^2|n\rangle = \frac{1}{2}\hbar\omega\left(n + \frac{1}{2}\right) \tag{8.53c}$$

$$\langle n|\mathcal{H}|n\rangle = \langle n|\frac{1}{2}\left(P^2 + \omega^2 Q^2\right)|n\rangle = \hbar\omega\left(n + \frac{1}{2}\right) \tag{8.53d}$$

ここに，式 (8.43)，式 (8.44) の関係とともに，つぎのような関係を用いた。

$$a^\dagger a|n\rangle|n\rangle = n|n\rangle,\ aa^\dagger|n\rangle = (n+1)|n\rangle,\ \langle n|a^2|n\rangle = \langle n|a^{\dagger 2}|n\rangle = 0 \tag{8.54}$$

最後に，電磁波を量子化するとき時間変化の項を含んでいる。したがって，オペレータ a，$a^\dagger$ を時間を含む関数として表す必要がある。以下，量子力学のハイゼンベルグ表示（ハイゼンベルグの方程式）を用いるが，特に量子力学を学習していなくとも理解することは可能であると考えている。いま，時間変化を扱うので初期状態は時刻 $t = 0$ における値として添え字に 0 ($a \to a_0$) を付けることにする。式 (8.27) と式 (8.29) を用いると

$$\hat{n}a^\dagger = a^\dagger(\hat{n}+1), \quad \hat{n}a(\hat{n}-1) \tag{8.55}$$

これらの関係は，交換関係からつぎのように導かれる。

$$\left[a, a^\dagger\right] = aa^\dagger - a^\dagger a = 1 \tag{8.56a}$$

の両辺に右から a を掛けると

$$aa^\dagger a - a^\dagger aa = a \tag{8.56b}$$

となり，これより

$$a\hat{n} - \hat{n} = a, \text{ つまり } \hat{n}a = a(\hat{n}-1) \tag{8.56c}$$

が得られる。これらの関係式と式 (8.28) を用いるとつぎの関係式が得られる。

$$\begin{aligned}[a, \mathcal{H}] &= a\mathcal{H} - \mathcal{H}a = a\left(\hat{n}+\frac{1}{2}\right)\hbar\omega - \left(\hat{n}+\frac{1}{2}\right)\hbar\omega a \\ &= \hbar\omega\left(a\hat{n} - \hat{n}a\right) = (\hbar\omega)a \end{aligned} \tag{8.57a}$$

$$\left[a^\dagger, \mathcal{H}\right] = -(\hbar\omega)a^\dagger \tag{8.57b}$$

これらの結果を用いるとハイゼンベルグの方程式は

$$\mathrm{i}\hbar\frac{\mathrm{d}a}{\mathrm{d}t} = [a, \mathcal{H}] = (\hbar\omega)a, \quad \mathrm{i}\hbar\frac{\mathrm{d}a^\dagger}{\mathrm{d}t} = \left[a^\dagger, \mathcal{H}\right] = -(\hbar\omega)a^\dagger \tag{8.58}$$

と表されるが，これらの方程式は容易に積分することができつぎのようになる。

$$a(t) = a_0\mathrm{e}^{-\mathrm{i}\omega t}, \quad a^\dagger(t) = a_0^\dagger\mathrm{e}^{+\mathrm{i}\omega t} \tag{8.59}$$

この結果を用いてオペレータ Q，P を表せばつぎのようになる。

$$Q(t) = \sqrt{\frac{\hbar}{2\omega}}\left(a_0\mathrm{e}^{-\mathrm{i}\omega t} + a_0^\dagger\mathrm{e}^{+\mathrm{i}\omega t}\right), \quad P(t) = \sqrt{\frac{\hbar\omega}{2}}\left(a_0\mathrm{e}^{-\mathrm{i}\omega t} - a_0^\dagger\mathrm{e}^{+\mathrm{i}\omega t}\right) \tag{8.60}$$

8.3　電磁波の正準方程式

これまでの説明から電磁波を量子化するには，つぎのような手順をとればよいことが理解できるであろう。

① 電界 $\boldsymbol{E}$ と磁界 $\boldsymbol{H}$ を，運動量に対応するオペレータ $\boldsymbol{p}(\sim \dot{\boldsymbol{q}})$ と座標に対応する $\boldsymbol{q}$ を用いたオペレータ表示を行い，電磁波の正準化方程式を導く。

② ハミルトニアン $\mathcal{H}$ は電気エネルギーと磁気エネルギーの和で表されること，つまり

$$\mathcal{H} = \frac{1}{2}\epsilon_0 E^2 + \frac{1}{2}\mu_0 H^2$$

③ ハミルトニアンの導出には，磁界を $\mu_0 \boldsymbol{H} = \boldsymbol{B} = \boldsymbol{\nabla} \times \boldsymbol{A}$ を用いて，ファラデーの電磁誘導の式 (6.3)

$$\boldsymbol{\nabla} \times \boldsymbol{E} = -\frac{\partial \boldsymbol{B}}{\partial t}$$

を書き換えると

$$-\boldsymbol{E} = \frac{\partial \boldsymbol{A}}{\partial t}, \quad -\boldsymbol{E} = \dot{\boldsymbol{A}} \tag{8.61}$$

から $\dot{\boldsymbol{A}}\,(= -\boldsymbol{E})$ と $\boldsymbol{A}$ が $\dot{\boldsymbol{q}}\,(= \boldsymbol{p})$ と $\boldsymbol{q}$ に対応すると考えられる。つまり，量子化は直接に電界 $\boldsymbol{E}$ と磁界 $\boldsymbol{H}$ を用いて議論するのではなくベクトル・ポテンシャル $\boldsymbol{A}$ を用いて正準化方程式を導くことによって進めるべきである。

④ 上の関係から $\dot{\boldsymbol{A}}$ $(\dot{\boldsymbol{A}} = -\boldsymbol{E})$ が電界を，ベクトル・ポテンシャル $\boldsymbol{A}$ $(\boldsymbol{B} = \boldsymbol{\nabla} \times \boldsymbol{A})$ が磁界を表しているので，電気エネルギーと磁気エネルギーの和はベクトル・ポテンシャルを用いて記述できるはずである。

⑤ ディラックのひらめきをもとに，第二量子化の方法，つまり交換関係を用いて正準化方程式を導く。

この手順が理解できれば，あとはマクスウェルの方程式の変形で電磁波の量子化ができる。ここではマクスウェルの方程式から出発してハミルトンの方程式

$$\dot{P} = \frac{\partial \mathcal{H}}{\partial Q}, \quad \dot{Q} = \frac{\partial \mathcal{H}}{\partial P} \tag{8.62}$$

を満たす正準方程式を導き，電磁波の固有状態と固有値を求める方法について述べる。

はじめに本章で用いるマクスウェルの方程式とその変形した方程式をまとめる。

$$\nabla \cdot \boldsymbol{D} = \rho, \quad \nabla \cdot \boldsymbol{B} = 0 \tag{8.63a}$$

$$\nabla \times \boldsymbol{H} = \boldsymbol{J} + \frac{\partial \boldsymbol{D}}{\partial t}, \quad \nabla \times \boldsymbol{E} = -\frac{\partial \boldsymbol{B}}{\partial t} \tag{8.63b}$$

さらにベクトル・ポテンシャルを用いて

$$\boldsymbol{B} = \mu_0 \boldsymbol{H} = \nabla \times \boldsymbol{A}, \quad \boldsymbol{E} = -\frac{\partial \boldsymbol{A}}{\partial t} \tag{8.64a}$$

を用いるが，4 章で述べたベクトル・ポテンシャルに関するクーロン・ゲージを仮定する。

$$\nabla \cdot \boldsymbol{A} = 0 \tag{8.64b}$$

電磁エネルギー密度は 5 章で求めた式 (5.67a) の

$$w = \frac{1}{2}\epsilon_0 E^2 + \frac{1}{2}\mu_0 H^2 \tag{8.65}$$

を用いる。

以下に述べる電磁場の量子化では，マクスウェルの方程式から導出したベクトル・ポテンシャルに関する波動方程式を用いる。この解については 7 章で詳しく論じた。本章ではその解を平面波で表し

$$\boldsymbol{A}(\boldsymbol{r}, t) = \boldsymbol{A}_0(t) \exp(\mathrm{i}\boldsymbol{k} \cdot \boldsymbol{r}), \quad \boldsymbol{A}_0(t) = \boldsymbol{A}_0 \exp(-\mathrm{i}\omega t)$$

と表すことにする。さらに周期的境界条件とフーリエ級数展開を用いて輻射場を論じる。周期的境界条件は一次元の場合，長さ $x = L$ に対して，座標 x と $x = x + L$ で

$$A(x+L) \equiv A(x) \tag{8.66}$$

とするもので，この条件を満たす波数ベクトル k_x に関して

$$k_x = \frac{2\pi}{L} n_x, \quad n_x = 0, \pm 1, \pm 2, \pm 3, \cdots \tag{8.67}$$

の条件を課すものである。一辺が L の立方体に対する周期的境界条件はつぎのようになる。

$$k_x = \frac{2\pi}{L} n_x, \quad k_y = \frac{2\pi}{L} n_y, \quad k_z = \frac{2\pi}{L} n_z \tag{8.68}$$

$$n_x, n_y, n_z = 0, \pm 1, \pm 2, \pm 3, \cdots \tag{8.69}$$

この体積 $L^3 = V$ のキャビティーにおけるベクトル・ポテンシャルをフーリエ級数展開をすると

$$\boldsymbol{A} = \frac{1}{\sqrt{V}} \sum_{\boldsymbol{k}} [\boldsymbol{A}_{\boldsymbol{k}}(t) \exp(\mathrm{i}\boldsymbol{k}\cdot\boldsymbol{r}) + \boldsymbol{A}_{\boldsymbol{k}}^*(t) \exp(-\mathrm{i}\boldsymbol{k}\cdot\boldsymbol{r})] \tag{8.70}$$

のように表される。ここに，$\boldsymbol{A}_{\boldsymbol{k}}^*(t)$ は $\boldsymbol{A}_{\boldsymbol{k}}(t)$ の複素共役である。このように表したベクトル・ポテンシャルは，マクスウェルの方程式からクーロン・ゲージの式 (8.64b) をつぎの条件下では満たしている。または，自由空間では二つの横波電磁波が存在するのでいずれも下記の関係が成立する。

$$\boldsymbol{k}\cdot\boldsymbol{A}_{\boldsymbol{k}}(t) = \boldsymbol{k}\cdot\boldsymbol{A}_{\boldsymbol{k}}^*(t) = 0 \tag{8.71}$$

7 章の式 (7.14) において電流密度が $\boldsymbol{J} = 0$ のとき

$$\boldsymbol{\nabla}^2 \boldsymbol{A} - \frac{1}{c^2}\frac{\partial^2 \boldsymbol{A}}{\partial t^2} = 0 \tag{8.72}$$

となる。この式に式 (8.70) を代入すると

$$\frac{\partial^2}{\partial t^2}\boldsymbol{A}_{\boldsymbol{k}}(t) + \omega_{\boldsymbol{k}}^2 \boldsymbol{A}_{\boldsymbol{k}}(t) = 0, \quad \omega_{\boldsymbol{k}} = ck \tag{8.73}$$

これらの結果を用いてベクトル・ポテンシャルを書き直すと

$$\boldsymbol{A} = \frac{1}{\sqrt{V}} \sum_{\boldsymbol{k}} \{\boldsymbol{A}_{\boldsymbol{k}} \exp[\mathrm{i}(\boldsymbol{k}\cdot\boldsymbol{r} - \omega_{\boldsymbol{k}}t)] + \boldsymbol{A}_{\boldsymbol{k}}^* \exp[\mathrm{i}(-\boldsymbol{k}\cdot\boldsymbol{r} + \omega_{\boldsymbol{k}}t)]\} \tag{8.74}$$

となる。ベクトル・ポテンシャルの偏向方向の単位ベクトルを $\boldsymbol{e}_{\boldsymbol{r},\gamma}$ とすると，クーロン・ゲージを満たす二つの横波（偏向方向 γ と γ'）に対して

$$\boldsymbol{k}\cdot\boldsymbol{e}_{\boldsymbol{k},\gamma}=0,\quad \boldsymbol{e}_{\boldsymbol{k},\gamma}\cdot\boldsymbol{e}_{\boldsymbol{k},\gamma'}=\delta_{\gamma,\gamma'} \tag{8.75}$$

ここに，$\delta_{\gamma,\gamma'}$ はクロネッカーのデルタ記号と呼ばれ，$\gamma=\gamma'$ のとき 1 で $\gamma\neq\gamma'$ のとき 0 である。ベクトル・ポテンシャルは実数であるから（偏向方向は同一のモードに対して不変で，$\boldsymbol{e}_{\boldsymbol{k},\gamma}=\boldsymbol{e}_{-\boldsymbol{k},\gamma}$ である）

$$\boldsymbol{e}_{\boldsymbol{k},\gamma}\boldsymbol{A}_{\boldsymbol{k},\gamma}(t)^*=\boldsymbol{e}_{-\boldsymbol{k},\gamma}\boldsymbol{A}_{-\boldsymbol{k},\gamma}(t) \tag{8.76}$$

の関係が成立する。ベクトル・ポテンシャルの添字 $\boldsymbol{A}_{\boldsymbol{k},\gamma}$ をまとめて $\boldsymbol{A}_\lambda$ と表し，$\boldsymbol{k}$ について，正負の領域の和をとることにすると

$$\begin{aligned}\boldsymbol{A}(\boldsymbol{r},t)&=\frac{1}{\sqrt{V}}\sum_{\boldsymbol{k}}\sum_{\gamma}\left\{\boldsymbol{e}_{\boldsymbol{k},\gamma}A_{\boldsymbol{k},\gamma}(t)\mathrm{e}^{\mathrm{i}\boldsymbol{k}\cdot\boldsymbol{r}}+\boldsymbol{e}_{-\boldsymbol{k},\gamma}A^*_{\boldsymbol{k},\gamma}(t)\mathrm{e}^{-\mathrm{i}\boldsymbol{k}\cdot\boldsymbol{r}}\right\}\\&=\frac{1}{\sqrt{V}}\sum_{\lambda}\boldsymbol{e}_\lambda\left\{A_\lambda(t)\mathrm{e}^{\mathrm{i}\boldsymbol{k}\cdot\boldsymbol{r}}+A^*_\lambda(t)\mathrm{e}^{-\mathrm{i}\boldsymbol{k}\cdot\boldsymbol{r}}\right\}\end{aligned} \tag{8.77}$$

ベクトル・ポテンシャルを用いると電界と磁界ともに簡単に表すことができるので，以下の計算ではベクトル・ポテンシャルを用いた正準化方程式を導く。そこで，ベクトル・ポテンシャルに代わり $A_\lambda(t)\to q_\lambda(t)$ のように $q_\lambda(t)$ を用いることにする。これより

$$\boldsymbol{A}(\boldsymbol{r},t)=\frac{1}{\sqrt{V}}\sum_{\lambda}\boldsymbol{e}_\lambda\left\{q_\lambda(t)\mathrm{e}^{\mathrm{i}\boldsymbol{k}\cdot\boldsymbol{r}}+q^*_\lambda(t)\mathrm{e}^{-\mathrm{i}\boldsymbol{k}\cdot\boldsymbol{r}}\right\} \tag{8.78}$$

式 (8.64a) に代入して $\partial q_\lambda/\partial t=\dot{q}_\lambda$ の記号を用いると

$$\boldsymbol{E}=-\frac{\partial\boldsymbol{A}}{\partial t}=-\frac{1}{\sqrt{V}}\sum_{\lambda}\boldsymbol{e}_\lambda\left\{\dot{q}_\lambda\mathrm{e}^{\mathrm{i}\boldsymbol{k}\cdot\boldsymbol{r}}+\dot{q}^*_\lambda\mathrm{e}^{-\mathrm{i}\boldsymbol{k}\cdot\boldsymbol{r}}\right\} \tag{8.79}$$

同様にして磁界 $\boldsymbol{H}=(1/\mu_0)\boldsymbol{\nabla}\times\boldsymbol{A}$ は次式のようになる。

$$\boldsymbol{H}=\frac{1}{\sqrt{V}}\frac{1}{\mu_0}\sum_{\lambda}(\mathrm{i}\boldsymbol{k}\times\boldsymbol{e}_\lambda)\left\{q_\lambda\mathrm{e}^{\mathrm{i}\boldsymbol{k}\cdot\boldsymbol{r}}-q^*_\lambda\mathrm{e}^{-\mathrm{i}\boldsymbol{k}\cdot\boldsymbol{r}}\right\} \tag{8.80}$$

ところで，電磁エネルギー U は

$$U = \frac{1}{2}\int_V (\epsilon_0 \boldsymbol{E}^2 + \mu_0 \boldsymbol{H}^2)\mathrm{d}^3\boldsymbol{r} \tag{8.81}$$

で与えられるので，ベクトル・ポテンシャルから上に求めた電界と磁界を用いて，それぞれのエネルギーを計算するとつぎのようになる。以下の計算ではデルタ関数の性質を用い

$$\frac{1}{V}\int_v \mathrm{e}^{\mathrm{i}\boldsymbol{k}\cdot\boldsymbol{r}}\mathrm{e}^{-\mathrm{i}\boldsymbol{k}'\cdot\boldsymbol{r}}\mathrm{d}^3\boldsymbol{r} = \delta_{\boldsymbol{k},\boldsymbol{k}'} = \begin{cases} 1 & (\boldsymbol{k} = \boldsymbol{k}') \\ 0 & (\boldsymbol{k} \neq \boldsymbol{k}') \end{cases} \tag{8.82}$$

と表す。まず，電界の2乗は上のデルタ関数の性質（積分値が $\delta_{\boldsymbol{k},\boldsymbol{k}'}$ で与えられる）を用いて（偏波方向まで含めると $\delta_{\lambda,\lambda'}$）

$$\begin{aligned}
&\int \boldsymbol{E}^2\mathrm{d}^3\boldsymbol{r} \\
&= \frac{1}{V}\int\sum_{\lambda}\boldsymbol{e}_\lambda\left\{\dot{q}_\lambda \mathrm{e}^{\mathrm{i}\boldsymbol{k}\cdot\boldsymbol{r}} + \dot{q}_\lambda^* \mathrm{e}^{-\mathrm{i}\boldsymbol{k}\cdot\boldsymbol{r}}\right\}\cdot\sum_{\lambda'}\boldsymbol{e}_{\lambda'}\left\{\dot{q}_{\lambda'}\mathrm{e}^{\mathrm{i}\boldsymbol{k}'\cdot\boldsymbol{r}} + \dot{q}_{\lambda'}^*\mathrm{e}^{-\mathrm{i}\boldsymbol{k}'\cdot\boldsymbol{r}}\right\}\mathrm{d}^3\boldsymbol{r} \\
&= \sum_{\lambda}\sum_{\lambda'}\boldsymbol{e}_\lambda\cdot\boldsymbol{e}_{\lambda'}(\dot{q}_\lambda\dot{q}_{\lambda'}^* + \dot{q}_{\lambda'}\dot{q}_{\lambda'}^*)\delta_{\lambda,\lambda'} \qquad (8.83) \\
&= 2\sum_{\lambda}\dot{q}_\lambda\dot{q}_\lambda^* \qquad (8.84)
\end{aligned}$$

これより電界のエネルギーは

$$\frac{1}{2}\int \epsilon_0 \boldsymbol{E}^2\mathrm{d}^3\boldsymbol{r} = \epsilon_0\sum_{\lambda}\dot{q}_\lambda\dot{q}_{\lambda'}^* \tag{8.85}$$

一方，磁界の2乗も $\lambda = \lambda'$ のときのみゼロでないので（$\delta_{\lambda,\lambda'}$ は $\lambda = \lambda'$ のとき1で，$\lambda \neq \lambda'$ のとき0）

$$\begin{aligned}
\int \boldsymbol{H}^2\mathrm{d}^3\boldsymbol{r} &= \frac{1}{V}\frac{1}{\mu_0^2}\int\sum_{\lambda}(\mathrm{i}\boldsymbol{k}\times\boldsymbol{e}_\lambda)\left\{q_\lambda\mathrm{e}^{\mathrm{i}\boldsymbol{k}\cdot\boldsymbol{r}} + q_\lambda^*\mathrm{e}^{-\mathrm{i}\boldsymbol{k}\cdot\boldsymbol{r}}\right\} \\
&\quad\times\sum_{\lambda'}(\mathrm{i}\boldsymbol{k}'\times\boldsymbol{e}_{\lambda'})\left\{q_{\lambda'}\mathrm{e}^{\mathrm{i}\boldsymbol{k}'\cdot\boldsymbol{r}} + q_{\lambda'}^*\mathrm{e}^{-\mathrm{i}\boldsymbol{k}'\cdot\boldsymbol{r}}\right\}\mathrm{d}^3\boldsymbol{r}\delta_{\lambda,\lambda'} \\
&= \frac{1}{\mu_0^2}\sum_{\lambda}(\mathrm{i}\boldsymbol{k}\times\boldsymbol{e}_{\boldsymbol{k}})^2(-q_\lambda q_\lambda^* - q_\lambda^* q_\lambda) = \frac{2}{\mu_0^2}\sum_{\lambda}k^2 q_\lambda q_\lambda^*
\end{aligned} \tag{8.86}$$

これより磁界のエネルギーは

$$\frac{1}{2}\int \mu_0 \boldsymbol{H}^2 \mathrm{d}^2\boldsymbol{r} = \frac{1}{\mu_0}\sum_\lambda k^2 q_\lambda q_\lambda^* = \epsilon_0 \sum_\lambda \omega_\lambda^2 q_\lambda q_\lambda^* \tag{8.87}$$

となる。ここに

$$\omega_\lambda = ck = \frac{k}{\sqrt{\epsilon_0 \mu_0}} \tag{8.88}$$

の関係を用いた。電磁エネルギー U のモード λ に対する値を U_λ と表すことにするとつぎのようになる。

$$U_\lambda = \epsilon_0(\dot{q}_\lambda \dot{q}_\lambda^* + \omega_\lambda^2 q_\lambda q_\lambda^*) \tag{8.89}$$

例題 8.1 式 (8.82) の関係を一次元系の波数ベクトル $k_x = (2\pi/L)n_x$，領域 $x = -L/2 \sim L/2$ について証明せよ。

【解答】

$$I_x = \frac{1}{L}\int_{-L/2}^{L/2} \mathrm{e}^{\mathrm{i}(k_x - k_x')}\mathrm{d}x$$

において $k_x = k_x'$ のとき

$$I_x = \frac{1}{L}\int_{-L/2}^{L/2} 1\mathrm{d}x = 1$$

$k_x \neq k_x'$ のとき

$$\begin{aligned}
I_x &= \frac{1}{L}\int_{-L/2}^{L/2} \mathrm{e}^{\mathrm{i}(k_x - k_x')x}\mathrm{d}x \\
&= \frac{1}{L}\left[\frac{\mathrm{e}^{\mathrm{i}(k_x - k_x')x}}{\mathrm{i}(k_x - k_x')}\right]_{-L/2}^{L/2} = \frac{1}{L}\left[\frac{\mathrm{e}^{\mathrm{i}\pi(n_x - n_x')} - \mathrm{e}^{-\mathrm{i}\pi(n_x - n_x')}}{\mathrm{i}(k_x - k_x')}\right] \\
&= \frac{1}{L}\frac{\sin(n'\pi)}{(k_x - k_x')/2} = 0
\end{aligned}$$

なぜならば

$$\frac{\mathrm{e}^{\mathrm{i}\pi n'} - \mathrm{e}^{-\mathrm{i}\pi n'}}{2\mathrm{i}} = \sin(\pi n') = 0$$

ここに，$n' = n_x - n_x'$ は整数であるから $\sin(n'\pi) = 0$ となる。これらの結果から

$$\frac{1}{L}\int_{-L/2}^{L/2} e^{i(k_x-k_x')}dx = \delta_{k_x,k_x'} = \begin{cases} 1 & k_x = k_x', \text{のとき} \\ 0 & k_x \neq k_x', \text{のとき} \end{cases}$$

◇

ところで，電磁波は時間変化をしており，通常は1サイクルでの平均値を用いることが多い。このことを考慮すると $\dot{q}_\lambda \dot{q}^*_{\lambda'}$，$q_\lambda q^*_{\lambda'}$，電磁エネルギー U_λ の平均値 $\langle U_\lambda \rangle$ を用いることにすると，

$$\langle U_\lambda \rangle = \epsilon_0(\langle \dot{q}_\lambda \dot{q}^*_\lambda \rangle + \omega_\lambda^2 \langle q_\lambda q^*_\lambda \rangle) \tag{8.90}$$

と置き換えることができる†。

U_λ をつぎのように書き換える。

$$U_\lambda = \frac{1}{2}(P_\lambda^2 + \omega_\lambda^2 Q_\lambda^2) \tag{8.91}$$

ここに，つぎのような変数変換を用いた。

$$P_\lambda = \sqrt{2\epsilon_0}\dot{q}_\lambda, \quad Q_\lambda = \sqrt{2\epsilon_0}q_\lambda \tag{8.92}$$

このように定義したモード U_λ を正準表式化した電磁エネルギーと呼ぶ。これより

$$\dot{Q}_\lambda = \frac{\partial U_\lambda}{\partial P_\lambda} = P_\lambda, \quad \dot{P}_\lambda = -\frac{\partial U_\lambda}{\partial Q_\lambda} = -\omega_\lambda^2 Q_\lambda \tag{8.93}$$

となるので

$$\ddot{Q}_\lambda = \dot{P}_\lambda = -\omega_\lambda^2 Q_\lambda \tag{8.94a}$$

が成り立つ。これを書き換えると

---

† 電界のエネルギー1サイクルの時間平均は

$$\frac{1}{2}\epsilon_0\langle E^2\cos^2(\omega_\lambda t)\rangle = \frac{1}{2}\epsilon_0 E^2\int_0^{2\pi/\omega_\lambda}\cos^2(\omega_\lambda t)dt/(2\pi/\omega_\lambda) = \frac{1}{2}\left(\frac{1}{2}\epsilon_0 E^2\right)$$

となることを用いた。ただし，以下の計算では行列要素には時間の項は含まれないので，断らない限り1サイクルの時間平均値は用いていない。

$$\frac{\partial^2 Q_\lambda}{\partial t^2} = -\omega_\lambda^2 Q_\lambda \tag{8.94b}$$

が得られ，マクスウェルの方程式から導かれたベクトル・ポテンシャルの波動方程式 (8.72) あるいは式 (8.73) と完全に一致する。このようなことから，U_λ は正準化方程式を満たし，この正準化方程式から電磁波のハミルトニアン $\mathcal{H}$ は

$$\mathcal{H} = \frac{1}{2}\sum_\lambda \left(P_\lambda^2 + \omega_\lambda^2 Q_\lambda^2\right) = \frac{1}{2}\sum_\lambda (\omega_\lambda Q_\lambda + \mathrm{i}P_\lambda)(\omega_\lambda Q_\lambda - \mathrm{i}P_\lambda) \tag{8.95}$$

のように表すことができる。

8.4 電磁界の量子化

8.2 節 8.2.2 項，8.3 節で説明した結果から，電磁界の量子化はほとんど完了したのも同然である。つまり，電磁界の量子化は単純調和振動子のオペレータ表示を用いれば容易に行えることは明らかである。念のため調和振動子と電磁界のハミルトニアンをまとめるとつぎのようになる。単純調和振動子に対して

$$Q = \sqrt{\frac{\hbar}{2\omega}}\left(a + a^\dagger\right), \quad P = \sqrt{\frac{\hbar\omega}{2}}\left(a - a^\dagger\right) \tag{8.96}$$

モード $\lambda = \boldsymbol{k}, \gamma$（$\boldsymbol{k}$：波数ベクトル，$\gamma$：偏向方向）に対する電磁波のオペレータは

$$Q_\lambda = \sqrt{\frac{\hbar}{2\omega_\lambda}}\left(a_\lambda + a_\lambda^\dagger\right), \quad P_\lambda = \sqrt{\frac{\hbar\omega_\lambda}{2}}\left(a_\lambda - a_\lambda^\dagger\right) \tag{8.97}$$

となる。電磁界では，生成オペレータ $a_\lambda^\dagger$ と消滅オペレータ a_λ は波数ベクトル $\boldsymbol{k}$，偏向方向 γ のモード λ で与えられる電磁界のエネルギー $\hbar\omega_\lambda$ を生成，消滅させるオペレータである。つまり，電磁界は量子論では波数ベクトル $\boldsymbol{k}$ とエネルギー $\hbar\omega_{\boldsymbol{k}}$（偏向方向を省略）をもった量子，フォトン（photon）で，その励起されている数は $n_\lambda = a_\lambda^\dagger a_\lambda$ なるオペレータで決定される。n_λ の固有値は $0, 1, 2, \cdots$ などである。また，電磁界の励起状態はそのモード λ に対して固有状態 $|n_\lambda\rangle$ で決まるが，これに生成オペレータ $a_\lambda^\dagger$ と消滅オペレータ a_λ を

作用させて次式から求まる。

$$a_\lambda^\dagger|n_\lambda\rangle = \sqrt{n_\lambda + 1}|n_\lambda + 1\rangle, \quad a_\lambda|n_\lambda\rangle = \sqrt{n_\lambda}|n_\lambda - 1\rangle \tag{8.98}$$

以下の計算では電磁界のモード λ は波数ベクトル $\boldsymbol{k}$ と偏向方向 γ の組合せで表されているが，偏向方向 γ は独立しておりミックスすることはないので，簡単のため波数ベクトル $\boldsymbol{k}$ のみを用い $\lambda \to \boldsymbol{k}$ とし，取扱いに必要な場合には偏向方向を含めて記述することにする。周期的境界条件で式 (8.69) で定義した波数ベクトルを $\boldsymbol{k}_{k1}, \boldsymbol{k}_{k2}, \cdots, \boldsymbol{k}_{ki}, \cdots$ として，これに対応するフォトンの励起数を $n_{k1}, n_{k2}, \cdots, n_{ki}, \cdots$ とする。この固有状態はそれぞれ，$|n_{k1}\rangle, |n_{k2}\rangle, \cdots, |n_{ki}\rangle, \cdots$ の記号で表す。この空洞内で励起されている全電磁界を表す状態は

$$|n_{k1}, n_{k2}, \cdots, n_{ki}, \cdots\rangle \tag{8.99}$$

と表されるであろう。ここで注意しなければならないことは，空洞内で励起されているおのおののモードはたがいに独立であることである。したがって，上に記したような全電磁界の状態関数は各モードに対する状態関数の積で与えられると考えてよい。つまり

$$|n_{k1}, n_{k2}, \cdots, n_{ki}, \cdots\rangle = |n_{k1}\rangle|n_{k2}\rangle\cdots|n_{ki}\rangle\cdots \tag{8.100}$$

もちろん，上の式 (8.99) も式 (8.100) の右辺に現れる各モードの状態関数 $|n_i\rangle$ も規格化されているものと仮定する。また，この全状態関数に，あるモード $\boldsymbol{k}_i$ の生成オペレータ $a_{ki}^\dagger$ を作用させた場合にはこのモード，つまり，n_{ki} に関する状態のみが変化を受けるから，式 (8.100) に対応するものとして次式が成立する。消滅オペレータの場合を含めて

$$\begin{aligned} &a_{ki}^\dagger|n_{k1}, n_{k2}, \cdots, n_{ki}.\cdots\rangle \\ &\quad = \sqrt{n_{ki}+1}|n_{k1}, n_{k2}, \cdots, n_{ki}+1.\cdots\rangle \end{aligned} \tag{8.101}$$

$$a_{ki}|n_{k1}, n_{k2}, \cdots, n_{ki}.\cdots\rangle$$

$$= \sqrt{n_{ki}}|n_{k1}, n_{k2}, \cdots, n_{ki}-1.\cdots\rangle \tag{8.102}$$

最後に，ベクトル・ポテンシャル $\boldsymbol{A}$，電界 $\boldsymbol{E}$，磁界 $\boldsymbol{H}$，電磁エネルギー U を上で求めた生成オペレータ $a^\dagger$ と消滅オペレータ a を用いて定義し直そう。式 (8.77) ～ (8.81) を書き直すことを考える。はじめにベクトル・ポテンシャルを生成オペレータ $a_\lambda^\dagger$ と消滅オペレータ a_λ で書き換える。

$$\boldsymbol{A}(\boldsymbol{r},t) = \frac{1}{\sqrt{V}}\sum_\lambda \left(A_\lambda \mathrm{e}^{\mathrm{i}(\boldsymbol{k}\cdot\boldsymbol{r}-\omega t)} + A_\lambda^* \mathrm{e}^{\mathrm{i}(-\boldsymbol{k}\cdot\boldsymbol{r}+\omega t)}\right)\boldsymbol{e}_\lambda \tag{8.103}$$

これより，式 (8.97) を用いてエルミート共役オペレータとしてのベクトル・ポテンシャルは

$$\begin{aligned}\boldsymbol{A}(\boldsymbol{r},t) &= \frac{1}{\sqrt{V}}\sum_\lambda \left(q_\lambda \mathrm{e}^{\mathrm{i}(\boldsymbol{k}\cdot\boldsymbol{r}-\omega t)} + q_\lambda^* \mathrm{e}^{\mathrm{i}(-\boldsymbol{k}\cdot\boldsymbol{r}+\omega t)}\right)\boldsymbol{e}_\lambda \\ &\to \sum_\lambda \boldsymbol{e}_\lambda \sqrt{\frac{\hbar}{2\epsilon_0 V\omega_\lambda}}\left(a_\lambda \mathrm{e}^{\mathrm{i}(\boldsymbol{k}\cdot\boldsymbol{r}-\omega t)} + a_\lambda^\dagger \mathrm{e}^{-\mathrm{i}(\boldsymbol{k}\cdot\boldsymbol{r}-\omega t)}\right)\end{aligned} \tag{8.104}$$

と表される。ここに式 (8.97) の Q_λ は式 (8.92) の関係 $q_\lambda = (1/\sqrt{2\epsilon_0})Q_\lambda$ を用いた。さらに，式 (8.97) において Q_λ に含まれる $a_\lambda(t)$ と $a_\lambda^\dagger(t)$ には式 (8.60) の関係があるから，単純に Q_λ を代入するだけでなく時間変化の正しい項を残さなければならない。これらの関係を用いて $\boldsymbol{A}$，電界 $\boldsymbol{E}_\lambda$ と磁界 $\boldsymbol{H}_\lambda$ はつぎのようになる。

$$\begin{aligned}\boldsymbol{A}(\boldsymbol{r},t) &= \sum_\lambda \boldsymbol{A}_\lambda \\ &= \sum_\lambda \sqrt{\frac{\hbar}{2\epsilon_0 V\omega_\lambda}}\boldsymbol{e}_\lambda \left(a_\lambda \mathrm{e}^{\mathrm{i}(\boldsymbol{k}\cdot\boldsymbol{r}-\omega t)} + a_\lambda^\dagger \mathrm{e}^{-\mathrm{i}(\boldsymbol{k}\cdot\boldsymbol{r}-\omega t)}\right) \qquad (8.105) \\ \boldsymbol{E}(\boldsymbol{r},t) &= \sum_\lambda \boldsymbol{E}_\lambda \\ &= \mathrm{i}\sum_\lambda \sqrt{\frac{\hbar\omega_\lambda}{2\epsilon_0 V}}\boldsymbol{e}_\lambda \left(a_\lambda \mathrm{e}^{\mathrm{i}(\boldsymbol{k}\cdot\boldsymbol{r}-\omega t)} - a_\lambda^\dagger \mathrm{e}^{-\mathrm{i}(\boldsymbol{k}\cdot\boldsymbol{r}-\omega t)}\right) \qquad (8.106) \\ \boldsymbol{H}(\boldsymbol{r},t) &= \sum_\lambda \boldsymbol{H}_\lambda\end{aligned}$$

$$= \mathrm{i}\sum_\lambda \sqrt{\frac{\hbar c^2}{2\mu_0}}(\boldsymbol{k}\times\boldsymbol{e}_\lambda)\left(a_\lambda \mathrm{e}^{\mathrm{i}(\boldsymbol{k}\cdot\boldsymbol{r}-\omega t)} - a_\lambda^\dagger \mathrm{e}^{-\mathrm{i}(\boldsymbol{k}\cdot\boldsymbol{r}-\omega t)}\right) \tag{8.107}$$

上に求めた電界 $\boldsymbol{E}_\lambda$ および磁界 $\boldsymbol{H}_\lambda$ のオペレータ表示を用いれば，単一モードのエネルギー $\mathcal{E}_\lambda$ は $\hbar\omega_\lambda(n_\lambda+1/2)$ となるはずである。いま，波数ベクトル $\boldsymbol{k}$ と偏向方向 $\boldsymbol{e}_\lambda$ が励起されていて，その状態を $|n_\lambda\rangle$ とすると，このモードに対するエネルギー $\mathcal{E}_\lambda$ は単位体積当り

$$\begin{aligned}\epsilon_0\langle n_\lambda|\boldsymbol{E}_\lambda\cdot\boldsymbol{E}_\lambda|n_\lambda\rangle &= \mu_0\langle n_\lambda|\boldsymbol{H}_\lambda\cdot\boldsymbol{H}_\lambda|n_\lambda\rangle \\ &= \frac{1}{2}\hbar_\lambda\omega_\lambda\langle n_\lambda|a_\lambda a_\lambda^\dagger + a_\lambda^\dagger a_\lambda|n_\lambda\rangle \\ &= \frac{\hbar\omega_\lambda}{V}\left(n_\lambda+\frac{1}{2}\right)\end{aligned} \tag{8.108}$$

となるから

$$\mathcal{E}_\lambda = \frac{1}{2}\int_V \langle n_\lambda|\epsilon_0\boldsymbol{E}_\lambda\cdot\boldsymbol{E}_\lambda + \mu_0\boldsymbol{H}_\lambda\cdot\boldsymbol{H}_\lambda|n_\lambda\rangle \mathrm{d}^3\boldsymbol{r} = \left(n_\lambda+\frac{1}{2}\right)\hbar\omega_\lambda \tag{8.109}$$

となる。この結果は単純調和振動子の式 (8.41) と一致することがわかる。したがって，電磁界全体のハミルトニアンを $\mathcal{H}_\mathrm{R}$ とすると

$$\mathcal{H}_\mathrm{R} = \sum_\lambda \hbar\omega_\lambda\left(a_\lambda^\dagger a_\lambda + \frac{1}{2}\right) \tag{8.110}$$

したがって，この電磁界に対する全エネルギーは各モードの和で与えられるから

$$\mathcal{E} = \sum_\lambda\left(n_\lambda+\frac{1}{2}\right)\hbar\omega_\lambda,\ n_\lambda = 0,1,2,3,\cdots \tag{8.111}$$

で表される。$\displaystyle\sum_\lambda \equiv \sum_{\boldsymbol{k},\gamma}$ で生成オペレータ $a_\lambda^\dagger$ と消滅オペレータ a_λ は波数ベクトル $\boldsymbol{k}$ と偏向方向 $\boldsymbol{e}_\gamma$ で電磁波をモード分解して表さなければならない。

ポインティング・ベクトル $\boldsymbol{P}$（運動量の P と異なる）は

$$\boldsymbol{P} = \sum_\lambda(\boldsymbol{E}_\lambda\times\boldsymbol{H}_\lambda) \equiv \sum_\lambda \boldsymbol{P}_\lambda \tag{8.112}$$

であるから，これに式 (8.106)，(8.107) を代入し，$\boldsymbol{e}_\lambda\times\boldsymbol{k}\times\boldsymbol{e}_\lambda = \boldsymbol{k}$（電磁波の直交性）の関係から

$$\langle n_\lambda | \boldsymbol{E}_\lambda \times \boldsymbol{H}_\lambda | n_\lambda \rangle = \frac{c^2}{V} \langle n_\lambda | a_\lambda^\dagger a_\lambda + a_\lambda^\dagger | n_\lambda \rangle \hbar \boldsymbol{k}$$
$$= \frac{c^2}{V} \left(n_\lambda + \frac{1}{2} \right) \hbar \boldsymbol{k} \tag{8.113}$$

となる。あるモード λ のポインティング・ベクトル $\boldsymbol{P}_\lambda$ の期待値は

$$\langle n_\lambda | \boldsymbol{P}_\lambda | n_\lambda \rangle = \frac{c^2}{V} \left(n_\lambda + \frac{1}{2} \right) \hbar \boldsymbol{k} = \frac{c}{V} \left(n_\lambda + \frac{1}{2} \right) \hbar \omega_\lambda \boldsymbol{e}_{\boldsymbol{k}} \tag{8.114}$$

ここに，$\boldsymbol{e}_{\boldsymbol{k}}$ は波数ベクトル $\boldsymbol{k}$ 方向の単位ベクトルである。c/V は単位面積を通して単位時間に流れるフォトンの数に等しいから，式 (8.114) は単位面積を通して単位時間に流れていくフォトン・エネルギーに等しい。また，$c \cdot \boldsymbol{k} = \omega_\lambda \boldsymbol{e}_{\boldsymbol{k}}$ の関係を用いた。この結果は損失のない空間（自由空間）における古典電磁気学の結論であるポインティングの定理に対応していることがわかる。このようにして，量子化した電磁波と古典電磁気学の電磁波との間の対応関係が理解される。また，光（電磁波）はフォトンという量子を持つことがわかり，プランクの輻射理論を説明できることが理解される。以上の結果から輻射場（電磁波）のハミルトニアンはつぎのように表すことができる。

$$\mathcal{H}_R = \frac{1}{2} \int \left(\epsilon_0 \boldsymbol{E}^2 + \mu_0 \boldsymbol{H}^2 \right) \mathrm{d}^3 \boldsymbol{r} = \sum_\lambda \hbar \omega_\lambda \left(a_\lambda^\dagger a_\lambda + \frac{1}{2} \right) \tag{8.115}$$

モード λ の電磁波の固有値は

$$\mathcal{E}_\lambda = \left(a_\lambda^\dagger a_\lambda + \frac{1}{2} \right) \hbar \omega_\lambda = \left(n_\lambda + \frac{1}{2} \right) \hbar \omega_\lambda \tag{8.116}$$

で与えられる。

8.5 プランクの法則

以上の結果から，電磁波を量子化するとエネルギーの固有値は式 (8.111) に示したように離散的な値をとり，角周波数 ω に対して

$$\mathcal{E}_n = \left(n + \frac{1}{2} \right) \hbar \omega \tag{8.117}$$

をとることが示された。この結果をもとにプランクの輻射理論を見直してみる。参考文献にある浜口，森著「電子物性：電子デバイスの基礎」の問題 **(1.10)** とその解答で示されているようにプランクの理論は空洞の体積 $V = L_x L_y L_z$ から輻射する電磁波のモードエネルギーを計算している。電磁波の波数ベクトルを $\boldsymbol{k}$，角周波数を ω として電磁波の電界と磁界をつぎのように平面波で表す。

$$\boldsymbol{E}(\boldsymbol{r},t) = \boldsymbol{E}_0 \exp(\mathrm{i}\boldsymbol{k}\cdot\boldsymbol{r} - \mathrm{i}\omega t) \tag{8.118}$$

$$\boldsymbol{H}(\boldsymbol{r},t) = \boldsymbol{H}_0 \exp(\mathrm{i}\boldsymbol{k}\cdot\boldsymbol{r} - \mathrm{i}\omega t) \tag{8.119}$$

これをマクスウェルの式 (8.63b) に代入すると（$\boldsymbol{J} = 0$ と置く）

$$\boldsymbol{k}\times\boldsymbol{E} = \omega\mu_0\boldsymbol{H}, \quad \boldsymbol{k}\times\boldsymbol{H} = -\omega\epsilon_0\boldsymbol{E} \tag{8.120}$$

の関係が得られる。ここに，波数ベクトル $\boldsymbol{k}$ はつぎの関係を満たす。

$$k = \frac{\omega}{c} \tag{8.121}$$

このことはすでに 6 章で述べたが，電界，磁界と波数ベクトルはたがいに直交している。つまり，電磁波は自由空間では横波で

$$\boldsymbol{k}\cdot\boldsymbol{E} = 0, \quad \boldsymbol{k}\cdot\boldsymbol{H} = 0 \tag{8.122}$$

である。空洞内で式 (8.122) の条件を満たす電磁波の電界成分はつぎのように表される。

$$E_x(\boldsymbol{r},t) = E_x(t)\cos(k_x x)\sin(k_y y)\sin(k_z z) \tag{8.123a}$$

$$E_y(\boldsymbol{r},t) = E_y(t)\sin(k_x x)\cos(k_y y)\sin(k_z z) \tag{8.123b}$$

$$E_z(\boldsymbol{r},t) = E_z(t)\sin(k_x x)\sin(k_y y)\cos(k_z z) \tag{8.123c}$$

しばしば，上式で cos の項を sin の項で置き換えられるが，その場合は式 (8.122) の横波の条件を満たさない。しかし，上のような平面波を用いると

$$\boldsymbol{\nabla}\cdot\boldsymbol{E} = -\left[k_x E_x(t) + k_y E_y(t) + k_z E_z(t)\right]\sin(k_x x)\sin(k_y y)\sin(k_z z)$$

$$= -[\boldsymbol{k}\cdot\boldsymbol{E}(t)]\sin(k_x x)\sin(k_y y)\sin(k_z z) = 0 \tag{8.124}$$

となり，式 (8.122) の条件 $\boldsymbol{k}\cdot\boldsymbol{E}(t) = 0$ を満たす。なお，k_x，k_y，k_z は空洞壁面での境界条件から決まる。例えば，x 方向の電界に対して，$y = 0$ と $y = L_y$，および $z = 0$ と $z = L_z$ で $E_x(\boldsymbol{r}, t) = 0$ を満たす条件などから波数ベクトル k_x，k_y，k_z はつぎのようになる。

$$k_x = \frac{\pi}{L_x}n_x, \quad k_y = \frac{\pi}{L_y}n_y, \quad k_z = \frac{\pi}{L_z}n_z \tag{8.125}$$

$$n_x, n_y, n_z = 0, 1, 2, 3, \cdots \tag{8.126}$$

ここに，整数の組 (n_x, n_y, n_z) は空洞中の電磁波の輻射モードを決めるもので，おのおのについて二つの偏向方向がある。空洞内の電磁波はこのモードの組合せで表すことができる。(n_x, n_y, n_z) と $(n_x + \mathrm{d}n_x, n_y + \mathrm{d}n_y, n_z + \mathrm{d}n_z)$ の間のモード数は**図 8.5** を参照して

$$\mathrm{d}n_x\mathrm{d}n_y\mathrm{d}n_z = \frac{L_xL_yL_z}{\pi^3}\mathrm{d}k_x\mathrm{d}k_y\mathrm{d}k_z = \frac{1}{8}\frac{V}{\pi^3}4\pi k^2\mathrm{d}k \times 2 \equiv V\rho(k)\mathrm{d}k \tag{8.127}$$

$$\rho(k)\mathrm{d}k = \frac{1}{\pi^2}k^2\mathrm{d}k \tag{8.128}$$

で与えられる。

ここに，$V = L_xL_yL_z$，$k = \sqrt{k_x^2 + k_y^2 + k_z^2}$ で，因子 1/8 は (n_x, n_y, n_z) が正の整数の組合せなので，全空間の 1/8 をとり，因子 2 はモードのおのお

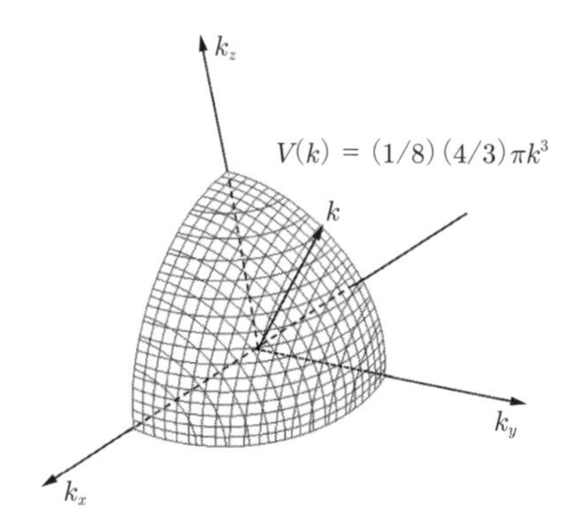

図 8.5　電磁波のモード密度を求めるための図。(k_x, k_y, k_z) 空間を $k_x, k_y, k_z \geqq 0$ の領域で，半径 $k = \sqrt{k_x^2 + k_y^2 + k_z^2}$ の級の体積 $V(k) = (4/3)\pi k^3$ の 1/8 の部分をプロットしたもの。$\rho(k)\mathrm{d}k$ は k と $k+\mathrm{d}k$ の k 空間の体積密度で，式 (8.128) で与えられる。

のに二つの偏向の電磁波が許されることを考慮した。$k = \omega/c$ の関係を用いると上式からつぎの関係が得られる。単位体積当りのモード密度は次式で与えられる。

$$\rho(\omega)\mathrm{d}\omega = \frac{\omega^2}{\pi^2 c^3}\mathrm{d}\omega \tag{8.129}$$

プランクの法則はつぎのようにして導かれている。フォトン・エネルギーを $\mathcal{E}_n = n\hbar\omega$ として，その励起数の平均 $\overline{n}$ をボルツマン統計を用いて計算すると

$$\begin{aligned}\overline{n} &= \frac{\sum_n n\exp(-n\mathcal{E}_n/k_\mathrm{B}T)}{\sum_n \exp(-n\mathcal{E}_n/k_\mathrm{B}T)} = \frac{\sum_n n\exp(-n\hbar\omega/k_\mathrm{B}T)}{\sum_n \exp(-n\hbar\omega/k_\mathrm{B}T)} \\ &= \frac{1}{\exp(\hbar\omega/k_B T) - 1}\end{aligned} \tag{8.130}$$

となる†。周波数 ω と $\omega + \mathrm{d}\omega$ の間の輻射モードの平均エネルギーは式 (8.130) を式 (8.129) に代入して $\overline{n}\hbar\omega \cdot \rho(\omega)\mathrm{d}\omega$ から求めると

$$w(\omega)\mathrm{d}\omega = \frac{\omega^2}{\pi^2 c^3}\frac{\hbar\omega}{\exp(\hbar\omega/k_\mathrm{B}T) - 1}\mathrm{d}\omega \tag{8.131}$$

となる。式 (8.2) あるいは式 (8.131) の結果を用いて，輻射強度を温度 T をパラメータとしてプロットしたのが図 8.1 で，実験結果と比較したのが図 8.2 である。

電磁波の量子化からはフォトンのエネルギー固有値は，式 (8.117) のようにゼロ点エネルギー $(1/2)\hbar\omega$ を含んでいる。もっともプランクの法則が導かれた 1900 年には電磁波の量子化はなされていなかったので，ゼロ点エネルギーを考慮していないのは当然の結果である。ところが，ゼロ点エネルギーを入れた式 (8.117) を式 (8.130) に代入しても，分母と分子に $(1/2)\hbar\omega$ を含む項が現れて打ち消しあうので，式 (8.130) の結果は変わらないことがわかる。したがって，

† この関係はつぎのようにして求められる。$x = \exp(-h\nu/k_\mathrm{B}T)$ と置くと，つぎの関係式が求められる。

$$\sum_s x^s = \frac{1}{1-x},\ (\text{公比 } x \text{ の級数の和}),\quad \sum_s s x^s = x\frac{\mathrm{d}}{\mathrm{d}x}\sum_s x^s = \frac{x}{1-x}$$

これらの式を用いると本文の式が導かれる。

プランクの法則は式 (8.2) あるいは式 (8.131) で与えられる。すでに述べたように電磁波を量子化したとき，電磁波は $\hbar\omega$ を放出するか吸収するかであって，ゼロ点エネルギーを含まない。したがって，輻射に関係するフォトンのエネルギーは $\hbar\omega$ であり（ゼロ点エネルギーを含まない），輻射エネルギーは $\overline{n}\hbar\omega\cdot\rho(\omega)\mathrm{d}\omega$ から求めなければならない。なお，ゼロ点エネルギーの寄与は特殊な境界条件の黒体からの輻射で観測されており，境界条件によってはゼロ点エネルギーを無視できない場合のあることも指摘しておく。

最後に，プランクの法則と太陽光の輻射スペクトルを比較した結果を**図 8.6** に示す。太陽光の輻射スペクトルは図に示すように，プランクの法則の式で $T = 5\,778\,\mathrm{K}$ としたものとよく一致する。地球表面上では，大気中の気体の吸収バンドがあり，滑らかな曲線とはならず，図のようになることが知られている。黒体輻射のスペクトルはプランクの法則で説明されるように，黒体の温度で決まる。経験的に理解しているように，輻射体の色が赤から紫に変化するにつれて，輻射体の温度が高くなる。そのことは式 (8.3) から輻射のピークとな

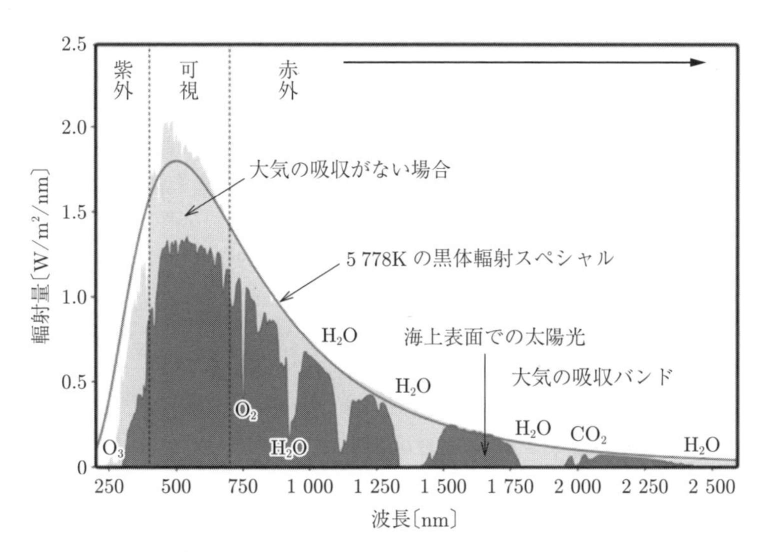

図 8.6 太陽光のスペクトルとプランクの法則との比較。太陽の温度を $T = 5\,778\ \mathrm{K}$ として計算した結果を実線で示す。また，地球上の太陽光スペクトルは大気の吸収バンドの影響を受けることが図に示してある。

る角周波数は $\hbar\omega_{\max} = 2.82k_{\mathrm{B}}T$ のように温度に比例して高い角周波数側（短波長側）に移動することからも理解される。実験で固体からの輻射スペクトルを測定し，プランクの法則と比較することにより，固体の温度を決定する方法が用いられている。このようにして決めた輻射体の温度のことを色温度と呼ぶことがある。

ディラック

ディラック（Paul Adrien Maurice Dirac, 1902 年 8 月 8 日–1984 年 10 月 20 日，イギリス）はブリストル生まれで，量子力学（quantum mechanics）と量子電磁気学（quantum electrodynamics）の基礎を確立した物理学者。ブリストル大学の電気工学科を卒業の直前にケンブリッジ大学のセント・ジョーンズ・カレッジの入学試験に合格したが，第一次世界大戦直後の不況で経済的負担が大きく，再びブリストル大学に戻る。1923 年には奨学金を得てケンブリッジ大学に入り，1926 年には Ph.D. を取得した。一般相対性理論を研究した。量子力学ではディラックのデルタ関数，ブラ・ケットによる量子力学の計算手法の確立，相対性原理を取り入れた量子力学で**ディラックの方程式**を導き，電子のスピンや反粒子である陽電子の理論的予想（反粒子の存在），場の量子論（quantum field theory），量子電磁力学（quantum electrodymanics）の基礎を築いた。電磁波が量子（フォトン；photon）であることを量子力学的に示した。1927 年に発表されたこの論文はいわゆる天才的ひらめきで，電磁波を生成，消滅のオペレータで表現できることを示したもので，このテキストの方法の指針を与えている。のちに，この手法をマクスウェルの方程式におけるベクトル・ポテンシャルを用いて，本章で示すような説明法が多くの研究者によって確立された。ディラックの電磁波の量子化の論文はつぎのとおりである。

Paul A. M. Dirac : The quantum theory of the emission and absorption of radiation, Proceedings of the Royal Society of London A: Mathematical, Physical and Engineering Sciences, Vol. **114**, No. 767, pp. 243–265 (1927)

章 末 問 題

(8.1)　つぎの交換関係を証明せよ。

$$[f(x), p_x] = i\hbar \frac{\partial f(x)}{\partial x} \equiv -p_x f(x) \tag{8.132}$$

(8.2)　(8.1) の結果を用いて，ベクトル・ポテンシャル A に対してつぎの関係を証明せよ。

$$[\boldsymbol{A}, \boldsymbol{p}] = \boldsymbol{A} \cdot \boldsymbol{p} - \boldsymbol{p} \cdot \boldsymbol{A} = -\boldsymbol{p} \cdot \boldsymbol{A} = i\hbar \boldsymbol{\nabla} \cdot \boldsymbol{A} \tag{8.133}$$

(8.3)　ベクトル・ポテンシャル $\boldsymbol{A}$ と運動量オペレーター $\boldsymbol{p}$ との間には

$$[\boldsymbol{A}, \boldsymbol{p}] = \boldsymbol{A} \cdot \boldsymbol{p} - \boldsymbol{p} \cdot \boldsymbol{A} = 0 \tag{8.134}$$

のように，交換関係が成立することを示せ。

(8.4)　交換関係の式 (8.22) を証明せよ。

$$[P, Q] = [PQ - QP] = -\mathrm{i}\hbar$$

(8.5)　式 (8.99) に消滅オペレータ a_{ki} を作用させた場合の結果を示せ。

(8.6)　ガンマ線はX線とともに放射線の一種で，放射性物質の原子核内のエネルギー準位間の遷移によって放射されるものである。その波長は 10 pm（$= 10 \times 10^{-12}$〔m〕）よりも短いものとされている。

(1)　この波長に相当するエネルギーを求めよ。

(2)　ディラックの理論から予測された陽電子（positron）は，電子（負の電荷 $-e$ を持つ）と同じ質量を持ち，電子の電荷と反対符号の電荷 $+e$ を持つ粒子である。エネルギー 1.022 MeV 以上のガンマ線が消滅するとき，電子と陽電子の対が生成され，電子と陽電子が消滅するとき 0.511 MeV のガンマ線 2 本が生成される。このときのエネルギー保存について考察せよ。

付　　　　録

電磁気学では静電現象と電気磁気（電界，磁界）が時間変化する交流現象を取り扱う。三角関数の $\sin(\omega t)$ や $\cos(\omega t)$ よりも，オイラーの式を用いた指数関数 $\exp(\mathrm{i}\omega t) = \mathrm{e}^{\mathrm{i}\omega t}$ を用いたほうがはるかに便利である。ここでは，本書で用いるオイラーの公式と三角関数との関係，ならびに双曲線関数についてまとめてある。また，参考までにフェルミ粒子とボーズ粒子の違いについて簡単な説明を行う。

A.1　テイラー展開

関数 $f(x)$ が区間 $|x-a| < r$ において，つぎのようなべき級数で表されるものとする。

$$a_0 + a_1(x-a) + a_2(x-a)^2 + \cdots + a_n(x-a)^n + \cdots$$

このとき

$$a_0 = f(a),\ a_1 = f'(a),\ a_2 = \frac{f''(a)}{2!},\ \cdots,\ a_n = \frac{f^{(n)}(a)}{n!},\ \cdots \tag{A.1}$$

であるから

$$f(x) = f(a) + f'(a)(x-a) + \frac{f''(a)}{2!}(x-a)^2 + \cdots + \frac{f^{(n)}(a)}{n!}(x-a)^n + \cdots \tag{A.2}$$

を得る。これを関数 $f(x)$ の a の周りでの**テイラー展開**あるいは**テイラー級数**（Taylor series）と呼ぶ。ただし，$x = a$ でのあらゆる微係数が存在する必要がある。$a = 0$ の場合式 (A.2) は特別な形となる。

$$f(x) = f(0) + f'(0)x + \frac{f''(0)}{2!}x^2 \cdots + \frac{f^{(n)}(0)}{n!}x^n \cdots \tag{A.3}$$

これを関数 f の**マクローリン展開**あるいは**マクローリン級数**（Maclaurin series）と呼ぶ。

テイラー展開を用いると容易につぎの関係を証明することができる。

$$e^x = 1 + x + \frac{x^2}{2!} + \frac{x^3}{3!} + \cdots + \frac{x^n}{n!} + \cdots \tag{A.4}$$

$$\sin x = x - \frac{x^3}{3!} + \frac{x^5}{5!} - \cdots + (-1)^n \frac{x^{2n+1}}{(2n+1)!} + \cdots \tag{A.5}$$

$$\cos x = 1 - \frac{x^2}{2!} + \frac{x^4}{4!} - \cdots + (-1)^n \frac{x^{2n}}{(2n)!} + \cdots \tag{A.6}$$

ここで，e^x はつぎのように定義される。関数 $f(x)$ においてその導関数（微分係数）が自分自身の $f(x)$ となるものと定義されている。これはつまり

$$\frac{df(x)}{dx} = f(x) \quad \to \quad \frac{df(x)}{f(x)} = dx$$

のように表されるが，これを積分して次式を得る。

$$\ln f(x) = x \quad \text{あるいは} \quad f(x) = e^x \equiv \exp(x) \tag{A.7}$$

A.2 オイラーの公式

つぎの関係をオイラー（Euler）の公式と呼ぶ。

$$e^{ix} = \cos x + i \sin x, \quad e^{-ix} = \cos x - i \sin x \tag{A.8}$$

ただし，$i = \sqrt{-1}$ である。

オイラーの公式はつぎのようにして導かれる。式 (A.4) より

$$e^t = 1 + t + \frac{t^2}{2!} + \frac{t^3}{3!} + \cdots + \frac{t^n}{n!} + \cdots$$

において，両辺に $t = ix$ を代入すると

$$\begin{aligned} e^{ix} &= 1 + \frac{ix}{1!} + \frac{(ix)^2}{2!} + \frac{(ix)^3}{3!} + \frac{(ix)^4}{4!} + \frac{(ix)^5}{5!} + \frac{(ix)^6}{6!} + \cdots \\ &= 1 + i\frac{x}{1!} - \frac{x^2}{2!} - i\frac{x^3}{3!} + \frac{x^4}{4!} + i\frac{x^5}{5!} - \frac{x^6}{6!} - \cdots \\ &= \left(1 - \frac{x^2}{2!} + \frac{x^4}{4!} - \frac{x^6}{6!} + \cdots\right) + i\left(\frac{x}{1!} - \frac{x^3}{3!} + \frac{x^5}{5!} - \cdots\right) \end{aligned} \tag{A.9}$$

ところが，式 (A.5) と (A.6) の関係があり，上式の右辺第 1 項と第 2 項はそれぞれ $\cos x$ と $\sin x$ を表しているから

$$\mathrm{e}^{\mathrm{i}x} = \cos x + \mathrm{i}\sin x \tag{A.10}$$

となる。この両辺の x の代わりに $-x$ を代入すれば

$$\mathrm{e}^{-\mathrm{i}x} = \cos(-x) + \mathrm{i}\sin(-x) = \cos x - \mathrm{i}\sin x \tag{A.11}$$

となり証明される。

A.3 双曲線関数

物理学や電子工学などの自然科学において，しばしば双曲線関数が用いられる。これらの関係式を述べておく。はじめに，式 (A.10) と式 (A.11) の辺々の和と差をとると，つぎの関係式が得られる。

$$\cos x = \frac{\mathrm{e}^{\mathrm{i}x} + \mathrm{e}^{-\mathrm{i}x}}{2}, \quad \sin x = \frac{\mathrm{e}^{\mathrm{i}x} - \mathrm{e}^{-\mathrm{i}x}}{2\mathrm{i}} \tag{A.12}$$

双曲線関数はつぎのように定義される。

$$\cosh(x) = \frac{\mathrm{e}^{x} + \mathrm{e}^{-x}}{2}, \quad \sinh(x) = \frac{\mathrm{e}^{x} - \mathrm{e}^{-x}}{2} \tag{A.13}$$

この関係より，容易につぎの関係式が導かれる。

$$\tanh(x) = \frac{\sinh(x)}{\cosh(x)} = \frac{\mathrm{e}^{x} - \mathrm{e}^{-x}}{\mathrm{e}^{x} + \mathrm{e}^{-x}}, \quad \coth(x) = \frac{\cosh(x)}{\sinh(x)} = \frac{\mathrm{e}^{x} + \mathrm{e}^{-x}}{\mathrm{e}^{x} - \mathrm{e}^{-x}} \tag{A.14}$$

A.4 フェルミ粒子とボーズ粒子

フェルミ粒子（フェルミオン：fermion）は電子のように半整数のスピン角運動量 $\pm\hbar/2$ を持つ量子に対して，位置座量 $\boldsymbol{r}$ とスピン座標 $\boldsymbol{s}$ で状態を表すとき，この一つの状態に 1 個の量子しか占有できないもので，その占有確率はフェルミ・ディラックの統計に従う。これに反してフォノンやフォトンのような量子は本書で求めたように，一つの量子状態に複数の量子を占有することができるものでボーズ粒子（ボゾン，boson）と呼び，その占有確率はボーズ・アインシュタインの統計に従う。ここでは，その基本的な性質の説明を行う。いま，ここで考える系では，区別できない粒子からなるものとする。まず初めに，まったく同一の粒子で，その位置ベクトルとスピンが $(\boldsymbol{r}_1, \boldsymbol{s}_1)$ と $(\boldsymbol{r}_2, \boldsymbol{s}_2)$ からなる 2 個の粒子からなる系を考える。これら 2 粒子の波動関数を $\psi(\boldsymbol{r}_1, \boldsymbol{s}_1; \boldsymbol{r}_2, \boldsymbol{s}_2)$ で表す。つぎに，これら二つの状態を交換するオペレータ P_{12} を作用させた場合を考える。

$$P_{12}\psi(\boldsymbol{r}_1, \boldsymbol{s}_1; \boldsymbol{r}_2, \boldsymbol{s}_2) \equiv \psi(\boldsymbol{r}_2, \boldsymbol{s}_2; \boldsymbol{r}_1, \boldsymbol{s}_1) \tag{A.15}$$

つまり，このオペレータは粒子 1 と 2 の波動関数における位置とスピンからなる状態を入れ替えるものと理解する。もし二つの粒子がまったく同一であるとすれば，ハミルトニアンは同一粒子の位置とスピンに関して対称でなければならない。いいかえると，この量子の入替えに対して 2 粒子の系のエネルギーは座標とスピンを入れ替えても不変である。このことは粒子の入替えのオペレータはハミルトニアンと交換可能である。

$$[P_{12}, \mathcal{H}] = 0 \tag{A.16}$$

そこで交換オペレータの固有値をつぎのように α で定義することにする。

$$P_{12}\psi = \alpha\psi. \tag{A.17}$$

この入替えオペレータをもう一度作用させると

$$P_{12}^2\psi(\boldsymbol{r}_1, \boldsymbol{s}_1; \boldsymbol{r}_2, \boldsymbol{s}_2) = \alpha^2\psi(\boldsymbol{r}_1, \boldsymbol{s}_1; \boldsymbol{r}_2, \boldsymbol{s}_2) \equiv \psi(\boldsymbol{r}_1, \boldsymbol{s}_1; \boldsymbol{r}_2, \boldsymbol{s}_2) \tag{A.18}$$

となり，この式の最後の項は，オペレータを 2 度作用させると，その固有関数は元に戻ることを意味している。したがって，入替えオペレータの 2 乗は恒等オペレータ（identity operator）と呼ばれ

$$P_{12}^2 \equiv I \quad \text{あるいは} \quad I\psi = \alpha^2\psi = 1 \cdot \psi \tag{A.19}$$

である。これより $\alpha^2 = 1$ となり，α は下記のような ± 1 の二つの根を有する。

$$\alpha = \pm 1 \tag{A.20}$$

これらの二つの状態に対してつぎのような関係が成立する。

① 式 (A.20) の固有値 -1 を持つ粒子を**フェルミ粒子**（Fermi particle）または**フェルミオン**（Fermion）と呼び，フェルミ・ディラックの統計に従う。スピンが半整数の粒子（量子）がこの中に含まれる。

② 式 (A.20) の固有値 $+1$ を持つ粒子を**ボーズ粒子**（bose particle）または**ボゾン**（boson）と呼び，ボーズ・アインシュタイン統計に従う。スピンが整数かゼロの粒子（量子）がこの中に含まれる。

これらのことを以下の節で説明する。

A.4.1 フェルミ粒子とパウリの排他律

ここで，フェルミ粒子はパウリの排他律に従うことを示す。2 個のフェルミ粒子は

同時に同じ量子状態を占有することができないことは，つぎの考察から説明される。二つの同一粒子が同じ量子状態を占有できるかどうかを考察してみる。いま，量子状態を座標とスピン角運動量の z–成分で表す。二つの量子を表す波動関数に入替えオペレータを作用させてみると

$$P_{12}\psi(\boldsymbol{r}_1,\boldsymbol{s}_1;\boldsymbol{r}_2,\boldsymbol{s}_2)=\psi(\boldsymbol{r}_2,\boldsymbol{s}_2;\boldsymbol{r}_1,\boldsymbol{s}_1)=-\psi(\boldsymbol{r}_1,\boldsymbol{s}_1;\boldsymbol{r}_2,\boldsymbol{s}_2) \tag{A.21}$$

となる。ここに，最後の関係はフェルミ粒子を想定しているので，入替えオペレータの固有値として $\alpha=-1$ を用いた。かりに，$\boldsymbol{r}_1=\boldsymbol{r}_2$ と $\boldsymbol{s}_1=\boldsymbol{s}_2$ とすると，上式は下記の条件を満たすときのみ成立する。

$$\psi(\boldsymbol{r}_1,\boldsymbol{s}_1;\boldsymbol{r}_2,\boldsymbol{s}_2)=0 \tag{A.22}$$

このように波動関数がゼロとなることは，一つの量子状態を二つの量子が占有することはできないという**パウリの排他律**を表している。

つぎに，相互作用のない二つのフェルミ粒子を考えて，その波動関数をつぎのように仮定してみる。

$$\psi=\frac{1}{\sqrt{2}}\left[\phi_1(\boldsymbol{r}_1,\boldsymbol{s}_1)\phi_2(\boldsymbol{r}_2,\boldsymbol{s}_2)-\phi_1(\boldsymbol{r}_2,\boldsymbol{s}_2)\phi_2(\boldsymbol{r}_1,\boldsymbol{s}_1)\right] \tag{A.23}$$

ここに，ϕ_1 と ϕ_2 は単一粒子の定常状態を表している。この波動関数の式 (A.23) はパウリの排他律を満たすことは明らかである。

$$P_{12}\psi=-\psi \tag{A.24}$$

さらに二つの波動関数 ϕ_1 と ϕ_2 が同一なら波動関数の式 (A.23) はゼロとなり，フェルミ粒子を表していることもわかる。ただし，ここでの考察は二つの粒子の場合で，それ以上の多粒子系では下記のスレーター行列式か，または第二量子化の方法によらなければならない。

式 (A.23) は下記のような行列式で表すことができる。

$$\psi(\boldsymbol{r}_1,\boldsymbol{s}_1;\boldsymbol{r}_2,\boldsymbol{s}_2)=\frac{1}{\sqrt{2}}\begin{vmatrix}\phi_1(\boldsymbol{r}_1,\boldsymbol{s}_1) & \phi_2(\boldsymbol{r}_1,\boldsymbol{s}_1)\\ \phi_1(\boldsymbol{r}_2,\boldsymbol{s}_2) & \phi_2(\boldsymbol{r}_2,\boldsymbol{s}_2)\end{vmatrix} \tag{A.25}$$

式 (A.25) は多数のフェルミ粒子に対する系にも拡張できる。いま，$(\boldsymbol{r}_i,\boldsymbol{s}_i)=\boldsymbol{\tau}_i$ なる記号を用いて N 個のフェルミ粒子に対する波動関数は相互作用のない $N!$ 通りに波動関数 $\boldsymbol{\tau}_1,\boldsymbol{\tau}_2,\cdots,\boldsymbol{\tau}_N$ を用いて，つぎのように表すことができる。

$$\psi_F(\boldsymbol{\tau}_1, \boldsymbol{\tau}_2, \ldots, \boldsymbol{\tau}_N) = \frac{1}{\sqrt{N!}} \begin{vmatrix} \phi_1(\boldsymbol{\tau}_1) & \phi_2(\boldsymbol{\tau}_1) & \ldots & \phi_N(\boldsymbol{\tau}_1) \\ \phi_1(\boldsymbol{\tau}_2) & \phi_2(\boldsymbol{\tau}_2) & \ldots & \phi_N(\boldsymbol{\tau}_2) \\ \phi_1(\boldsymbol{\tau}_3) & \phi_2(\boldsymbol{\tau}_3) & \ldots & \phi_N(\boldsymbol{\tau}_3) \\ \vdots & \vdots & \ddots & \vdots \\ \phi_1(\boldsymbol{\tau}_N) & \phi_2(\boldsymbol{\tau}_N) & \ldots & \phi_N(\boldsymbol{\tau}_N) \end{vmatrix} \tag{A.26}$$

この式はスレーターにより導入されたものでスレーター行列式（Slater determinant）と呼ばれる。

同様にして二つのボーズ粒子に対しては $\alpha = +1$ であるので，その波動関数を

$$\psi_B = \frac{1}{\sqrt{2}}[\phi_1(\boldsymbol{r}_1, \boldsymbol{s}_1)\phi_2(\boldsymbol{r}_2, \boldsymbol{s}_2) + \phi_1(\boldsymbol{r}_2, \boldsymbol{s}_2)\phi_2(\boldsymbol{r}_1, \boldsymbol{s}_1)] \tag{A.27}$$

として表せば，入替えオペレータの作用で $\alpha = +1$ の条件を満たす。ただし，この記述法はボゾンに対して正しくないので，以後，本書で用いることはない。正しくは 8 章の電磁波の量子化で用いた生成オペレータと消滅オペレータで記述する第二量子化の方法によらなければならない。

A.4.2 フェルミオンの生成と消滅のオペレータ

N 個のフェルミオンに対する波動関数は 1 粒子波動関数の完全なセット，$\phi_1, \phi_2, \cdots$，を用いてスレーター行列式で表されることを示した。スレーター行列式を簡単のためつぎのように表してみる。

$$|\phi_\alpha \phi_\beta \ldots \phi_\lambda| \quad \text{または} \quad |\phi_\alpha \phi_\beta \ldots \phi_\lambda\rangle \tag{A.28}$$

ここで注意しなければならないことは，どの電子が状態 ϕ_j を占有するかを決めることはできないことである。したがって，その 1 電子状態を占有する電子を決めなければならない。そこで，パウリの排他律を考慮してその系を記述するのに粒子数 $n_1, n_2, \cdots, n_j, \cdots$ で，その 1 粒子状態 $\phi_1, \phi_2, \cdots, \phi_j, \cdots$ の占有状態を表すことにする。ここに，$n_1, n_2, \cdots, n_j, \cdots$ で n_j は 0 または 1 である。これより $n_\alpha = n_\beta = \cdots = n_\lambda = 1$ または 0 である。そこで，多電子系の波動関数であるスレーター行列式を $n_1, n_2, \cdots, n_j, \cdots$ のセットで表す。

$$|n_1, n_2, n_3, \cdots, n_j, \cdots\rangle \tag{A.29}$$

$$n_j = 0 \text{ または } 1 \quad \text{（フェルミオンに対して）} \tag{A.30}$$

ここにフェルミ粒子はパウリの排他律に従うので一つの量子状態に 1 個のフェルミオンしか収容できないので $n_j = 0, 1$ であることは明らかである。

まず，消滅のオペレータ c_μ を定義する。消滅のオペレータ c_μ をスレーター行列式 $|\phi_\alpha\phi_\beta\cdots\phi_\lambda|$ に作用させると，行列の成分から ϕ_μ は消える。このとき，ϕ_μ を行列の先頭に移動してオペレータを作用させるので，行列の符号が変化することに注意すると，つぎのようになる。

$$
\begin{aligned}
&c_\mu|n_1,n_2,n_3,\cdots,n_\mu,\cdots\rangle \\
&\quad=\begin{cases}(-1)^{n_1+n_2+\cdots+n_{\mu-1}}|n_1,n_2,n_3,\cdots,n_\mu-1,\cdots\rangle & (n_\mu=1\text{ のとき})\\ 0 & (n_\mu=0\text{ のとき})\end{cases}
\end{aligned}
$$

一方，生成のオペレータはつぎのように定義される。オペレータ $c_\mu^\dagger$ をスレーター行列式に作用させると，ϕ_μ が行列の最初の列に追加される。スレーター行列式が ϕ_μ を持っている場合，この作用によってゼロとなる。これよりつぎの関係式を得る。行列の移動で符号が変化することに注意して

$$
\begin{aligned}
&c_\mu^\dagger|n_1,n_2,n_3,\cdots,n_\mu,\cdots\rangle \\
&\quad=\begin{cases}(-1)^{n_1+n_2+\cdots+n_{\mu-1}}|n_1,n_2,n_3,\cdots,n_\mu+1,\cdots\rangle & (n_\mu=0\text{ のとき})\\ 0 & (n_\mu=1\text{ のとき})\end{cases}
\end{aligned}
$$

となる。これらの結果をまとめるとつぎのようになる。

$$
\begin{aligned}
c_\mu|n_1,n_2,\cdots,n_\mu,\cdots\rangle &= (-1)^{n_1+n_2+\cdots+n_{\mu-1}}\sqrt{n_\mu}|n_1,n_2,\cdots,n_\mu-1,\cdots\rangle\\
c_\mu^\dagger|n_1,n_2,\cdots,n_\mu,\cdots\rangle &= (-1)^{n_1+n_2+\cdots+n_{\mu-1}}\sqrt{1-n_\mu}|n_1,n_2,\cdots,n_\mu+1,\cdots\rangle
\end{aligned}
$$

ここに，$\sqrt{n_\mu}$，$\sqrt{1-n_\mu}$ の根号 $\sqrt{\ }$ はなくとも同じ結果になるが，ボゾンのオペレータの式 (8.101)，(8.102) と対応させるためにつけた。

つぎに，オペレータ $c_\mu c_\nu$ と $c_\nu c_\mu$ を考察してみる。もし，$\mu=\nu$ ならば，その結果はゼロとなる。なぜなら，$c_\mu c_\mu$ は二度消滅のオペレータを作用させるので $n_\mu=1,0$ であるから作用させるとゼロとなる。$\mu\neq\nu$ ならば，オペレータを作用させると，$n_\mu=0$ または $n_\nu=0$ のときにはゼロとなる。$n_\mu=n_\nu=1$ のときは，$c_\mu c_\nu$ または $c_\nu c_\mu$ を作用させると状態は $n_\mu=n_\nu=0$ となるが，ほかの状態では不変である。ただし，これらの作用に対して符号が変化することには注意が必要である。

以下の計算では $\mu<\nu$ と仮定する。

$$
\begin{aligned}
&c_\mu c_\nu|n_1,n_2,\cdots,n_\mu=1,\cdots,n_\nu=1,\cdots\rangle\\
&\quad=(-1)^{n_1+n_2+\cdots+n_{\nu-1}}c_\mu|n_1,n_2,\cdots,n_\mu=1,\cdots,n_\nu=0,\cdots\rangle\\
&\quad=(-1)^{n_1+n_2+\cdots+n_{\nu-1}}(-1)^{n_1+n_2+\cdots+n_{\mu-1}}|n_1,n_2,\cdots,n_\mu=0,\cdots,n_\nu=0,\cdots\rangle
\end{aligned}
$$

$$
\begin{aligned}
&c_\nu c_\mu|n_1, n_2, \cdots, n_\mu = 1, \cdots, n_\nu = 1, \cdots\rangle \\
&\quad = (-1)^{n_1+n_2+\cdots+n_{\mu-1}} c_\nu |n_1, n_2, \cdots, n_\mu = 0, \cdots, n_\nu = 1, \cdots\rangle \\
&\quad = (-1)^{n_1+n_2+\cdots+n_{\mu-1}} (-1)^{n_1+n_2+\cdots+n_\mu-1+\cdots+n_{\nu-1}} \\
&\qquad \times |n_1, n_2, \cdots, n_\mu = 0, \cdots, n_\nu = 0, \cdots\rangle
\end{aligned}
$$

これらの結果，(-1) の指数をみれば $|n_1, n_2, \cdots, n_\mu, \cdots, n_\nu, \cdots\rangle$ にオペレータ $c_\mu c_\nu + c_\nu c_\mu$ を作用させると 0 の値を与える。同様にして $c_\mu^\dagger c_\nu^\dagger + c_\nu^\dagger c_\mu^\dagger$ を作用させるとやはりゼロとなる。これらの結果からつぎのような関係が得られる。

$$
c_\mu c_\nu + c_\nu c_\mu = c_\mu^\dagger c_\nu^\dagger + c_\nu^\dagger c_\mu^\dagger = 0. \tag{A.31}
$$

まったく同様にして $c_\mu c_\nu^\dagger + c_\nu^\dagger c_\mu$ を作用させると $\mu \neq \nu$ のとき 0 で $\mu = \nu$ のときには 1 となる。いいかえるとつぎのような関係が得られる。

$$
c_\mu c_\nu^\dagger + c_\nu^\dagger c_\mu = \delta_{\mu\nu}. \tag{A.32}
$$

これらの関係は反交換関係

$$
[A, B]_+ = AB + BA \tag{A.33}
$$

を用いてつぎのような関係式にまとめられる。

$$
[c_\mu, c_\nu]_+ = \left[c_\mu^\dagger, c_\nu^\dagger\right]_+ = 0, \quad \left[c_\mu, c_\nu^\dagger\right]_+ = \delta_{\mu\nu} \tag{A.34}
$$

A.4.3　ボ ー ズ 粒 子

ボーズ粒子の取扱いは 8 章で詳しく述べた。ここでは，フェルミオンとの対比を示すにとどめる。ボゾンの波動関数は

$$
|n_1, n_2, n_3, \cdots, n_j, \cdots\rangle \tag{A.35}
$$

$$
n_j = 0, 1, 2, 3, \cdots \quad \text{（ボゾンに対して）} \tag{A.36}
$$

と表される。フェルミ粒子の場合はパウリの排他律を満たすために $n_j = 0,\ 1$ であるが，ボーズ粒子では一つの量子状態に複数の量子を収容することができることに注意する必要がある。つまり，ボーズ粒子では $n_j = 0, 1, 2, 3, \cdots$ である。ボーズ粒子の消滅と生成のオペレータは

$$
a_\mu|n_1, n_2, \cdots, n_\mu, \cdots > = \sqrt{n_\mu}|n_1, n_2, \cdots, n_\mu - 1, \cdots > \tag{A.37}
$$

$$
a_\mu^\dagger|n_1, n_2, \cdots, n_\mu, \cdots > = \sqrt{1 + n_\mu}|n_1, n_2, \cdots, n_\mu + 1, \cdots > \tag{A.38}
$$

である。また

$$a_\mu a_\nu - a_\nu a_\mu = a_\mu^\dagger a_\nu^\dagger - a_\nu^\dagger a_\mu^\dagger = 0, \quad a_\mu a_\nu^\dagger - a_\nu^\dagger a_\mu = \delta_{\mu\nu} \tag{A.39}$$

あるいは

$$[a_\mu, a_\nu]_- = \left[a_\mu^\dagger, a_\nu^\dagger\right]_- = 0, \quad \left[a_\mu, a_\nu^\dagger\right]_- = \delta_{\mu\nu} \tag{A.40}$$

である。ここに，ボーズ粒子に対しては交換関係

$$[A, B]_- = AB - BA \tag{A.41}$$

が適用される。また，つぎの関係式の成立することも明らかである。

$$\begin{aligned} a_\mu a_\mu^\dagger|\cdots, n_\mu, \cdots > &= \sqrt{n_\mu + 1} a_\mu|\cdots, n_\mu + 1, \cdots > \\ &= (n_\mu + 1)\,|\cdots, n_\mu, \cdots > \end{aligned} \tag{A.42}$$

$$\begin{aligned} a_\mu^\dagger a_\mu|\cdots, n_\mu, \cdots > &= \sqrt{n_\mu} a_\mu^\dagger|\cdots, n_\mu - 1, \cdots > \\ &= (n_\mu)\,|\cdots, n_\mu, \cdots > \end{aligned} \tag{A.43}$$

式 (A.43) より，$a_\mu^\dagger a_\mu$ はボゾンの数オペレータで状態 ϕ_μ のボゾンの数を表している。つまり，フェルミオンとは対照的に一つの量子状態にいくつでもボーズ粒子を収容することができる。

A.5 物 理 定 数 表

表 A.1 代表的な物理定数。2010 CODATA, NIST SP 959 (Dec. 2012) P. J. Mohr, B. N. Taylor, and D. B. Newell: Rev. Mod. Phys., **84**, 1527 (2012)

物理定数	記号	数値	単位
光速	c	$2.997\,924\,58 \times 10^{8}$（確定値）	$\mathrm{m \cdot s^{-1}}$
透磁率	μ_0	$4\pi \times 10^{-7}$（確定値）	$\mathrm{N \cdot A^{-2}}$
誘電率（$1/\mu_0 c^2$）	ϵ_0	$8.854\,187\,817 \times 10^{-12}$	$\mathrm{F/m^{-1}}$
プランク定数	h	$6.626\,069\,57 \times 10^{-34}$	$\mathrm{J \cdot s}$
プランク定数（ディラック $h/2\pi$）	$\hbar$	$1.054\,571\,726 \times 10^{-34}$	$\mathrm{J \cdot s}$
電子の電荷量	e	$1.602\,176\,565 \times 10^{-19}$	C
電子の質量	m	$9.109\,382\,91 \times 10^{-31}$	kg
陽子の質量	m_{p}	$1.672\,621\,777 \times 10^{-27}$	kg
ボーア半径（$\epsilon_0 h^2/\pi m e^2$）	a_{B}	$0.529\,177\,021\,092 \times 10^{-10}$	m
ボーア磁子（$e\hbar/2m$）	μ_{B}	$927.400\,968 \times 10^{-26}$	$\mathrm{J \cdot T^{-1}}$
ボルツマン定数	k_{B}	$1.380\,648\,8 \times 10^{-23}$	$\mathrm{J \cdot K^{-1}}$
磁束量子（($h/2e$)	Φ_0	$2.067\,833\,758 \times 10^{15}$	Wb
ジョセフソン定数（$2e/\hbar$）†	K_{J}	$483\,597.870 \times 10^{9}$	$\mathrm{Hz \cdot V^{-1}}$
フォンクリッツィング定数（h/e^2）††	R_{K}	$25\,812.807\,443\,4$	Ω

† B. D. Josephson はジョセフソン効果の発見でノーベル物理学賞受賞（1973 年）
†† K. von Klitzing は量子ホール効果の発見でノーベル物理学賞受賞（1985 年）
戦後（20 世紀後半以降）でノーベル賞受賞者の名を冠した物理定数は上記 2 件のみ

2017 年にプランク定数は $h = 6.626\,069\,83(\pm 22) \times 10^{-34}\ \mathrm{J \cdot s}$ が採用される予定（カッコ内の数字は最後の 2 桁の不確定さ）詳細は：下記の文献を参照されたい。
D. Haddad et al. Rev. Sci. Instrum. **87** (2116) 061301

引用・参考文献

本書で参考にした文献の主なものを以下に記す。すでに絶版となった文献もあるが，本文では詳細に記述したので十分理解できるものと確信する。

1）竹山説三：電磁気学現象理論，丸善（1950）

2）J. C. Slater and N. H. Frank：Electromagnetism, (Courier Corporation, 1947); 柿内賢信訳：スレーター・フランク 電磁気学，丸善（1964）

3）J. A. Stratton：Electromagnetic Theory, John Wiley & Sons (2007)

4）S. J. Orfanidis：Electromagnetic Waves and Antennas, http://www.ece.rutgers.edu/ orfanidi/ewa/

5）R. M. Eisberg and L. S. Lerner：Physics: Foundations and Applications, Vol.**1** & Vol.**2**, McGraw-Hill (1982)
本書で用いた図面のいくつかはこれらの著書を参考にして作成した。

6）R. Loudon：The Quantum Theory of Light, Oxford Univ. Press (1973)

7）熊谷信昭：改訂 電磁理論，コロナ社（2001）

8）電気学会（執筆委員，山口昌一郎）：基礎電磁気学，オーム社（1984）

9）C. Hamaguchi：Basic Semiconductor Physics, 3rd Edition Springer (2017)

10）浜口智尋，森　伸也：電子物性；電子デバイスの基礎，朝倉書店（2014）

11）浜口智尋，福井萬壽夫，富永喜久雄：電気磁気 1，2，森北出版（1991）

12）小出昭一郎：量子力学（II），裳華房（1972）

13）Leonard I. Schiff：Quantum Mechanics, 2nd Edition, McGraw-Hill, Kogakusha, Tokyo (1955)

章末問題解答

1　章

(1.1)　ベクトル積の計算から

$$\begin{aligned}\boldsymbol{A}\times\boldsymbol{B} &= (A_x\boldsymbol{i}+A_y\boldsymbol{j}+A_z\boldsymbol{k})\times(B_x\boldsymbol{i}+B_y\boldsymbol{j}+B_z\boldsymbol{k})\\ &= (A_yB_z-A_zB_y)\boldsymbol{i}+(A_zB_x-A_xB_z)\boldsymbol{j}+(A_xB_y-A_yB_x)\boldsymbol{k}\end{aligned}$$

一方

$$\begin{aligned}\boldsymbol{B}\times\boldsymbol{A} &= (B_x\boldsymbol{i}+B_y\boldsymbol{j}+B_z\boldsymbol{k})\times(A_x\boldsymbol{i}+A_y\boldsymbol{j}+A_z\boldsymbol{k})\\ &= (B_yA_z-B_zA_y)\boldsymbol{i}+(B_zA_x-B_xA_z)\boldsymbol{j}+(B_xA_y-B_yA_x)\boldsymbol{k}\\ &= -(A_yB_z-A_zB_y)\boldsymbol{i}-(AzB_x-A_xB_z)\boldsymbol{j}-(A_xB_y-A_yB_x)\end{aligned}$$

より次式を得る。

$$\boldsymbol{A}\times\boldsymbol{B}=-\boldsymbol{B}\times\boldsymbol{A}$$

(1.2)　図 1.9 に示したように，時間軸を拡大して質点 M の円運動を考える。時刻 $t=-\varDelta t$ で点 Q にあった質点は時刻 $t=0$ で点 P に移動する。そのベクトルは $\boldsymbol{v}\cdot\varDelta t$ で与えられる。この質点は時刻 $t=\varDelta t$ には点 R に移動し，そのベクトル量は $\boldsymbol{v}\cdot\varDelta t$ で与えられる。この PR のベクトルを平行移動して QN とすると，ベクトル PN はベクトル QP が $\varDelta t$ 後にベクトル PR となる間に円の中心方向に $\varDelta\boldsymbol{v}_{\rm c}\cdot\varDelta t$ だけ向心力により曲げられた量に等しい。三角形 QPN と PNQ は相似形をなしているから

$$\frac{\varDelta\boldsymbol{v}_{\rm c}\cdot\varDelta t}{\boldsymbol{v}\cdot\varDelta t}=\frac{\boldsymbol{v}\cdot\varDelta t}{r}$$

の関係が成立する。これより向心力の加速度 $a_{\rm c}$ は

$$a_{\rm c}\equiv\lim_{\varDelta t\to 0}\frac{\varDelta\boldsymbol{v}_{\rm c}}{\varDelta t}=\frac{v^2}{r}$$

となり，向心力はニュートンの法則から次式で与えられる。

$$F_{\rm c}=Ma_{\rm c}=M\frac{v^2}{r}$$

(1.3)　電子の電荷量を $e=1.602\times10^{-19}$〔C〕とすると，電子と水素原子の核との間に働く力は

$$F = \frac{e^2}{4\pi\epsilon_0 r^2} = \frac{\left(1.602 \times 10^{-19}\right)^2}{4 \times \pi \times 8.854 \times 10^{-12} \times (0.529 \times 10^{-10})^2}$$
$$= 8.24 \times 10^{-8} \text{〔N〕}$$

前問の結果からクーロン力 F による加速度は電子の質量を $m = 9.109 \times 10^{-31}$〔kg〕として

$$a = \frac{F}{m} = \frac{v^2}{r} = 9.05 \times 10^{22} \text{〔m/s}^2\text{〕}$$

これより，円軌道の電子の速度 v は

$$v = \sqrt{ar} = \sqrt{9.05 \times 10^{22} \times 0.529 \times 10^{-10}} = 2.19 \times 10^6 \text{〔m/s〕}$$

つまり光速 $c = 2.998 \times 10^8$〔m/s〕に対して $v/c \simeq 0.007$ である。

(1.4) 図 1.10 右手系を用いて $\boldsymbol{A} \times \boldsymbol{B}$ の (x, y, z) 成分を分けて表すとつぎのようになる。

$$(\boldsymbol{A} \times \boldsymbol{B})_x = \boldsymbol{e}_x A_y B_z - \boldsymbol{e}_x A_z B_y$$
$$(\boldsymbol{A} \times \boldsymbol{B})_y = \boldsymbol{e}_y A_z B_x - \boldsymbol{e}_y A_x B_z$$
$$(\boldsymbol{A} \times \boldsymbol{B})_z = \boldsymbol{e}_z A_x B_y - \boldsymbol{e}_z A_y B_x$$

このように成分は $x \to y \to z$ の順で現れる場合はプラス $(+)$ 符号を，その他の順序ではマイナス $(-)$ 符号を付け，(x, y, z) 成分が重複する場合はゼロ (0) となる。この結果

$$\boldsymbol{A} \times \boldsymbol{B} = \boldsymbol{e}_x(A_y B_z - A_z B_y) + \boldsymbol{e}_y(A_z B_x - A_x B_z)$$
$$+ \boldsymbol{e}_z(A_x B_y - A_y B_z)$$

となる，本書のあらゆるベクトル計算はこの**右手系**を用いて行えば容易に理解できる。言い換えれば右手系の計算法を覚えるのがベクトル計算では最も重要である。

(1.5) 例解はつぎのとおりである。

(1) ベクトル $\boldsymbol{C}$ を成分に分けて表示すると

$$\boldsymbol{C} = \boldsymbol{A} + \boldsymbol{B} = \boldsymbol{e}_x(0 + 0) + \boldsymbol{e}_y(5 + 2) + \boldsymbol{e}_z(3 + 4) = 7\boldsymbol{e}_y + 7\boldsymbol{e}_z$$

(2) ベクトル $\boldsymbol{A} \cdot \boldsymbol{B}$ を成分に分けて表示すると

$$\boldsymbol{A} \cdot \boldsymbol{B} = (A_x B_x + A_y B_y + A_z B_z = 0 + 5 + 3 \times 4 = 22$$

(3)　ベクトルの公式を用いて，$A_x = 0$ であるから前問の結果から $\boldsymbol{A} \times \boldsymbol{B}$ は x 方向成分のみとなる。

$$\boldsymbol{A} \times \boldsymbol{B} = \boldsymbol{e}_x(A_y B_z - A_z B_y) = \boldsymbol{e}_x(5 \times 4 - 3 \times 2) = 14\boldsymbol{e}_x$$

(4)　**(3)** より面積 S は $S = 14$ となる。一方ベクトルの長さは

$$|\boldsymbol{A}| = A = \sqrt{A_y^2 + A_z^2} = \sqrt{5^2 + 3^2} = \sqrt{34}$$
$$|\boldsymbol{B}| = B = \sqrt{A_y^2 + A_z^2} = \sqrt{2^2 + 4^2} = \sqrt{20}$$

ベクトル間の角度 θ は

$$S = AB\sin\theta = \sqrt{34 \times 20} \times \sin\theta \simeq 26.07\sin\theta$$
$$\sin\theta = \frac{S}{AB} = \frac{14}{\sqrt{34 \times 20}} = \frac{14}{\sqrt{680}} \simeq 0.537$$

の関係から次式を得る。

$$\theta = \arcsin\theta \simeq \arcsin(0.537) \simeq 0.567\,\mathrm{rad} = 32.47^\circ$$

(1.6)　図 1.11 より

$$C^2 = \boldsymbol{C} \cdot \boldsymbol{C} = (\boldsymbol{A} + \boldsymbol{B}) \cdot (\boldsymbol{A} + \boldsymbol{B}) = \boldsymbol{A} \cdot \boldsymbol{A} + \boldsymbol{B} \cdot \boldsymbol{B} + \boldsymbol{A} \cdot \boldsymbol{B} + \boldsymbol{B} \cdot \boldsymbol{A}$$

$\boldsymbol{A} \cdot \boldsymbol{B} = \boldsymbol{B} \cdot \boldsymbol{A}$ であるから

$$C^2 = A^2 + B^2 + 2\boldsymbol{A} \cdot \boldsymbol{B} = A^2 + B^2 + 2AB\cos\theta$$

これより次式を得る。

$$C = \sqrt{A^2 + B^2 + 2AB\cos\theta}$$

この関係は数学では余弦の法則（law of cosines）と呼ばれる。

(1.7)　例解はつぎのとおりである。

(1)　ばねの抗力は変位に対して反対方向に働くから

$$F = -kx$$

である。平衡位置の始点 x_{ref} からこの系に外力のもとでほかの点 x_{f} に移動させるとき，この抗力に逆らって $-F = kx$ でなされる仕事 W は

$$W = \int_{x_{\mathrm{ref}}}^{x_{\mathrm{f}}} -F(x)\mathrm{d}x = \int_{x_{\mathrm{ref}}}^{x_{\mathrm{f}}} kx\mathrm{d}x = \frac{1}{2}\left[x^2\right]_{x_{\mathrm{ref}}}^{x_{\mathrm{f}}} = \frac{1}{2}k\left[x_{\mathrm{f}}^2 - x_{\mathrm{ref}}^2\right]$$

となる。始状態が平衡状態であるとすると $x_{\mathrm{ref}}=0$ とおけるから

$$W=\frac{1}{2}kx_{\mathrm{f}}^2=\frac{1}{2}kx^2$$

となる。このエネルギーはこの系が終状態で持っているエネルギーであり，ポテンシャル・エネルギーと呼ばれる

(2)　このポテンシャル・エネルギーは仕事をすることができる。x_{f} から x_{ref} まで移動する間になす仕事はポテンシャル・エネルギーに等しいから

$$U=W_{\mathrm{f}\to\mathrm{ref}}=\int_{x_{\mathrm{f}}}^{x_{\mathrm{ref}}}F\mathrm{d}x$$

と表される。ここに，ばねの復元力 F は次式で与えられる。

$$F=-\frac{\mathrm{d}U}{\mathrm{d}x}$$

(3)　このことは上の式を W の式に代入してつぎのように確かめられる。

$$U=\int_{x_{\mathrm{f}}}^{x_{\mathrm{ref}}}F\mathrm{d}x=-\int_{x_{\mathrm{f}}}^{x_{\mathrm{ref}}}\frac{\mathrm{d}U}{\mathrm{d}x}\mathrm{d}x=-\int_{U_{\mathrm{f}}}^{U_{\mathrm{ref}}}\mathrm{d}U=-\left(U_{\mathrm{ref}}-U_{\mathrm{f}}\right)$$

平衡状態の位置を $x_{\mathrm{ref}}=0$ とおき，$U_{\mathrm{ref}}=0$ とすると

$$U=U_{\mathrm{f}}\equiv\frac{1}{2}kx_{\mathrm{f}}^2=\frac{1}{2}kx^2$$

となる。このことは **(2)** のばねのポテンシャル・エネルギーの式から，その勾配 $-\mathrm{d}U/\mathrm{d}x$，つまり上の F で与えられる復元力が仕事をする力になることを表している。この関係は 2 章で述べる電界 $\boldsymbol{E}$ と静電ポテンシャル ϕ との関係を表す次式の定義とまったく同じである。

$$\boldsymbol{E}=-\nabla\phi$$

(1.8)　例解はつぎのとおりである。

(1)　角運動量 $\boldsymbol{l}=\boldsymbol{r}\times\boldsymbol{p}$ の時間微分はつぎのように定義される。

$$\frac{\mathrm{d}\boldsymbol{l}}{\mathrm{d}t}=\frac{\mathrm{d}(\boldsymbol{r}\times\boldsymbol{p})}{\mathrm{d}t}$$

これより

$$\frac{\mathrm{d}\boldsymbol{l}}{\mathrm{d}t}=\frac{\mathrm{d}\boldsymbol{r}}{\mathrm{d}t}\times\boldsymbol{p}+\boldsymbol{r}\times\frac{\mathrm{d}\boldsymbol{p}}{\mathrm{d}t}$$

となる。質点 m の速度ベクトルは $\boldsymbol{v}=\mathrm{d}\boldsymbol{r}/\mathrm{d}t$ で与えられるから，運動量ベクトルは $\boldsymbol{p}=m\boldsymbol{v}$ で両ベクトルは平行であり

$$\frac{\mathrm{d}\boldsymbol{r}}{\mathrm{d}t} \times \boldsymbol{p} = \boldsymbol{v} \times m\boldsymbol{v} = 0$$

この結果，角運動量の時間微分の式はニュートンの運動方程式 $\mathrm{d}\boldsymbol{p}/\mathrm{d}t = \boldsymbol{F}$ を用いてつぎのようになる。

$$\frac{\mathrm{d}\boldsymbol{l}}{\mathrm{d}t} = \boldsymbol{r} \times \frac{\mathrm{d}\boldsymbol{p}}{\mathrm{d}t} = \boldsymbol{r} \times \boldsymbol{F}$$

これより角運動量に関するニュートンの第二法則はつぎのようになる。

$$\frac{\mathrm{d}\boldsymbol{l}}{\mathrm{d}t} = \boldsymbol{r} \times \boldsymbol{F} = \boldsymbol{T}$$

また，外力が $\boldsymbol{r}$ に直交せず $\boldsymbol{F}'$ のように角度 θ だけ傾いているときは

$$|\boldsymbol{T}'| = |\boldsymbol{r} \times \boldsymbol{F}'| = rF' \sin\theta$$

となり，アームを回転させる力はベクトル積により決まる。なお，アームと外力が平行な場合，明らかに回転の力は発生しない。このことは $\sin\theta = 0$ となり，$\boldsymbol{T}' = 0$ となることからも明らかである。

(2)　角運動量 $\boldsymbol{l} = \boldsymbol{r} \times \boldsymbol{p}$ は $\boldsymbol{r}$ と $\boldsymbol{p}$ に直交する方向，トルク $\boldsymbol{T} = \boldsymbol{r} \times \boldsymbol{F}$ は $\boldsymbol{r}$ と外力 $\boldsymbol{F}$ に直交する方向のベクトルである。ともに，距離ベクトル $\boldsymbol{r}$ と外力ベクトル $\boldsymbol{F}$ のベクトル積の方向を与える。しかし，回転はそのベクトル積の方向ではない。トルクのベクトル積の方向については，つぎのように考えると理解しやすい。例えば $\boldsymbol{r} = r\boldsymbol{e}_x$ とし，外力を $\boldsymbol{F} = \boldsymbol{e}_y$ とすると，トルクは

$$\boldsymbol{T} = \boldsymbol{r} \times \boldsymbol{F} = r\,F\boldsymbol{e}_z$$

となる。つまりトルク $\boldsymbol{T}$ の方向は z 方向を向いている。しかし，回転力は z 方向ではなく x, y 面内である。そこで，右手系を考え，$\boldsymbol{T}$ の方向は $+z$ 方向 $(+\boldsymbol{e}_z)$ であるので，この軸を中心に右ねじを回転させると $+z$ 方向に進む，トルクの回転は反時計の向きである。つまり，トルクの回転の向きを右ねじ系で示していると考えるとよい。図 1.12 にはその方向が示してある。

(3)　図 1.12(b) に示すように支点を原点にとり，アームが x 軸方向，重力は $-y$ 方向であるとする。このときトルクを計算すると

$$\boldsymbol{T}_1 = (+x_1\boldsymbol{e}_x) \times (-M_1 g\boldsymbol{e}_y) = M_1 g x_1\,(-\boldsymbol{e}_z)$$

$$\boldsymbol{T}_2 = (-x_2\boldsymbol{e}_x) \times (-M_2 g\boldsymbol{e}_y) = M_2 g x_2\,(+\boldsymbol{e}_z)$$

これより，平衡を保つには

$$\boldsymbol{T} = \boldsymbol{T}_1 + \boldsymbol{T}_2 = -(M_1 g x_1 - M_2 g x_2)\,\boldsymbol{e}_z = 0$$

つまり，つぎの関係が成り立つ。

$$M_1 g x_1 = M_2 g x_2$$

2　章

(2.1)　クーロン引力から以下のような結果が得られる。

(1)　電荷 $q_1 = q_2 = q$ が距離 r〔m〕離れて置かれているときに働く力 F は

$$F = \frac{1}{4\pi\epsilon_0}\frac{|q||q|}{r^2}$$

ここで，$\epsilon_0 = 8.854 \times 10^{12}$〔F/m〕を用いて

$$\frac{1}{4\pi \times 8.854 \times 10^{-12}} = 8.99 \times 10^9 \text{〔m/F〕}$$（単位を変えると〔$\mathrm{N \cdot m^2/C^2}$〕）

となるので，$q = 1\,\mathrm{C}$，$r = 1\,\mathrm{m}$ を F に代入して

$$\begin{aligned} F &= 8.99 \times 10^9 \text{〔}\mathrm{N \cdot m^2/C^2}\text{〕} \times \frac{1\text{〔C〕} \times 1\text{〔C〕}}{(1\text{〔m〕})^2} \\ &= 8.99 \times 10^9 \text{〔N〕} \simeq 9.17 \times 10^8 \text{〔kG〕} \simeq 10^6 \text{〔tons〕} \end{aligned}$$

となる。つまり，1 C は非常に大きな電荷量を与え，そのような電荷を蓄えることは不可能である。ちなみに，電子の電荷量は $e = 1.602 \times 10^{-19}$〔C〕と非常に小さい。

(2)　上式に $q = 1.0 \times 10^{-6}$〔C〕，$r = 1.0 \times 10^{-6}$〔m〕を代入すればまったく同じ値となる。

(3)　上の考察から電荷量は電子のように非常に小さいものの集団であると考えられる。つぎの問題にもあるようにキャパシタンスも〔F〕（ファラド）の単位で与えられるが，通常のキャパシタは 1 pF（$= 10^{-12}$ F）から 1 μF（$= 10^{-6}$ F）程度である。電子の電荷量は 1.6×10^{-19}〔C〕である。

(2.2)　例解はつぎのとおりである。

(1)　図 2.4 の ADCB で囲んだ領域にガウスの定理を当てはめる。金属電極は理想的な導電体と仮定できるから，金属内の電界は $\boldsymbol{E} = 0$ である。AB と CD の部分は十分に小さく取れるからこの面からの発散はゼロであると考えられる。したがって，電界の発散は BC の部分からのみとなり，この

表面積を $\mathrm{d}S$ とし，電荷密度を σ とすると

$$\epsilon_0 E\,\mathrm{d}S = \sigma\,\mathrm{d}S$$

つまり，$\epsilon_0 E = \sigma$ となる。電荷量は全体で $Q = \sigma S$ で与えられ，電界は電位の勾配で与えられるので $E = V/d$ となる。これらの結果から

$$Q = \sigma S = \epsilon_0 ES = \frac{\epsilon_0 S}{d}V \equiv CV$$

これより，静電容量（キャパシタンス）C は

$$C = \frac{\epsilon_0 S}{d}$$

となり，電荷を蓄えられる容量 C は面積 S に比例し，電極間隔 d に反比例する。平行平板に誘電率 $\kappa\epsilon_0$ の材料をはさむと，静電容量は $\kappa\epsilon_0 S/d$ となり κ 倍に増える。

(2)　静電容量はつぎのようになる。

$$\frac{\epsilon_0 \times S}{d} = \frac{8.854 \times 10^{-12} \times 0.1 \times 0.1}{1.0 \times 10^{-6}} = 8.854 \times 10^{-11}\,〔\mathrm{F}〕= 0.885\,4\,\mathrm{pF}$$

(3)　電荷量は

$$Q = CV = 8.854 \times 10^{-10}\,〔\mathrm{C}〕= 885.4\,\mathrm{pC}$$

となり，1 C に近い電荷量を蓄えるには想像できないほどの大きさのコンデンサが必要となる。

(4)　例解 **(1)** で明らかなように，静電容量は $\kappa\epsilon_0 S$ に比例し，電極間隔 d に反比例するので，比誘電率 κ の大きい，大面積で電極間隔の小さい材料が必要である。誘電率の飛躍的に大きいものは存在せず，せいぜい数百程度である。面積を大きくすると体積が大きくなり材料費がかさむ。電極間隔を小さくすると耐圧で制限される。これらを解決する方法として開発された代表的なものが電解コンデンサである。アルミ電解コンデンサ（ケミコンと呼ばれる）はアルミ箔表面をエッチング処理して表面積を大きくし，これに酸化被膜を形成し，電解液を含浸した紙を挟み，空隙を埋めている。酸化被膜を形成した面を陽極となるような電圧を加えると大きな容量のコンデンサとなる。

(2.3)　電気双極子は $\pm q\,(q > 0)$ の電荷が間隔 d で存在するとき $|\mu| = q\,d$ の関係で定義される。$-q$ の電荷から $+q$ に向かう方向のベクトルを $\boldsymbol{d}$ とすると，電気双極子網メントは

$$\boldsymbol{\mu} = q\boldsymbol{d}$$

と定義される。各問題の例解はつぎのとおりである。

(1)　図2.5に示すような電気双極子の中心Oから $q_+ > 0$ と $q_- < 0$ までの距離ベクトルをそれぞれ $\boldsymbol{r}_+$，$\boldsymbol{r}_-$ とし，それぞれの電荷に働く電界の力を $\boldsymbol{F}_+$，$\boldsymbol{F}_-$ とすると，中心Oに対してそれぞれの電荷に働くトルク $\boldsymbol{T}_+$，$\boldsymbol{T}_-$ は定義により

$$\boldsymbol{T}_+ = \boldsymbol{r}_+ \times \boldsymbol{F}_+, \quad \boldsymbol{T}_- = \boldsymbol{r}_- \times \boldsymbol{F}_-$$

で与えられるから，電気双極子に働く全トルクはつぎのようになる。

$$\boldsymbol{T} = \boldsymbol{T}_+ + \boldsymbol{T}_- = \boldsymbol{r}_+ \times \boldsymbol{F}_+ + \boldsymbol{r}_- \times \boldsymbol{F}_-$$

ここで，つぎの関係を用いる。

$$\boldsymbol{r}_- = -\boldsymbol{r}_+, \quad \boldsymbol{F}_- = -\boldsymbol{F}_+$$

$$\boldsymbol{r}_- \times \boldsymbol{F}_- = (-\boldsymbol{r}_+) \times (-\boldsymbol{F}_+) = \boldsymbol{d}_+ \times \boldsymbol{F}_+$$

これより

$$\boldsymbol{T} = 2\boldsymbol{d}_+ \times \boldsymbol{F}_+$$

となる。そこで

$$\boldsymbol{d} = \boldsymbol{r}_+ + (-\boldsymbol{r}_-), \quad |\boldsymbol{d}| = |\boldsymbol{r}_+| + |\boldsymbol{r}_-|$$

の関係と電界の力 $\boldsymbol{F}_+ = -\boldsymbol{F}_- = q\boldsymbol{E}$ を用いると

$$\boldsymbol{T} = \boldsymbol{d} \times \boldsymbol{F}_+ = q\boldsymbol{d} \times \boldsymbol{E}$$

が得られる。さらに電気双極子モーメント $\boldsymbol{\mu} = q\boldsymbol{d}$ を用いると

$$\boldsymbol{T} = \boldsymbol{\mu} \times \boldsymbol{E}$$

このトルクの大きさは電界と電気双極子の間の角 θ を用い

$$|\boldsymbol{T}| = \mu E \sin\theta$$

となり，回転の方向は $\boldsymbol{d} \times \boldsymbol{E}$ のベクトル方向に進む右ねじの回転方向である。

(2) 電気双極子が電界中に置かれたときトルクが発生し回転する。このときに蓄えられるエネルギーを計算する。電界は一様であると仮定するとそれぞれの電荷に蓄えられるポテンシャル・エネルギー U_+ と U_- は

$$U_+ = q_+ V, \quad U_- = q_- V$$

ここに，V_+，V_- はそれぞれの電荷の位置における電気ポテンシャル（電位）である。これより

$$U = U_+ + U_- = q_+ V_+ + q_- V_- = q\,(V_+ - V_-)$$

電位差 $V_+ - V_-$ を求めるには，それぞれの電荷の位置座標を x_+，x_- とすると

$$V_+ - V_- = \int_{x_-}^{x_+} \mathrm{d}V$$

電位の負の勾配は電界を与える関係 $-\mathrm{d}V/\mathrm{d}x = E$ を用いて

$$V_+ - V_- = -\int_{x_-}^{x_+} E\mathrm{d}x = -E\int_{x_-}^{x_+} \mathrm{d}x = -E\,(x_+ - x_-)$$

これを先の U の式に代入して

$$U = -qE\,(x_+ - x_-)$$

となる。図 2.5 より，$x_- = -r_- \cos\theta$，$x_+ = r_+ \cos\theta$ を用いて

$$(x_+ - x_-) = d\cos\theta$$

であるから，双極子モーメントのポテンシャル・エネルギーは次式で与えられる。

$$U = -qdE\cos\theta = -\mu E\cos\theta = -\boldsymbol{\mu}\cdot\boldsymbol{E}$$

(3) 上に求めたポテンシャル・エネルギー $U = -\boldsymbol{\mu}\cdot\boldsymbol{E} = -\mu E\cos\theta$ の符号はつぎのように理解できる。$\theta = 90^{\circ}$ で双極子モーメントと電界は直交し，$U = 0$ となる。極小値は $\theta = 0^{\circ}$ のときで $U_{\mathrm{min}} = -\mu E$ となり，双極子モーメント $\boldsymbol{\mu}$ と電界ベクトルが $\boldsymbol{E}$ が平行であり，このときトルクは働かなくなる。極大値は $\theta = -180^{\circ}$，つまり電気双極子と電界が反平行になるときで，$U_{\mathrm{max}} = +\mu E$ となる。

(2.4)　図 2.6 を参考にしてつぎのように計算する。

(1)　点 R における電界はクーロンの法則より

$$\boldsymbol{E} = \frac{1}{4\pi\epsilon_0}\frac{q_0}{r^2}\hat{\boldsymbol{r}}$$

である。ここに，$\hat{\boldsymbol{r}}$ はベクトル OR を与える $\boldsymbol{r}$ の単位ベクトルである。

(2)　上の電界から点 R にある電荷 q_r との間に働く力 $\boldsymbol{F}$ は次式となる。

$$\boldsymbol{F} = \frac{1}{4\pi\epsilon_0}\frac{q_0 q_\mathrm{r}}{r^2}\hat{\boldsymbol{r}}$$

(3)　点 P から点 Q まで電荷 q_r を動かすときに成す仕事は

$$W = \int_{l_\mathrm{i}}^{l_\mathrm{f}} \boldsymbol{F}\cdot \mathrm{d}\boldsymbol{l} = \int_{l_\mathrm{i}}^{l_\mathrm{f}} \frac{1}{4\pi\epsilon_0}\frac{q_0 q_\mathrm{r}}{r^2}\hat{\boldsymbol{r}}\cdot \mathrm{d}\boldsymbol{l}$$

となる。ところが $\hat{\boldsymbol{r}}\cdot \mathrm{d}\boldsymbol{l} = \cos\theta \mathrm{d}l = \mathrm{d}r$ であるから，仕事の量は

$$W = \frac{1}{4\pi\epsilon_0} q_0 q_\mathrm{r} \int_{l_\mathrm{i}}^{l_\mathrm{f}} \frac{\mathrm{d}r}{r^2}$$

これより

$$W = -\frac{1}{4\pi\epsilon_0} q_0 q_\mathrm{r}\left(\frac{1}{r_\mathrm{f}} - \frac{1}{r_\mathrm{i}}\right)$$

つまり，電荷の仕事量は始状態の距離 r_i と終状態の距離 r_f に依存し，別の経路 PR′ Q をたどっても同じ結果を与える。このときの電気ポテンシャル・エネルギーの変化量 ΔU は電荷 q_r になされた仕事 W との間に

$$\Delta U = -W$$

の関係があるから，電気ポテンシャル・エネルギーの変化量は

$$\Delta U = \frac{1}{4\pi\epsilon_0} q_0 q_\mathrm{r}\left(\frac{1}{r_\mathrm{f}} - \frac{1}{r_\mathrm{i}}\right)$$

となる。

通常，電気ポテンシャル・エネルギーは電界の及ばない $r = \infty$ の点における値を $U = 0$ ととるので，無限遠から r の距離まで電荷を移動させた場合をつぎのように定義する。

$$U = \frac{1}{4\pi\epsilon_0}\frac{q_0 q_\mathrm{r}}{r}$$

参考までに，電位 V とポテンシャル・エネルギー U の間にはつぎの関係がある。

$$V = \frac{U}{q_{\mathrm{r}}}$$

したがって，$r=\infty$ における電位を $V=0$ とすると，電荷 q から距離 r の点における電位 V は次式となる。

$$V = \frac{1}{4\pi\epsilon_0}\frac{q}{r}$$

(2.5) この問題の詳細は，参考文献 10) の 1 章，1.1 節，1.2 節に述べられている。

(1) プロトンの電荷は $q=+e$ であるから電子の電荷 $q=-e$ との間の引力は次式となる。

$$F_{\mathrm{e}} = \frac{1}{4\pi\epsilon_0}\frac{e^2}{r^2}$$

(2) 問題 (1.2) を用いて，電子の質量を m，軌道の電子速度を v とすると，遠心力と求心力は同じ大きさなので

$$F_{\mathrm{c}} = \frac{mv^2}{r}$$

この力とクーロン引力とがつり合うから次式となる。

$$\frac{mv^2}{r} = \frac{e^2}{4\pi\epsilon_0 r^2}$$

(3) この電子の運動エネルギーは $mv^2/2$ であるから，運動エネルギーとポテンシャル・エネルギーの和は

$$\mathcal{E} = \frac{1}{2}mv^2 - \frac{e^2}{4\pi\epsilon_0 r}$$

上の 2 式よりつぎの関係を得る。

$$\mathcal{E} = -\frac{e^2}{8\pi\epsilon_0 r}$$

(4) 上に求めた式に $r=a_{\mathrm{B}}$ を代入してつぎの関係が得られる。

$$\mathcal{E} = \frac{e^2}{8\pi\epsilon_0 r} = 8.99\times 10^8 \times \frac{\left(1.602\times 10^{-19}\right)^2}{0.529\times 10^{-10}} = 2.18\times 10^{-18}\ 〔\mathrm{J}〕$$

$$\frac{\mathcal{E}}{e} = 13.61\,\mathrm{eV}$$

3　章

(3.1)　図 3.11 の積分経路 C に沿っての積分は経路 [a, b] 以外は $\boldsymbol{B}=0$ であるから

$$
\begin{aligned}
\int_C \boldsymbol{B}\cdot \mathrm{d}\boldsymbol{l} &= \int_a^b \boldsymbol{B}\cdot \mathrm{d}\boldsymbol{l} + \int_b^c \boldsymbol{B}\cdot \mathrm{d}\boldsymbol{l} + \int_c^d \boldsymbol{B}\cdot \mathrm{d}\boldsymbol{l} + \int_d^a \boldsymbol{B}\cdot \mathrm{d}\boldsymbol{l}\\
&= \frac{\mu_0 I}{2}\int_a^b \frac{r^2}{(z^2+r^2)^{3/2}}\mathrm{d}z + 0 + 0 + 0\\
&= \frac{\mu_0 I r^2}{2}\left[\frac{z}{r^2(z^2+r^2)^{1/2}}\right]_{z=-\infty}^{z=\infty}\\
&= \frac{\mu_0 I}{2}[1-(-1)] = \mu_0 I
\end{aligned}
$$

この結果は，アンペールの法則を与える。

(3.2)　水素原子のボーアモデルでは，電子の運動は電子と陽子間に働く遠心力 F_{r} とクーロン引力 F_{c} がつり合う条件から求まる。つまり

$$
F_{\mathrm{r}} - F_{\mathrm{c}} = \frac{mv^2}{a_{\mathrm{B}}} - \frac{e^2}{4\pi\epsilon_0 a_{\mathrm{B}}^2} = 0
$$

から，電子の回転運動の速度 v は

$$
v = \sqrt{\frac{a_{\mathrm{B}}}{m}\frac{e^2}{4\pi\epsilon_0 a_{\mathrm{B}}^2}} = \sqrt{\frac{e^2}{4\pi\epsilon_0 m a_{\mathrm{B}}}}
$$

となる。この電子の運動の速度 v は円周軌道の接線方向の速度であることに注意しなければならない。つまり電子の誘起する電流は $I \neq -ev$ である。1 周期の時間を T とすると，$\omega T = 2\pi$ の関係と $\omega r = v$ より，電子の回転運動による電流 I は

$$
I = \frac{-e}{T} = -\frac{e\omega}{2\pi} = -\frac{ev}{2\pi r}
$$

となる。陽子点における磁束密度は式 (3.19) において $z=0,\ r=a_{\mathrm{B}}$ と置いて

$$
B = \frac{\mu_0 I}{2a_{\mathrm{B}}}
$$

が得られる。この式に上に求めた関係を代入すると，求める磁束密度はつぎのようになる。

$$
B = \frac{\mu_0 e^2}{4\pi a_{\mathrm{B}}^2}\frac{1}{\sqrt{4\pi\epsilon_0 m a_{\mathrm{B}}}}
$$

この式にボーア半径 $a_{\mathrm{B}} = 0.529\,\text{Å}$（$1\,\text{Å} = 10^{-10}\,\mathrm{m}$），電子の質量 $m = 9.11\times 10^{-31}\,\mathrm{kg}$ を代入すると求める磁束密度はつぎのようになる。

$$B = 12.5\,\mathrm{T}$$

(3.3) ビオ・サバールの式 (3.6) から $\mathrm{d}l\sin(\pi/2+\theta) = \mathrm{d}l\cos\theta$ を用い

$$\mathrm{d}B = \frac{\mu_0}{4\pi}\frac{I\mathrm{d}l\cos\theta}{r^2}$$

が得られる。点 P から AB の延長線上までの垂線の長さを a，その交点から線素 $\mathrm{d}l$ までの距離を l とすると，図 3.12 から

$$l = a\tan\theta$$

$$\mathrm{d}l = a\sec^2\theta\mathrm{d}\theta, \quad \mathrm{d}l\cos\theta = r\mathrm{d}\theta$$

$$r\cos\theta = a,\ r = a/\cos\theta = a\sec\theta$$

なる関係の成立することがわかる。これよりつぎの結果が得られる。

$$\mathrm{d}B = \frac{\mu_0 I}{4\pi}\frac{\mathrm{d}\theta}{r} = \frac{\mu_0 I}{4\pi a}\cos\theta\mathrm{d}\theta$$

$$B = \frac{\mu_0 I}{4\pi a}\int_{\theta_1}^{\theta_2}\cos\theta\mathrm{d}\theta = \frac{\mu_0 I}{4\pi a}(\sin\theta_2 - \sin\theta_1)$$

(3.4) 無限長の導線に対しては，前問の解答結果の式に，$\theta_1 = -\pi/2$，$\theta_2 = \pi/2$ を代入すれば

$$B = \frac{\mu_0 I}{2\pi a}$$

となり，アンペールの式の結果が得られる。

(3.5) 前問の解答を参考にすると，一辺の導線による磁束密度は $\theta_1 = -\pi/4$, $\theta_2 = \pi/4$ を代入して

$$B_1 = \frac{\mu_0 I}{4\pi(a/2)}\sqrt{2} = \frac{\mu_0 I}{\pi a}\frac{\sqrt{2}}{2}$$

となるから，4 辺からの寄与の和は

$$B = \frac{\mu_0 I}{\pi a}\frac{\sqrt{2}}{2}\times 4 = \frac{\mu_0 I}{\pi a}2\sqrt{2}$$

(3.6) 式 (3.19) に図 3.14 の条件から $z \to (b \pm x)$，$r \to a$ と，コイル A とコイル B の寄与の和は

$$B = \frac{\mu_0 I}{2}\frac{a^2}{[a^2+(b+x)^2]^{3/2}} + \frac{\mu_0 I}{2}\frac{a^2}{[a^2+(b-x)^2]^{3/2}}$$

となる。この結果を**解図 3.1** に示す。この結果を見ると，$b/a = 1/2$ のとき磁束密度は中心付近でほぼ均一となる。$b < a/2$ より小さくなると，中心 O での磁束密度の強度は強くなるが，均一性がなくなる。また，$b > a/2$ となると中心部点 O での磁束密度の強度は弱くなり，磁束密度分布は下に凸となる。この結果を用い，$b = a/2$ の条件を満たすとき均一な磁界を発生させることができるので，均一磁界発生装置にこの回路が用いられる。この回路を**ヘルムホルツ・コイル**と呼ぶ。

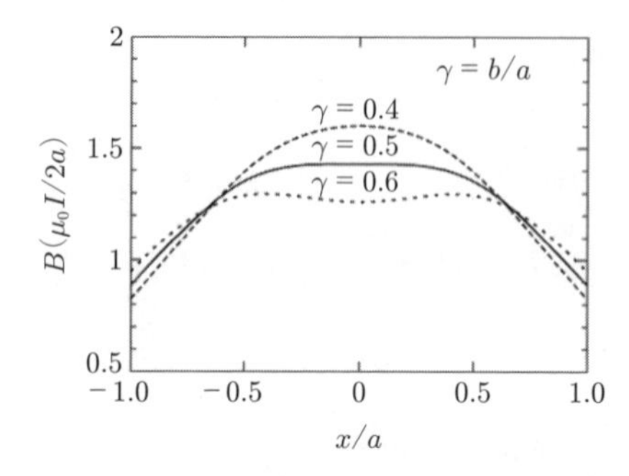

解図 3.1　ヘルムホルツ・コイルにおける磁束密度分布。磁束密度 B を $\mu_0 I/2a$ の単位で x/a の関数としてプロットしたもので，$\gamma = b/a = 1/2$ のとき中心付近でほぼ均一な磁束密度が得られる。

このような結果を説明するために，中心付近の磁束密度を近似的に求めてみよう。

$$B = \frac{\mu_0 I a^2}{2}\left[\left(a^2 + b^2 + 2bx + x^2\right)^{-3/2} + \left(a^2 + b^2 - 2bx - x^2\right)^{-3/2}\right]$$
$$= \frac{\mu_0 I a^2}{2(a^2 + b^2)^{3/2}}\left[\left(1 + \frac{2bx + x^2}{a^2 + b^2}\right)^{-3/2} + \left(1 + \frac{-2bx + x^2}{a^2 + b^2}\right)^{-3/2}\right]$$

いま，$y < 1$ としてテイラー展開を用いると

$$(1 + y)^{-3/2} = 1 - \frac{3}{2}y + \frac{15}{8}y^2 - \frac{35}{16}y^3 + \cdots$$

なる関係が成立する。これより

$$\left(1 + \frac{\pm 2bx' + x'^2}{a^2 + b^2}\right)^{-3/2} = 1 - \frac{3}{2}\left(\frac{\pm 2bx + x^2}{a^2 + b^2}\right) + \frac{15}{8}\left(\frac{\pm 2bx + x^2}{a^2 + b^2}\right)^2$$
$$- \frac{35}{16}\left(\frac{\pm 2bx + x^2}{a^2 + b^2}\right)^3 + \cdots$$

A，B コイルによるこの項の寄与の和は

$$\left(1 + \frac{2bx' + x'^2}{a^2 + b^2}\right)^{-3/2} + \left(1 + \frac{-2bx' + x'^2}{a^2 + b^2}\right)^{-3/2}$$

$$= \left[2 - 3\frac{x^2}{a^2+b^2} + \frac{15}{4}\left(\frac{2bx}{a^2+b^2}\right)^2 + \ 0\,(x^3)\right]$$

$$= 2 + \frac{(2b)^2 - a^2}{a^2+b^2}x^2 + \ 0\,(x^3)$$

この結果より求める磁束密度の近似解はつぎのようになる。

$$B = \frac{\mu_0 I a^2}{(a^2+b^2)^{3/2}}\left[1 + \frac{3}{2}\frac{(2b)^2 - a^2}{(a^2+b^2)^2}x^2 + \ 0\,(x^3)\right]$$

この式において $a = 2b$ とおくと x^2 の項も消え，磁束密度は x によらず一定となることが示される。この近似は $-2 \leqq x/a \leqq +2$ の範囲で有効である。地磁気はおよそ $24 \sim 66 \times 10^{-6}$〔T〕であるから，この地磁気の影響を打ち消すにはこのヘルムホルツ・コイルが用いられる。$a = 5\,\mathrm{cm}$，電流 $I = 1\,\mathrm{A}$ とすると，$B = 0.18\,\mathrm{mT}$ となるから，ヘルムホルツ・コイルにわずかの電流を流すだけで，地磁気を打ち消せることがわかる。

4 章

(4.1) ベクトル $\boldsymbol{r}$ を直交座標系で表すと，下記のように証明できる。

$$\boldsymbol{r} = x\boldsymbol{i} + y\boldsymbol{j} + z\boldsymbol{k}, \quad r = \sqrt{x^2+y^2+z^2}$$

$$\mathrm{grad}\, r = \frac{\partial r}{\partial x}\boldsymbol{i} + \frac{\partial r}{\partial y}\boldsymbol{j} + \frac{\partial r}{\partial z}\boldsymbol{k} = \frac{1}{r}(x\boldsymbol{i} + y\boldsymbol{j} + z\boldsymbol{k}) = \frac{\boldsymbol{r}}{r} = \hat{\boldsymbol{r}}$$

$$\mathrm{grad}\left(\frac{1}{r}\right) = -\frac{1}{r^2}\,\mathrm{grad}\, r = -\frac{\hat{\boldsymbol{r}}}{r^2}$$

(4.2) 式 (4.37) より，誘起される電界は

$$E_{\mathrm{ind}} = v_x B_z = 1.0\,〔\mathrm{m/s}〕\times 2.0\,〔\mathrm{T}〕= 2.0\,〔\mathrm{V/m}〕$$

また，誘起される電位差は

$$|V| = E_{\mathrm{ind}} L = 2.0\,〔\mathrm{V/m}〕\times 0.50\,〔\mathrm{m}〕= 1.0\,〔\mathrm{V}〕$$

この結果より，通常の実験で電位差 ~ 1.0 V 程度となり，観測可能である。

(4.3) ファラデーの法則は磁束 $\varPhi$ を用いて次式で表される。

$$V = -\frac{\mathrm{d}\varPhi}{\mathrm{d}t}$$

一様な磁束密度 B_z の中で導線 L が速度 v_x で動くとき，磁束 $\varPhi$ は毎秒 $B_z L v_x$〔$\mathrm{Tm^2/s}$〕の割合で増加するので

$$\frac{\mathrm{d}\Phi}{\mathrm{d}t} = B_z L v_x$$

で与えられる。これより

$$|V| = B_z L v_x = 2.0\,〔\mathrm{T}〕\times 0.50\,〔\mathrm{m}〕\times 1.0\,〔\mathrm{m/s}〕= 1.0\,〔\mathrm{V}〕$$

となり，前問の結果と一致する。

(4.4) 前 2 問の解答を参考にして以下のように説明できる。図 4.7 において，z 方向に一様な磁束密度 B_z が存在するとき，導線 L を x 方向に移動させると起電力 $\boldsymbol{E}_{\mathrm{ind}}$ が誘起される。これはローレンツ力

$$\boldsymbol{F}_{\mathrm{L}} = q\,(\boldsymbol{E}_{\mathrm{ind}} + \boldsymbol{v} \times \boldsymbol{B})$$

が平衡値を保つために電荷が蓄積され電界 $\boldsymbol{E}_{\mathrm{ind}}$ が誘起されることを意味している。つまり

$$q\,(E_{\mathrm{ind}} - v_x B_z) = 0$$

となるから，誘起される電圧は

$$|V| = LE_{\mathrm{ind}} = L v_x B_z$$

の関係が成立する。

一方，導線 L を x 方向に移動させると導線 L を含む閉回路の面積 S は $\mathrm{d}S/\mathrm{d}t = Lv_x$ で変化するので，磁束 Φ は時間 $\mathrm{d}t$ に対して

$$\frac{\mathrm{d}\Phi}{\mathrm{d}t} = L B_z v_z$$

で変化する。上の 2 式を比較して

$$|V| = \frac{\mathrm{d}\Phi}{\mathrm{d}t} = L v_x B_z$$

となり，ファラデーの法則とローレンツの法則の等価性が説明できる。

(4.5) ガルバノメータ（GM）で電荷量を測定する方法はつぎのとおりである。まず，起電力（電圧）V〔V〕が既知の標準電池を使い，スイッチ（SW）を電池側に倒す。このとき，静電容量が既知の標準コンデンサに蓄えられる電荷量は $Q = CV$〔C〕となる。つぎに，スイッチをガルバノメータ（GM）側に倒すとコンデンサの電荷が放電され，ガルバノメータの振れが決まる。振れの量を d〔m〕とすると

$$K = \frac{CV}{d}$$

と表す。電荷量は $Q = Kd$ で与えられる。つまり，ガルバノメータの振れの大きさと電荷量の関係が求まる。感度を上げるために回転ミラーを取り付け，光の反射像をスケールまたはスクリーンに投影して測定するミラー型検流計もある。

(4.6) 図 4.15 のガルバノメータを図 4.16 に示すような巻線数 n で直径 d のサーチコイルにつなぎ，磁場中におき，サーチコイルを磁界に直交する方向に引き出す。この動作でコイルに誘起された電荷量をガルバノメータの振れから決定する。まず，オームの法則とファラデーの法則から，抵抗 R の回路に流れる電流 I と磁束 Φ の間には

$$IR = V = -\frac{\mathrm{d}\Phi}{\mathrm{d}t}$$

の関係が成立する。電流は電荷の変化割合で $\dot{Q} = \mathrm{d}Q/\mathrm{d}t = I$ であるから，サーチコイルを動かし始める時刻を t_i とし，磁界の影響のない十分遠方の距離に達した時刻を t_f とすると

$$\int_{t_\mathrm{i}}^{t_\mathrm{f}} IR\mathrm{d}t = R\int_{t_\mathrm{i}}^{t_\mathrm{f}} \frac{\mathrm{d}Q}{\mathrm{d}t}\mathrm{d}t = R\int_{t_\mathrm{i}}^{t_\mathrm{f}} \mathrm{d}Q = RQ$$

となる。このときの磁束 Φ は $\Phi_\mathrm{max} = BnS$ $(S = \pi(d/2)^2)$ から 0 まで変化するので

$$-\int_{t_\mathrm{i}}^{t_\mathrm{f}} \frac{\mathrm{d}\Phi}{\mathrm{d}t}\mathrm{d}t = -\int_{\Phi_\mathrm{max}}^{0} \mathrm{d}\Phi = \int_{0}^{\Phi_\mathrm{max}} \mathrm{d}\Phi = nS\int_{0}^{B} \mathrm{d}B = nSB$$

となる。これよりつぎの関係式を得る。

$$RQ = nSB, \quad B = \frac{RQ}{nS}$$

上式で，R〔Ω〕，サーチコイルの巻数 n および面積 $S = \pi(d/2)^2$〔m²〕は既知であるから，ガルバノメータの振れから求めた電荷量 Q〔C〕から，磁束密度 B〔T〕の大きさを決定することができる。

(4.7) 測定された値を前問の最後の式に代入すると，磁束密度はつぎのとおりである。

$$B = \frac{50\,〔\Omega〕\times 100 \times 10^{-6}\,〔\mathrm{C}〕}{100 \times \pi \times (1.5 \times 10^{-2}\,〔\mathrm{m}〕/2)^2} = 0.283\,〔\mathrm{T}〕$$

(4.8) **(1)** 磁界中の荷電粒子はローレンツ力

$$\boldsymbol{F} = q\boldsymbol{v} \times \boldsymbol{B}$$

を受け，速度 $\boldsymbol{v}$ と磁束密度 $\boldsymbol{B}$ に直交する方向の運動する。粒子の運動はニュートンの法則から

$$m\frac{\boldsymbol{v}}{\mathrm{d}t} = q\boldsymbol{v} \times \boldsymbol{B}$$

磁界の方向を z 方向とし，$\boldsymbol{B} = (0, 0, B_z)$ とすると，この式を成分に分けて

$$m\frac{v_x}{\mathrm{d}t} = qv_y B_z, \quad m\frac{v_y}{\mathrm{d}t} = -qv_x B_z, \quad m\frac{v_x}{\mathrm{d}t} = 0$$

となる。この1番目の式の両辺を時間微分し，2番目の式の $\mathrm{d}v_y/\mathrm{d}t$ を代入する。同様に2番目の式を時間微分し1番目の式を代入すると同様の手続きを経て

$$m\frac{\mathrm{d}^2 v_x}{\mathrm{d}t^2} = -(qB_z)^2 v_x, \quad m\frac{\mathrm{d}^2 v_y}{\mathrm{d}t^2} = -(qB_z)^2 v_y$$

が得られる。そこで

$$\omega_{\mathrm{c}} = \frac{qB_z}{m}$$

と置き，この ω_{c} のことをサイクロトロン（角）周波数と呼ぶ。運動方程式の符号を考慮すると，その解は

$$v_x = v\cos(\omega_{\mathrm{c}} t), \quad v_y = v\sin(\omega_{\mathrm{c}} t)$$

となり，ベクトル $\boldsymbol{v}$ の x 成分 v_x と y 成分 v_y を表しており，$v_x + \mathrm{i}v_y = v\exp(\mathrm{i}\omega_{\mathrm{c}} t)$ となり，角周波数 ω_{c} で回転運動（サイクロトロン運動）をすることが理解できる。

(2)　問題 (1.1) の解答から

$$m\frac{v^2}{r} = qvB$$

の関係が得られるから

$$r = \frac{mv}{qB}$$

となる。つまり，サイクロトロン半径は荷電粒子の速度 v に比例し，磁束密度 B に反比例する。サイクロトロン加速器は粒子を磁界中に投入し，1回転するごとに電界で加速し，v を大きくし，回転半径を大きくとり，最後にその高エネルギー粒子を取り出す装置である。

(3)　ボーアの量子化条件から（量子化の条件：$p = h/\lambda$）

$$2\pi R_{\mathrm{c}} = \lambda = \frac{h}{p} = \frac{h}{m^* v}$$

の関係が得られる。この関係から

$$R_{\rm c} = \frac{m^* v}{qB} = \frac{1}{2\pi}\frac{h}{m^* v} \ \rightarrow \ (m^* v)^2 = \frac{h}{2\pi} qB = \hbar qB$$

これよりサイクロトロン半径はつぎのようになる。

$$R_{\rm c} = \sqrt{\frac{\hbar}{qB}}$$

この値は磁界中の電子状態を量子力学的に解いたときに現れる基本量である。

(4.9)　プロトンの質量を $M = 1.672 \times 10^{-27}$〔kg〕とすると

$$v = \left(\frac{2 \times 10.0 \times 10^6 \,〔\mathrm{eV}〕 \times 1.602 \times 10^{-19} \,〔\mathrm{J/eV}〕}{1.672 \times 10^{-27} \,〔\mathrm{kg}〕} \right)^{1/2}$$

$$= 4.378 \times 10^7 \,〔\mathrm{m/s}〕$$

$$r = \frac{Mv}{qB} = \frac{1.672 \times 10^{-27} \,〔\mathrm{kg}〕 \times 4.378 \times 10^7 \,〔\mathrm{m/s}〕}{1.602 \times 10^{-19} \,〔\mathrm{C}〕 \times 1.0 \,〔\mathrm{T}〕} = 0.457 \,〔\mathrm{m}〕$$

このプロトンのサイクロトロン半径は 0.457 m つまり約 46 cm である。これより必要なサイクロトロン加速器の磁界の直径は約 92 cm $\simeq$ 1 m である。

(4.10)　サイクロトロン共鳴の条件

$$\omega_{\rm c} = \frac{eB}{m^*} = \omega = 2\pi\nu, \ \rightarrow \ B = \frac{2\pi\nu m^*}{e}$$

より

$$B = \frac{2\pi \times 3.00 \times 10^{10} \,〔\mathrm{Hz}〕 \times 0.068 \times 9.109 \times 10^{-31} \,〔\mathrm{kg}〕}{1.602 \times 10^{-19} \,〔\mathrm{C}〕} = 0.0729 \,〔\mathrm{T}〕$$

(4.11)　磁束密度 $\boldsymbol{B}$ はベクトル・ポテンシャル $\boldsymbol{A}$ を用いて $\boldsymbol{B} = \nabla \times \boldsymbol{A}$ で与えられる。

(1)　これを成分に分けて表すと

$$B_x = \frac{\partial A_z}{\partial y} - \frac{\partial A_y}{\partial z}, \quad B_y = \frac{\partial A_x}{\partial z} - \frac{\partial A_z}{\partial x}, \quad B_z = \frac{\partial A_y}{\partial x} - \frac{\partial A_x}{\partial y}$$

(2)　$\boldsymbol{A} = (0, B\,x, 0)$ を用いると

$$B_z = \frac{\partial B\,x}{\partial x} + 0 = B, \quad B_x = B_y = 0$$

となり，磁束密度 $B_z = B$ を与える。このベクトル・ポテンシャルのとり方をランダウ・ゲージ（Landau gauge）と呼び，磁界中の電子状態を量子化する計算に用いられ，ランダウ準位の振舞いが理解される。

(3)　$\boldsymbol{A} = (-B\,y/2, B\,x/2, 0)$ を (1) の最後の式に代入すると

$$B_z = \frac{\partial(B\,x/2)}{\partial x} - \frac{\partial(-B\,y/2)}{\partial y} = (B/2)(1+1) = B, \quad B_x = B_y = 0$$

(4)　$\boldsymbol{A} = (-By, 0, 0)$ を代入して

$$B_z = 0 - \frac{\partial(-B\,y)}{\partial y} = B, \quad B_x = B_y = 0$$

5 章

(5.1)　$q = +e = 1.602 \times 10^{-19}$〔C〕であるから，$r = \infty$ での電位を $V = 0$ とすると

$$V = \frac{1}{4\pi\epsilon_0}\frac{q}{r}$$

となるので，$r = a_{\rm Bohr} = 0.529 \times 10^{-10}$〔m〕を代入して

$$V = \frac{1}{4\pi\epsilon_0} \times \frac{1.602 \times 10^{-19}\,〔\mathrm{C}〕}{0.529 \times 10^{-10}\,〔\mathrm{m}〕} = 27.2\,〔\mathrm{V}〕$$

となる。テスト電荷を電子の電荷 $q_{\rm test} = -e$ とすると

$$U = q_{\rm test}V = -eV = -1.602\times10^{-19}\,〔\mathrm{C}〕\times 27.2\,〔\mathrm{V}〕 = -4.36\times10^{-18}\,〔\mathrm{J}〕$$

(5.2)　コンデンサの面積は $S = \pi r^2$〔m^2〕であるから

(1)　静電容量は

$$C = \frac{\epsilon_0 S}{d} = \frac{\epsilon_0 \pi r^2}{d} = \frac{8.854 \times 10^{-12}\pi \times (5.0 \times 10^{-2})^2}{0.10 \times 10^{-3}} = 6.95\times10^{-10}\,〔\mathrm{F}〕$$

(2)　蓄積される電荷量 Q は

$$Q = CV = 6.95 \times 10^{-10}\,〔\mathrm{F}〕 \times 100\,〔\mathrm{V}〕 = 6.95 \times 10^{-8}\,〔\mathrm{C}〕$$

(3)　蓄えられる電気エネルギー U は

$$U = \frac{1}{2}CV^2 = \frac{6.95 \times 10^{-4}\,〔\mathrm{C}〕 \times (100\,〔\mathrm{V}〕)^2}{2} = 3.48 \times 10^{-6}\,〔\mathrm{J}〕$$

(4)　電気エネルギー密度 $w_{\rm e}$ は，電界が $E = V/d = 100$〔V〕$/0.1 \times 10^{-3}$〔m〕であるから

$$w_{\rm e} = \frac{\epsilon_0 \times E^2}{2} = 4.43\,〔\mathrm{J/m^3}〕$$

この電気エネルギー密度は，コンデンサの体積が $S\,d$ であるから，$w_{\rm e} = U/(S\,d)$ で与えられ，上の結果と同じ値を与えることも明らかである。

(5.3) 内球に $+Q\,(Q>0)$ の電荷が，外球に $-Q$ の電荷が誘起されるものとする。

(1) ガウスの法則から半径 r の点での電界は

$$E=\frac{Q}{4\pi\epsilon_0 r^2},\quad r_1 \leqq r \leqq r_2$$

で与えられる。電圧 V に対して，誘起される電荷 $\pm Q$ の大きさ Q は

$$-V=\int_{r_1}^{r_2} E\mathrm{d}r=\frac{Q}{4\pi\epsilon_0}\left[-\frac{1}{r}\right]_{r_1}^{r_2}=\frac{Q}{4\pi\epsilon_0}\left(\frac{1}{r_2}-\frac{1}{r_1}\right)$$

$$Q=\frac{4\pi\epsilon_0}{1/r_1-1/r_2}V$$

したがって，この電荷量 Q を上の $-V$ の式に代入すれば，電界を半径 r の関数として，電圧 V を半径 r_1，r_2 の関数として求めることができる。

(2) 電気エネルギー密度 w_e はつぎのようになる。

$$w_\mathrm{e}=\frac{\epsilon_0 E^2}{2}=\frac{\epsilon_0 Q^2}{2(4\pi)^2\epsilon_0^2 r^4}=\frac{Q^2}{32\pi^2\epsilon_0 r^4},\quad r_1 \leqq r \leqq r_2$$

(3) 電気エネルギー U は図 5.5 に示すような $\mathrm{d}v=4\pi r^2\mathrm{d}r$ の関係を用いて，電気エネルギー密度を $[r_1, r_2]$ の領域で積分すれば求まる。

$$U=\int_{r_1}^{r_2} w_\mathrm{e}\mathrm{d}v=4\pi\int_{r_1}^{r_2} w_\mathrm{e} r^2\mathrm{d}r$$
$$=\frac{4\pi Q^2}{32\pi^2\epsilon_0}\int_{r_1}^{r_2}\frac{r^2}{r^4}\mathrm{d}r=\frac{Q^2}{8\pi\epsilon_0}\int_{r_1}^{r_2}\frac{1}{r^2}\mathrm{d}r$$

これより

$$U=\frac{Q^2}{8\pi\epsilon_0}\left[\left(-\frac{1}{r_2}\right)-\left(-\frac{1}{r_1}\right)\right]=\frac{Q^2}{8\pi\epsilon_0}\left(\frac{1}{r_1}-\frac{1}{r_2}\right)$$

(4) 静電容量は

$$U=\frac{Q^2}{2C}=\frac{1}{2}CV^2 \ \rightarrow\ C=\frac{Q^2}{2U}=\frac{2U}{V^2}$$

これより

$$C=\frac{Q^2}{(2Q^2/8\pi\epsilon_0)(1/r_1-1/r_2)}=\frac{4\pi\epsilon_0}{1/r_1-1/r_2}$$

(5) $r_1=5\,\mathrm{cm}$，$r_2=10\,\mathrm{cm}$，$V=100\,\mathrm{V}$ を代入して

$$C=\frac{4\pi\epsilon_0}{1/r_1-1/r_2}=\frac{4\pi\times 8.854\times 10^{-12}}{1/5.0\times 10^{-2}-1/10.0\times 10^{-2}}$$

$$= 1.11 \times 10^{-11} \text{〔F〕}$$

$$Q = CV = 1.11 \times 10^{-11} \text{〔F〕} \times 100.0 \text{〔V〕} = 1.11 \times 10^{-9} \text{〔C〕}$$

$$U = \frac{1}{2}CV^2 = 5.56 \times 10^{-8} \text{〔J〕}$$

(5.4)　式 (5.46) と (5.41) を用いてつぎのようになる。

(1)　式 (5.46) より，一次コイルと二次コイルの自己インダクタンスを L_1，L_2 とすると

$$\begin{aligned} L_1 &= \pi\mu_0 n_1^2 l r_1^2 \\ &= \pi \times 4\pi \times 10^{-7} \text{〔T·m/A〕} \times (8.0 \times 10^3 \text{〔m}^{-1}\text{〕})^2 \\ &\quad \times 0.50 \text{〔m〕} \times (0.020 \text{〔m〕})^2 \\ &= 0.0505 \text{〔H〕} \end{aligned}$$

$$\begin{aligned} L_2 &= \pi\mu_0 n_2^2 l r_2^2 \\ &= \pi \times 4\pi \times 10^{-7} \text{〔T·m/A〕} \times (6.0 \times 10^3 \text{〔m}^{-1}\text{〕})^2 \\ &\quad \times 0.50 \text{〔m〕} \times (0.040 \text{〔m〕})^2 \\ &= 0.114 \text{〔H〕} \end{aligned}$$

(2)　式 (5.41) より

$$\begin{aligned} M_{12} = M_{21} = M &= \pi\mu_0 n_1 n_2 l r_1^2 \\ &= \pi \times 4\pi \times 10^{-7} \text{〔T·m/A〕} \times 8.0 \times 10^3 \text{〔m}^{-1}\text{〕} \\ &\quad \times 6.0 \times 10^3 \text{〔m}^{-1}\text{〕} \times 0.50 \text{〔m〕} \times (0.020 \text{〔m〕})^2 \\ &= 0.0379 \text{〔H〕} \end{aligned}$$

(5.5)　十分に長いソレノイドを仮定する。

(1)　式 (5.29) を用いて

$$B = \mu_0 n I = 4\pi \times 10^{-7} \text{〔T·m/A〕} \times 1.0 \times 10^4 \text{〔m}^{-1}\text{〕} \times 1.0 \text{〔A〕} = 0.0126 \text{〔T〕}$$

(2)　式 (5.56) を用いて

$$w_{\mathrm{m}} = \frac{B^2}{2\mu_0} = \frac{(0.0126 \text{〔T〕})^2}{2 \times 4\pi \times 10^{-7} \text{〔T·m/A〕}} = 62.8 \text{〔J/m}^3\text{〕}$$

(3)　式 (5.54) を用いて

$$U = \frac{B^2}{2\mu_0}\pi r^2 l$$

$$= w_{\mathrm{m}} \times \pi r^2 l = 62.8\,〔\mathrm{J}〕 \times \pi \times (1.0 \times 10^{-2}\,〔\mathrm{m}〕)^2$$
$$\times 50.0 \times 10^{-2}\,〔\mathrm{m}〕$$
$$= 9.87 \times 10^{-3}\,〔\mathrm{J}〕$$

(5.6) 抵抗 R とインダクタンス L からなる直列回路の解析結果はつぎのようになる。

(1) 電源スイッチを A 側に投入すると電圧 V_0 が印加され，電流 I が流れる。このとき

$$L\frac{\mathrm{d}I}{\mathrm{d}t} + RI = V_0$$

これより

$$\frac{\mathrm{d}I}{\mathrm{d}t} = -\frac{I - I_0}{\tau_{RL}}$$

ここに，$I_0 = V_0/R$，$\tau_{RL} = L/R$ と置いた。上式は**緩和方程式**と呼ばれ，左辺の時間変化または変化の勾配は右辺の始状態と終状態の差 $I - I_0$ に比例し，終状態との差が大きいほど変化割合が大きい。また，$\tau_{RL} = L/R$〔s〕は**緩和時間**（relaxation time）と呼ばれる。この式の解は

$$I(t) - I_0 = C \exp\left(-\frac{t}{\tau_{RL}}\right)$$

となるが，$t = 0$ で $I(0) = 0$ と $t \to \infty$ での条件から

$$I(0) - I_0 = C, \quad I(\infty) - I_0 = 0$$

より $C = -I_0$ となるので，電流の時間変化は次式で与えられる。

$$I(t) = I_0\left[1 - \exp\left(-\frac{t}{\tau_{RL}}\right)\right] = \frac{V_0}{R}\left[1 - \exp\left(-\frac{t}{\tau_{RL}}\right)\right]$$

解図 5.1 の曲線 (a) は上式の結果をプロットしたものである。

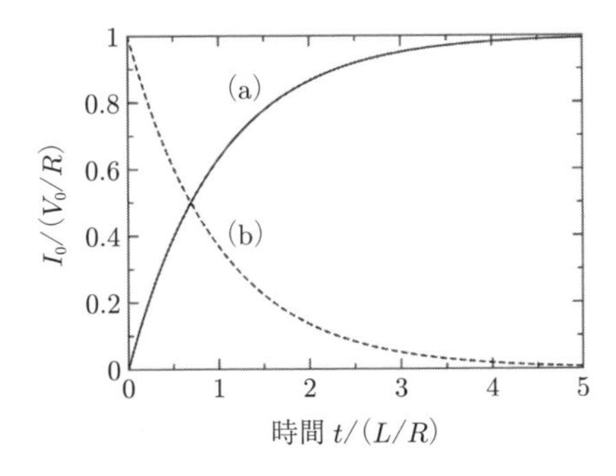

解図 5.1　抵抗 R とインダクタンス L の直列回路における電流応答。(a) スイッチを A 側に投入したときの応答，(b) スイッチを B 側に投入し，電源から切り離したときの電流応答

(**2**)　定常状態の電流は上の解析から $I(\infty) = I_0 = V_0/R$ ある。つぎにスイッチを $t = 0$ の時刻に B 側に投入し，電源と切り離すと $V_0 = 0$ となるので，緩和方程式は

$$\frac{\mathrm{d}I}{\mathrm{d}t} = -\frac{I}{\tau_{RL}}$$

これより

$$I(t) = I(t=0)\exp\left(-\frac{t}{\tau_{RL}}\right) = \frac{V_0}{R}\exp\left(-\frac{t}{\tau_{RL}}\right)$$

この結果をプロットしたのが解図 5.1 の曲線 (b) である。

(**5.7**)　抵抗 R とキャパシタンス C の直列回路の電流応答はつぎのようになる。

(**1**)　スイッチを A 側に投入したとき，この回路の方程式は

$$RI + \frac{Q}{C} = V_0$$

あるいは，$I = \mathrm{d}Q/\mathrm{d}t$ の関係を用いると

$$R\frac{\mathrm{d}Q}{\mathrm{d}t} + \frac{Q}{C} = V_0 \;\rightarrow\; \frac{\mathrm{d}(Q - Q_0)}{\mathrm{d}t} = -\frac{Q - Q_0}{CR}$$

ここに，$Q_0 = CV_0$ は定常状態におけるコンデンサに蓄えられる電荷量である。また，Q_0 は定数であるので $\mathrm{d}Q_0/\mathrm{d}t = 0$ の関係を用いて左辺を変形した。この方程式の解は RL 回路の場合と同様にして

$$Q = Q_0\left[1 - \exp\left(-\frac{t}{\tau_{RC}}\right)\right]$$
$$I = \frac{\mathrm{d}Q}{\mathrm{d}t} = \frac{Q_0}{\tau_{RC}}\exp\left(-\frac{t}{\tau_{RC}}\right) = \frac{V_0}{R}\exp\left(-\frac{t}{\tau_{RC}}\right)$$
$$\tau_{RC} = RC$$

この結果は RL 回路の場合の緩和時間 τ_{RL} を τ_{RC} で置き換えればよいことを意味している。したがって，電荷と電流の時間変化は解図 5.1 の曲線 (a)，(b) のようになり，スケールのみの変更でまったく同様の曲線となる。

(**2**)　スイッチを B 側に投入したときは

$$I = -\frac{V_0}{R}\exp\left(-\frac{t}{\tau_{RC}}\right)$$

電流の時間変化は放電時は充電時と反対方向で解図 5.1 の曲線 (b) の電流の符号を反転するのみでよい。

(**3**)　充電と放電時の電流値 $|I|$ の時間変化は同じであるから双方とも抵抗を通してのジュール熱は同じで，その結果はつぎのようになる。

$$W = \int_0^\infty RI^2 \mathrm{d}t = \frac{V_0^2}{R}\int_0^\infty \exp(-2t/\tau_{RC})\mathrm{d}t$$
$$= \frac{V_0^2}{R}\left[-\frac{\tau_{RC}}{2}\exp(-2t/\tau_{RC})\right]_0^\infty$$
$$= \frac{V_0^2}{R}\frac{\tau_{RC}}{2} = \frac{1}{2}CV_0^2$$

(5.8) 図 5.8 に示す LC 回路についての電気的応答はつぎのように説明される。

(1) スイッチを A 側に投入すると電流 I が流れる。このときの回路の方程式は

$$L\frac{\mathrm{d}I}{\mathrm{d}t} + \frac{Q}{C} = V_0$$

で与えられる。定常状態では $\mathrm{d}I/\mathrm{d}t = 0$ であるから，蓄えられる電荷量 Q_0 は上式よりつぎのようになる。

$$Q_0 = CV_0$$

(2) 定常状態に達したのち，スイッチを B に投入すると，電流 I と電荷 Q の変化はつぎの方程式より求まる。

$$L\frac{\mathrm{d}I}{\mathrm{d}t} + \frac{Q}{C} = 0$$

$\mathrm{d}Q/\mathrm{d}t = I$ の関係を用いると

$$\frac{\mathrm{d}^2Q}{\mathrm{d}t^2} = -\frac{1}{LC}Q \qquad ①$$

この式の時間微分を取り，$\mathrm{d}Q/\mathrm{d}t = I$ の関係を用いると

$$\frac{\mathrm{d}^2I}{\mathrm{d}t^2} = -\frac{1}{LC}I \qquad ②$$

これら二つの方程式はばねの運動において，質量 M がばね定数 k でつながれたときの運動方程式

$$M\frac{\mathrm{d}^2x}{\mathrm{d}t^2} = -kx$$

とまったく同じである。したがって，式①と式②は，ばねの運動の角周波数 $\omega_0 = \sqrt{k/M}$ の代わりに

$$\omega_0 = \frac{1}{\sqrt{LC}}$$

で電流と電荷が振動することになる。電荷が極大値 Q_0 をとるときを基準にすれば振動の位相定数をゼロと置くことができ

$$
\begin{aligned}
Q &= Q_0 \cos(\omega_0 t) \\
I &= -\omega_0 Q_0 \sin(\omega_0 t) \qquad ③
\end{aligned}
$$

となり，LC 回路には振動電流の流れが持続する（注意：実際には完全導体ではないので抵抗 R があり，この振動は減衰する）。

(3) 電流の極大値 $I_{\max}$ は式③より

$$I_{\max} = \omega_0 Q_0 = \frac{Q_0}{\sqrt{LC}}$$

で与えられる。したがって，このときインダクタンス L に蓄えられるエネルギーは

$$\frac{1}{2} L I_{\max}^2 = \frac{1}{2} L \frac{Q_0^2}{LC} = \frac{1}{2} \frac{Q_o^2}{C}$$

となる。つまり，インダクタンスに蓄えられるエネルギーの最大値はキャパシタンスに蓄えられるエネルギーの最大値 $Q_0^2/2C$ に等しい。また，この回路全体蓄えられるエネルギー W は時間 t には無関係で

$$
\begin{aligned}
W &= \frac{L}{2} I^2 + \frac{1}{2C} Q^2 \\
&= \frac{L}{2} \left(\frac{Q_0}{\sqrt{LC}} \right)^2 \sin^2(\omega_0 t) + \frac{1}{2C} Q_0^2 \cos^2(\omega_0 t) \\
&= \frac{1}{2C} Q_0^2 \left[\cos^2(\omega_0 t) + \sin^2(\omega_0 t) \right] = \frac{1}{2C} Q_0^2
\end{aligned}
$$

となり，インダクタンスに蓄えられる最大のエネルギーあるいはキャパシタンスに蓄えられる最大のエネルギーに等しい。言い換えれば，キャパシタンスに蓄えられたエネルギーがインダクタンス L とキャパシタンス C の間で放電と蓄電を繰り返していることを意味している。つまり，エネルギーは保存されている。

(5.9) LCR 回路の方程式は各素子にかかる電圧の和から

$$L \frac{\mathrm{d}I}{\mathrm{d}t} + RI + \frac{Q}{C} = V_0$$

となるので，上式を時間 t について一回微分をとり，$I = \mathrm{d}Q/\mathrm{d}t$ を用いて表すとつぎのようになる。

$$L\frac{\mathrm{d}^2I}{\mathrm{d}t^2}+R\frac{\mathrm{d}I}{\mathrm{d}t}+\frac{1}{C}I=0,\quad \frac{\mathrm{d}^2I}{\mathrm{d}t^2}+\frac{R}{L}\frac{\mathrm{d}I}{\mathrm{d}t}+\frac{1}{LC}I=0$$

ここで

$$\omega_0^2=\frac{1}{LC},\ \rightarrow\ \tau_{RL}=\frac{R}{L}$$

を用いると

$$\frac{\mathrm{d}^2I}{\mathrm{d}t^2}+\tau_{RL}\frac{\mathrm{d}I}{\mathrm{d}t}+\omega_0^2I=0 \qquad ④$$

この方程式において $\mathrm{d}I/\mathrm{d}t$ の項がゼロでないとき，解は減衰振動をするので，**減衰振動**（damped oscillation）**回路**と呼ぶ。

(1)　スイッチをA側に投入したとき，初期条件として $I_0=0$ とし，$(\mathrm{d}I/\mathrm{d}t)_{t=0}$ と ω_0 をつぎのようにとる。

$$\left(\frac{\mathrm{d}I}{\mathrm{d}t}\right)_{t=0}=\frac{V_0}{L}=\frac{200}{L}=2.0\times10^3\ 〔\mathrm{A/s}〕$$
$$\omega_0^2=\frac{1}{LC}=1.0\times10^6\ 〔\mathrm{s}^{-2}〕$$

この初期条件の下で式④の微分方程式を数値解析すると，**解図 5.2** の曲線が得られる。電流が定常値 $I=0$ に達したときキャパシタンスには電圧 V_0 がかかり，蓄積された電荷量は $Q_0=CV_0=2.0\times10^{-3}$〔C〕となる。

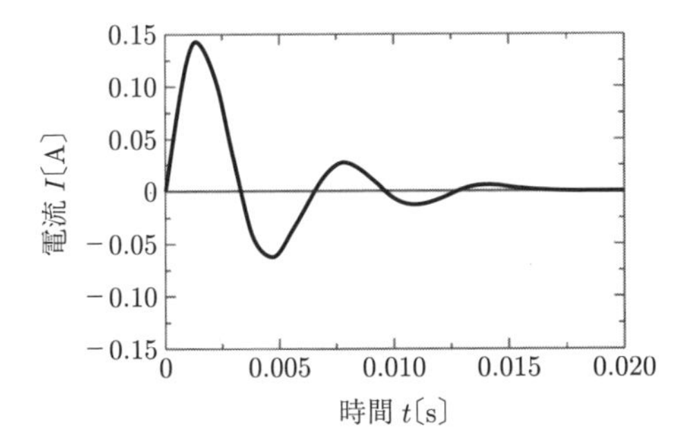

解図 5.2　インダクタンス L，キャパシタンス C と抵抗 R の直列回路における電流応答

(2)　スイッチを A 側に投入して，電流がゼロになったのちにスイッチを B 側に投入すると，キャパシタンスに蓄えられた電荷が電流の供給源となり，$R=0$ のとき問題 (5.8)(2) で述べたように電流は角周波数 ω_0 で振動する。抵抗が有限 $R\neq0$ のとき，電流は減衰しながら振動する。これらの解は微分方程式④を数値解析することにより求まる。初期条件を

$$\left(\frac{\mathrm{d}I}{\mathrm{d}t}\right)_0 = -\frac{V_0}{L} = \frac{200\,〔\mathrm{V}〕}{0.100\,〔\mathrm{H}〕} = -2.00 \times 10^3\,〔\mathrm{A/s}〕$$

$$I_0 = 0\,\mathrm{A}$$

$$\omega_0^2 = \frac{1}{LC} = \frac{1}{0.10\,〔\mathrm{H}〕\times 10.0 \times 10^{-6}\,〔\mathrm{F}〕} = 1.0 \times 10^6\,〔\mathrm{s}^{-2}〕$$

$$\tau_{RL} = \frac{R}{L} = \frac{0}{L} = 0 \quad (R = 0\,\Omega)$$

$$\tau_{RL} = \frac{50\,〔\Omega〕}{0.100\,〔\mathrm{H}〕} \quad (R = 50\,\Omega)$$

と置いたときの計算結果を**解図 5.3** に示す。実線は $R = 0\,\Omega$ の場合で，問題 (5.8) の解答のように角周波数 $\omega_0 = 1.0 \times 10^3$〔s〕で振動する。破線は $R = 50\,\Omega$ の場合で，減衰振動となるが，その振動の周波数 ω_0 で振動しながら減衰する。

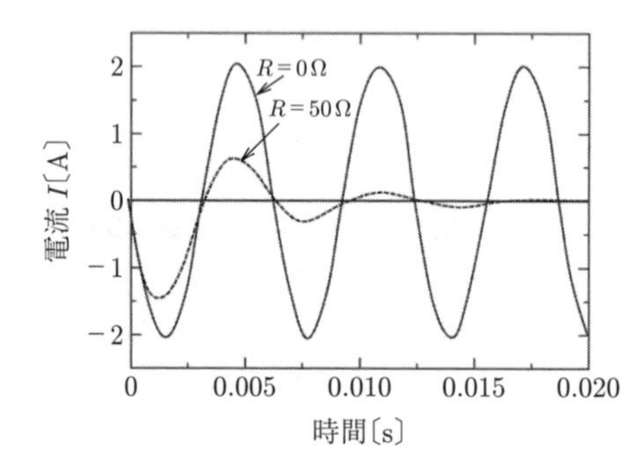

解図 5.3　インダクタンス L，キャパシタンス C，抵抗 R の直列回路における電流応答。定常状態になったのちにスイッチを B 側に投入したときの電流応答。実線は抵抗 $R = 0\,\Omega$ の場合で，電流は角周波数 ω_0 で振動する。破線は抵抗 $R = 50\,\Omega$ の場合で，電流は減衰振動をする。振動の周期は ω_0 でどちらの場合も同じであることがわかる。

(5.10)　銅線の抵抗を無視すると矛盾する結果を導くことを示す。

スイッチを A 側に投入したとき，キャパシタンスに蓄えられる電荷量は $Q_0 = CV_0$ で，蓄積されるエネルギーは $W = CV_0^2/2$ である。

(1)　スイッチを B 側に投入すると，電荷量が不変であるからおのおののキャパシタンスに $Q_0/2$ の電荷が蓄えられ，双方のキャパシタンスにかかる電圧は $V_0/2$ となる。

(2)　その結果

$$W = \frac{1}{C}\left(\frac{V_0}{2}\right)^2 + \frac{1}{C}\left(\frac{V_0}{2}\right)^2 = \frac{1}{4}CV_0^2 = \frac{1}{4}\frac{Q_0^2}{C}$$

となり，エネルギーは初期値 $CV_0^2/2$ の半分となる。残りのエネルギー $CV_0^2/2$ はどこへ行ったのかは不明である。エネルギーは保存されないのであろうか？その答えはつぎの (3) にある。

(3) 銅線は完全導体ではないので必ず抵抗がある。その抵抗値をそれぞれのキャパシタンスがつながれている導線の抵抗を r_1，r_2 とし，$r = r_1 + r_2$ とする。スイッチを A 側に投入したときに流れる電流は次式で与えられ

$$I = -\frac{V_0}{R}\exp\left(-\frac{t}{\tau_{RC}}\right)$$

となり，その時間変化は解図 5.1 の曲線 (b) の電流の符号を反転させたものとなる。この式から明らかなように抵抗 $R = 0$ のときには電流は無限大となり，そのような大電流を流せる銅線は存在しない。わずかな抵抗 r がある場合はその抵抗値で決まる $I_{\max} = V_0/r$ の電流が流れる。そこで，$Q_0 = CV_0$ と，終状態の電荷量 $Q_{\mathrm{f}} = Q_0/2$ を用いてそれぞれのキャパシタンスの電荷量の時間変化を，左のキャパシタンスに対して Q_1，右のキャパシタンスに対して Q_2 とすると，$\tau_{RC} = rC$ の関係を用いて

$$Q_1 = \frac{Q_0}{2}\left[1 + \exp(-t/\tau_{RC})\right], \quad Q_2 = \frac{Q_0}{2}\left[1 - \exp(-t/\tau_{RC})\right]$$
$$Q_1 + Q_2 = Q_0$$

この結果を用いるとそれぞれのキャパシタンスに流れる電流はつぎのようになる。

$$I_1 = \frac{\mathrm{d}Q_1}{\mathrm{d}t} = \frac{Q_0}{2}\left(-\frac{1}{\tau_{RC}}\right)\exp(-t/\tau_{RC})$$
$$I_2 = \frac{\mathrm{d}Q_2}{\mathrm{d}t} = \frac{Q_0}{2}\left(-\frac{1}{\tau_{RC}}\right)\exp(-t/\tau_{RC})$$

電流は $I = \mathrm{d}Q/\mathrm{d}t$ であるからこれより，ジュール熱 rI^2 を時間 $t = 0$ から $t = \infty$ まで積分すると

$$W_1 = r\int_0^\infty I_1^2\mathrm{d}t = r\left(\frac{Q_0}{2}\frac{1}{\tau_{RC}}\right)^2\left[-\frac{\tau_{RC}}{2}\exp(-2t/\tau_{RC})\right]_0^\infty$$
$$= r\frac{Q_0^2}{8}\frac{1}{\tau_{RC}} = \frac{1}{8}rQ_0^2\frac{1}{rC} = \frac{1}{8}\frac{Q_0^2}{C} = \frac{1}{8}CV_0^2$$

まったく同様にして右側のキャパシタンスに充電するときに使われるジュール熱も $W_2 = Q_0^2/8C$ となり $W = W_1 + W_2$，つまりキャパシタンスの並列回路で消費されるジュール熱は

$$W = W_1 + W_2 = \frac{1}{4}\frac{Q_0^2}{C} = \frac{1}{4}CV_0^2$$

となる。この結果からキャパシタンスの並列接続で失われるジュール熱を考慮すればエネルギーは保存される。

(4) 抵抗値 r の小さい銅線を直接接続してキャパシタンスからキャパシタンスへ電荷を移動させることは非常に危険である。特に，高電圧回路でキャパシタンスをつないでいる場合は，ディスチャージ棒（discharge bar）を用いなければならない。ディスチャージ棒は先端に金属銅線と直列につないだ抵抗 $R = 1 \sim 100$〔kΩ〕を通して絶縁棒の中を銅線を通して接地したものを用いる。ドライバーなどでディスチャージすると大きな火花が出て先端が溶解するなど危険である。この現象をもとに，キャパシタンスの電荷を瞬時に放電して（火花が出ることが多い）金属を溶接する装置も開発されている。

6 章

(6.1) 電気エネルギ密度は式 (6.61) より

$$w_{\mathrm{e}} = \frac{1}{2}\epsilon_0 \boldsymbol{E}_0^2 \cos^2(\boldsymbol{k}\cdot\boldsymbol{r} - \omega t)$$

で与えられる。この時間平均は 1 周期の時間 $T = 2\pi/\omega$ 当りのエネルギー密度を計算すればよいから

$$\langle w_{\mathrm{e}} \rangle = \frac{1}{T}\int_0^T w_{\mathrm{e}} \mathrm{d}t = \frac{1}{T}\frac{\epsilon_0 \boldsymbol{E}_0^2}{2}\int_0^T \cos^2(\boldsymbol{k}\cdot\boldsymbol{r} - \omega t)\mathrm{d}t$$

ここに，$\cos^2(\omega t) = [1 + \cos(2\omega t)]/2$ で $\cos(2\omega t)$ の積分はその周期性から消える。したがって，積分値は $T/2$ となり

$$w_{\mathrm{e}} = \frac{1}{4}\epsilon_0 \boldsymbol{E}_0^2$$

(6.2) 式 (6.61) を使い前問とまったく同様の手続きによりつぎの結果を得る。

$$w_{\mathrm{m}} = \frac{1}{2}\epsilon_0 \boldsymbol{B}_0^2 \cos^2(\boldsymbol{k}\cdot\boldsymbol{r} - \omega t), \quad \langle w_{\mathrm{m}} \rangle = \frac{1}{4}\frac{\boldsymbol{B}_0^2}{\mu_0} = \frac{1}{4}\mu_0 \boldsymbol{H}_0^2$$

ここに，$\boldsymbol{B} = \mu_0 \boldsymbol{H}$ の関係を用いた。

(6.3) 式 (6.50) より

$$\frac{E_x}{H_y} = \frac{\omega\mu_0}{k_z} = c\mu_0$$

あるいは

$$\frac{|\boldsymbol{E}_0|}{|\boldsymbol{B}_0|} = c = \frac{1}{\sqrt{\epsilon_0 \mu_0}}$$

であるから，$E_x = |\boldsymbol{E}_0|$，$H_y = |\boldsymbol{H}_0| = |\boldsymbol{B}_0|/\mu_0 = |\boldsymbol{E}_0|/(c\mu_0)$ と置き換えて

$$w_{\mathrm{m}} = \frac{1}{4}\mu_0 \boldsymbol{H}_0^2 = \frac{1}{4}\mu_0 \frac{|\boldsymbol{E}_0|^2}{(c\mu_0)^2} = \frac{1}{4}\epsilon_0 |\boldsymbol{E}_0|^2$$

ここに，光速 $c = 1/\sqrt{\epsilon_0\mu_0}$ の関係を用いた。

この結果，電界と磁界のエネルギー密度の時間平均と場所平均は等しく

$$w_{\mathrm{e}} = w_{\mathrm{m}}, \quad w = w_{\mathrm{e}} + w_{\mathrm{m}} = \frac{1}{2}\epsilon_0 |\boldsymbol{E}_0|^2$$

となり，電磁波のエネルギーを等分して担っている。

(6.4) ポインティング・ベクトルは電磁波の伝搬方向の単位ベクトルを $\hat{\boldsymbol{k}}$ とすると

$$\boldsymbol{P} = \boldsymbol{E} \times \boldsymbol{H} = \hat{\boldsymbol{k}} \frac{1}{\mu_0 c} |\boldsymbol{E}_0|^2 \cos^2(\boldsymbol{k} \cdot \boldsymbol{r} - \omega t)$$

であるから，時間平均値はつぎのようになる。

$$\langle \boldsymbol{P} \rangle = \frac{1}{2}\frac{1}{\mu_0 c}|\boldsymbol{E}_0|^2 \hat{\boldsymbol{k}} = \frac{1}{2}\epsilon_0 |\boldsymbol{E}_0|^2 \hat{\boldsymbol{k}} \equiv \langle w \rangle c \hat{\boldsymbol{k}}$$

この結果は平均エネルギーのフラックスはエネルギー密度が伝搬方向に光速で流れることを意味している。

(6.5) $R_p = 0$ の条件から，無偏向の電磁波が入射したとき p 偏向はゼロであるので，反射波は R_s のみとなる。この様子を**解図 6.1** に示す。このとき反射波 $\theta_1 = \theta_{\mathrm{r}}$ と透過波 $\theta_2 = \theta_{\mathrm{t}}$ は直交し

$$\theta_1 + \theta_2 = 90^\circ \equiv \pi/2$$

である。スネルの法則から

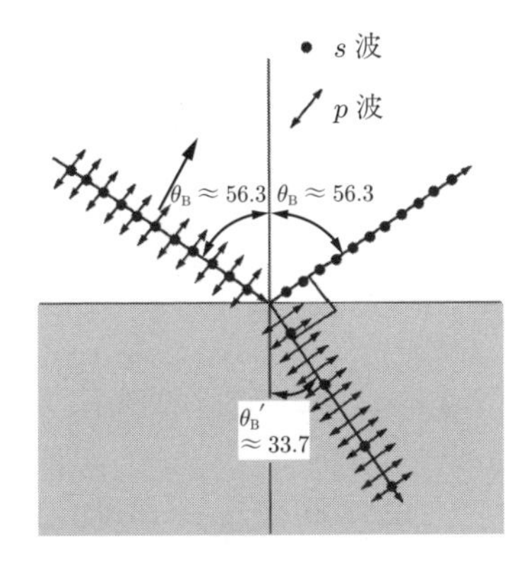

解図 6.1　ブリュースター角 θ_{B} で入射すると $R_p = 0$，つまり反射光には p 偏向の光は含まれず s 偏向の光成分のみとなり，透過光（屈折光）はほぼ p 偏向の光となる。その結果，反射光と透過光のなす角はほぼ 90° となる。

$$n_1 \sin\theta_1 = n_2 \sin\theta_2$$

なる関係が成立し，これに上の条件を代入すると

$$n_1 \sin\theta_{\rm B} = n_2 \sin(90^\circ - \theta_{\rm B}) = \cos\theta_{\rm B}$$

が得られる。これよりブリュースター角はつぎのようになる。

$$\theta_{\rm B} = \arctan\left(\frac{n_2}{n_1}\right)$$

あるいは，スネルの法則と $R_p = 0$ の条件から

$$n_1 \sin\theta_1 = n_2 \sin\theta_2, \quad n_1 \cos\theta_2 = n_2 \cos\theta_1$$

なる連立方程式を解くと

$$\cos\theta_{\rm B} = \cos\theta_1 = \frac{\sqrt{n_1^2 n_2^2 - n_1^4}}{\sqrt{n_2^4 - n_1^4}}$$

となるから，ブリュースター角は次式で与えられる。

$$\theta_{\rm B} = \arccos\left(\frac{\sqrt{n_1^2 n_2^2 - n_1^4}}{\sqrt{n_2^4 - n_1^4}}\right) = \arccos\left(\frac{n_1}{\sqrt{n_2^2 + n_1^2}}\right)$$

$\theta_{\rm B}$ に関する二つの式は同じ結果を与える。

(6.6)　s 波と p 波の透過係数は

$$T_s = 1 - R_s, \quad T_p = 1 - R_p$$

s 波と p 波が 50% ずつ混在する場合は

$$R = \frac{1}{2}(R_s + R_p)$$

で与えられる。

(6.7)　式 (6.156) において，単位間には〔W〕＝〔J/s〕の関係があるので，$\langle W \rangle = 50 \times 10^3$〔J/s〕と置き

$$\langle W \rangle = \frac{1}{8}\epsilon_0 |E_0|^2 ab \cdot c\sqrt{1 - \omega_c^2/\omega^2}$$

において $\langle W \rangle = 50 \times 10^3$〔W〕を代入すると，求める電界強度 E_0 は

$$E_0 = \left[\frac{4\langle W \rangle}{\epsilon_0 ab \cdot c\sqrt{1 - \omega_c^2/\omega^2}}\right]^{1/2} = 655\,500\text{〔V/m〕} = 6.555\text{〔kV/cm〕}$$

となる。ここで，$\omega = 2\pi f$，$\omega_c = \pi c/a$ を用いた。このような高出量マイクロ波管は大きな電界を発生させるので，通常はパルス発振を行い，レーダではその反射波を測定している。

7　章

(7.1)　式 (7.49c) より

$$\langle P \rangle_{\text{total}} = \frac{(I_0 l)^2 k^2}{12\pi\epsilon_0 c} = \frac{(I_0 l)^2 \omega^2}{12\pi\epsilon_0 c^3}$$

$$Z_0 = \sqrt{\frac{\mu_0}{\epsilon_0}} = 377\ 〔\Omega〕, \qquad k = \frac{\omega}{c} = \frac{2\pi}{\lambda}$$

の関係を用いると

$$\langle P \rangle_{\text{total}} = \frac{\pi}{3} Z_0 \left(\frac{I_0 l}{\lambda}\right)^2 = 395 \left(\frac{I_0 l}{\lambda}\right)^2$$

となり，全輻射エネルギーは $|I_0 l/\lambda|^2$ に比例して増大する。

(7.2)　種々の描画ソフトが市販されている。ここでは代表的な描画ソフト Mathematica を用いた計算結果のプロット例を示す。式 (7.53) を用いて，Mathematica による極座標プロットするプログラムは（"…" はコメント行）

```
"Polar plot of the field pattern for dipole antenna"
"Put L = 1.0 for L/λ = 1.0 and L = 1.5 for L/λ = 1.5"
  L = 1.0
  R = (Cos[L*Pi*Cos[ t]] - Cos[L Pi])/Sin[t]
  R2 = -R
  PolarPlot[{R, R2}, {t, -2 Pi, 2 Pi}, PolarAxes → True,
  PolarTicks → {"Degrees", Automatic},
  PolarAxesOrigin → Automatic]
```

```
"Spherical polar plot of the field pattern"
"Put L = 1 for L/λ = 1 and L = 1.5 for L/λ = 1.5"
"Use SphericalPlot3d to obtain the answers"
  L = 1.0
  R = (Cos[L*Pi*Cos[ t]] - Cos[L Pi])/Sin[t]
  SphericalPlot3D[R, {t, 0, Pi}, {tp, 0, 2 *Pi}]
```

と表される。$L/\lambda = 1.0$，$L/\lambda = 1.5$ のダイポールアンテナの電界フィールド・パターンを計算した結果を**解図 7.1** に示す。$L/\lambda = 1.5$ の場合，給電電流が節を持つために輻射が三つの部分からなる様子が理解される。なお，その他の作図ソフトを用いることが可能である。

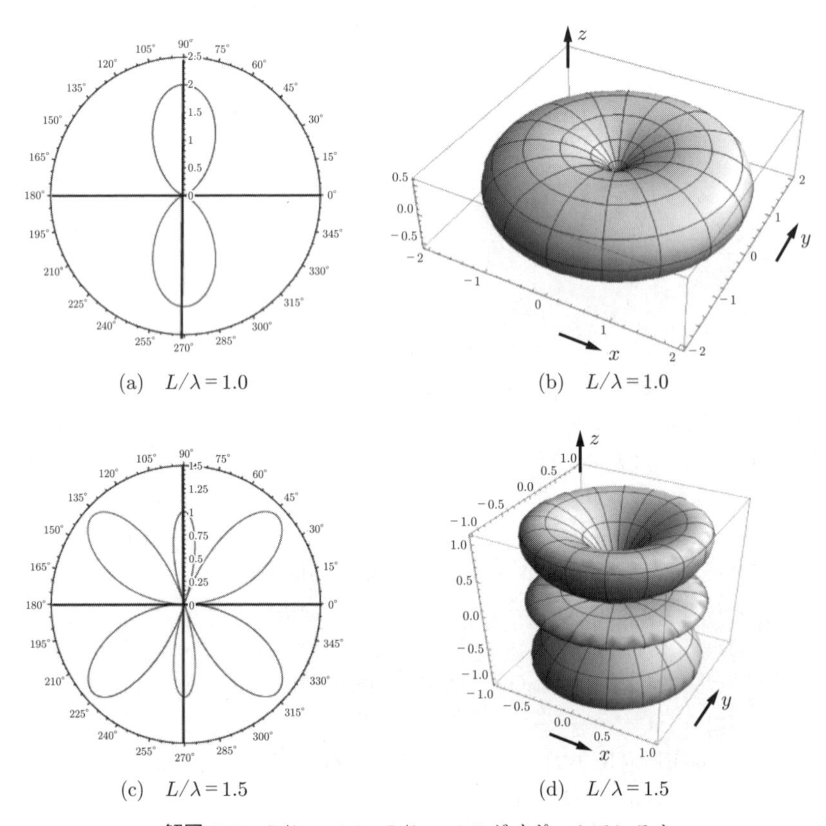

(a)　$L/\lambda = 1.0$　　(b)　$L/\lambda = 1.0$

(c)　$L/\lambda = 1.5$　　(d)　$L/\lambda = 1.5$

解図 7.1　$L/\lambda = 1.0$，$L/\lambda = 1.5$ ダイポールアンテナにおける電界フィールド・パターン

(7.3)　式 (7.53) において $L = \lambda$ とすると，$kL/2 = \pi$ となるから

$$E_\theta = \frac{\mathrm{i}Z_0 I_0}{2\pi r}\left[\frac{\cos(\pi\cos\theta) - \cos(\pi)}{\sin\theta}\right]\mathrm{e}^{\mathrm{i}(kr-\omega t)}$$

が得られる。

8　章

(8.1)　任意のスカラ関数を $g(x)$ として

$$
\begin{aligned}
[f(x), p_x]\, g(x) &= (f(x)p_x - p_x f(x))\, g(x) \\
&= -i\hbar\left(f(x)\frac{\partial g(x)}{\partial x} - \frac{\partial\,(f(x)g(x))}{\partial x}\right) \\
&= -i\hbar\left(f(x)\frac{\partial g(x)}{\partial x} - \frac{\partial f(x)}{\partial x}g(x) - f(x)\frac{\partial g(x)}{\partial x}\right) \\
&= +i\hbar\frac{\partial f(x)}{\partial x}g(x) \equiv -\,(p_x f(x))\, g(x)
\end{aligned}
$$

これより次式を得る。

$$
[f(x), p_x] = i\hbar\frac{\partial f(x)}{\partial x} \equiv -p_x f(x)
$$

(8.2)　問題 (8.1) の結果を用い，x，y，z 方向成分について計算すればよい。つまり，

$$
[\boldsymbol{A}, \boldsymbol{p}] = \boldsymbol{A}\cdot\boldsymbol{p} - \boldsymbol{p}\cdot\boldsymbol{A}
$$

で，$A_i \cdot p_j \equiv A_i p_j \delta_{i,j}$ となり，$i \neq j$ のときゼロとなるので

$$
[A_x, p_x] = -p_x A_x, \quad [A_y, p_x] = -p_y A_y, \quad [A_z, p_x] = -p_z A_z
$$

これより次式を得る。

$$
[\boldsymbol{A}, \boldsymbol{p}] = -\boldsymbol{p}\cdot\boldsymbol{A} = \mathrm{i}\hbar\nabla\cdot\boldsymbol{A}
$$

(8.3)　ベクトル・ポテンシャル $\boldsymbol{A}$ はクーロン・ゲージを用いると $\nabla\cdot\boldsymbol{A} = 0$ の関係が成立するから，問題 (8.2) の結果を用いて

$$
[\boldsymbol{A}, \boldsymbol{p}] = \mathrm{i}\hbar\nabla\cdot\boldsymbol{A} = 0
$$

が得られる。つまりつぎの交換関係が成立する。

$$
\boldsymbol{A}\cdot\boldsymbol{p} - \boldsymbol{p}\cdot\boldsymbol{A} = 0
$$

(8.4)　証明はつぎのとおりである。

$$
P = -\mathrm{i}\hbar\frac{\partial}{\partial Q}
$$

であるから問題の交換関係は

$$[P,Q]f = -\mathrm{i}\hbar\left(\frac{\partial}{\partial Q}Qf\right) + \mathrm{i}\hbar Q\left(\frac{\partial}{\partial Q}f\right)$$

$$= -\mathrm{i}\hbar\left(\frac{\partial Q}{\partial Q}\right)f - \mathrm{i}\hbar Q\left(\frac{\partial f}{\partial Q}\right) + \mathrm{i}\hbar\left(\frac{\partial f}{\partial Q}\right) = -\mathrm{i}\hbar f$$

となり

$$[P,Q] = [PQ - QP] = -\mathrm{i}\hbar$$

が証明される。ここに，f はオペレータを含まない任意のスカラ関数である。

(8.5)　解答はつぎのとおりである。

$$|a\rangle|n_{k1}, n_{k2}, \cdots, n_{ki}, \cdots\rangle = \sqrt{n_{ki}}|n_{k1}, n_{k2}, \cdots, n_{ki}-1, \cdots\rangle$$

(8.6)　電子と陽電子の質量を $m = 9.109 \times 10^{-31}$〔kg〕，電荷量を $e = 1.602 \times 10^{-19}$〔C〕，ディラックのプランク定数を $\hbar = 1.055 \times 10^{-34}$〔J·s〕，光速 $c = 2.998 \times 10^{8}$〔m/s〕とする。

(1)　電磁波の波長 $\lambda = 10 \times 10^{-12}$〔m〕に対する，角周波数 $\omega = 2\pi \times c/\lambda$ は

$$\omega = 2\pi \times c/\lambda = \frac{2\pi \times c}{1.0 \times 10^{-11}} = 1.884 \times 10^{20}\ \text{〔Hz〕}$$

この角周波数に対するエネルギーは〔eV〕の単位で（〔J/e〕＝〔eV〕）

$$\frac{\hbar \times \omega}{e} = 124\,047\,\mathrm{eV} = 0.124\,\mathrm{MeV}$$

(2)　アインシュタインの特殊相対性理論によれば，質量 m とエネルギー $\mathcal{E}$ は等価で $\mathcal{E} = mc^2$ の関係がある。この結果を用いると，電子と陽電子のエネルギーは〔eV〕の単位で

$$\mathcal{E} = \frac{mc^2}{e} = \frac{9.109 \times 10^{-31} \times \left(2.998 \times 10^{8}\right)^2}{e}$$

$$= 511\,025\,\mathrm{eV} = 0.511\,\mathrm{MeV}$$

となる。したがって，電子と陽電子のエネルギーの和は 1.022 MeV となり，対消滅すると 0.511 MeV の 2 本のガンマ線が放出され，1.022 MeV 以上のエネルギーを持つガンマ線が消滅するとき，電子と陽電子の対生成が起こる場合がある。

電子と陽電子の対生成を観測するには，磁界中に置かれたウイルソンの霧箱が用いられる。対生成された粒子はローレンツの法則で磁界に垂直な

面内で反対方向の軌跡を描くことから，質量が同じで電荷が異符号であることが証明される。また，ガンマナイフなどガンマ線は医療の分野で重要な役割を果たしつつある。

索　引

【す】

【せ】

【そ】

【た】

【ち】

【つ】

【て】

【と】

—— 著者略歴 ——

1961年　大阪大学工学部電気工学科卒業
1966年　大阪大学大学院博士課程修了（電気工学専攻），工学博士
1967年　大阪大学助教授
1967年　米国パーデュー大学物理学科客員研究員
1985年　大阪大学教授
2001年　大阪大学名誉教授

米国物理学会（APS），英国物理学会（IOP），米国電気電子学会（IEEE），応用物理学会，各フェロー

物性・光学のための電磁気学
——基礎から量子化まで——
Electromagnetism for Solid State Physics and Optics
—— From Basics to Quantization ——

2018 年 7 月 6 日　初版第 1 刷発行　★

検印省略

著　者　浜口　智尋（はまぐち　ちひろ）
発行者　株式会社　コロナ社
　　　　代表者　牛来真也
印刷所　三美印刷株式会社
製本所　有限会社　愛千製本所

112–0011　東京都文京区千石 4–46–10
発行所　株式会社　**コロナ社**
CORONA PUBLISHING CO., LTD.
Tokyo Japan
振替 00140–8–14844・電話(03)3941–3131(代)
ホームページ　http://www.coronasha.co.jp

ISBN 978–4–339–00911–8　C3054　Printed in Japan　（大井）

電気・電子系教科書シリーズ

（各巻A5判）

■編集委員長　高橋　寛
■幹　　　事　湯田幸八
■編 集 委 員　江間　敏・竹下鉄夫・多田泰芳
　　　　　　　中澤達夫・西山明彦

配本順	書名	著者	頁	本体
1.（16回）	電気基礎	柴田尚志・皆藤新一 共著	252	3000円
2.（14回）	電磁気学	多田泰芳・柴田尚志 共著	304	3600円
3.（21回）	電気回路Ⅰ	柴田尚志 著	248	3000円
4.（3回）	電気回路Ⅱ	遠藤　勲・鈴木　靖 共著	208	2600円
5.（27回）	電気・電子計測工学	吉澤昌純 編著　降矢典雄・福田恵子・吉村拓巳・髙﨑和之・西山明彦 共著	222	2800円
6.（8回）	制御工学	下西二郎・奥平鎮正 共著	216	2600円
7.（18回）	ディジタル制御	青木　立・西堀俊幸 共著	202	2500円
8.（25回）	ロボット工学	白水俊次 著	240	3000円
9.（1回）	電子工学基礎	中澤達夫・藤原勝幸 共著	174	2200円
10.（6回）	半導体工学	渡辺英夫 著	160	2000円
11.（15回）	電気・電子材料	中澤・藤原・押田・服部・森山 共著	208	2500円
12.（13回）	電子回路	須田健二・土田英一 共著	238	2800円
13.（2回）	ディジタル回路	伊原充博・若海弘夫・吉澤昌純 共著	240	2800円
14.（11回）	情報リテラシー入門	室賀進也・山下　巖 共著	176	2200円
15.（19回）	C++プログラミング入門	湯田幸八 著	256	2800円
16.（22回）	マイクロコンピュータ制御プログラミング入門	柚賀正光・千代谷　慶 共著	244	3000円
17.（17回）	計算機システム（改訂版）	春日　健・舘泉雄治 共著	240	2800円
18.（10回）	アルゴリズムとデータ構造	湯田幸八・伊原充博 共著	252	3000円
19.（7回）	電気機器工学	前田　勉・新谷邦弘 共著	222	2700円
20.（9回）	パワーエレクトロニクス	江間　敏・高橋　勲 共著	202	2500円
21.（28回）	電力工学（改訂版）	江間　敏・甲斐隆章 共著	296	3000円
22.（5回）	情報理論	三木成彦・吉川英機 共著	216	2600円
23.（26回）	通信工学	竹下鉄夫・吉川英機 共著	198	2500円
24.（24回）	電波工学	松田豊稔・宮田克正・南部幸久 共著	238	2800円
25.（23回）	情報通信システム（改訂版）	岡田　正・桑原裕史 共著	206	2500円
26.（20回）	高電圧工学	植月唯夫・松原孝史・箕田充志 共著	216	2800円

定価は本体価格+税です。
定価は変更されることがありますのでご了承下さい。

図書目録進呈◆

	配本順			頁	本体
C-8	(第32回)	音声・言語処理	広瀬啓吉著	140	2400円
C-9	(第11回)	コンピュータアーキテクチャ	坂井修一著	158	2700円
C-10		オペレーティングシステム			
C-11		ソフトウェア基礎	外山芳人著		
C-12		データベース			
C-13	(第31回)	集積回路設計	浅田邦博著	208	3600円
C-14	(第27回)	電子デバイス	和保孝夫著	198	3200円
C-15	(第8回)	光・電磁波工学	鹿子嶋憲一著	200	3300円
C-16	(第28回)	電子物性工学	奥村次徳著	160	2800円

展開

	配本順			頁	本体
D-1		量子情報工学	山崎浩一著		
D-2		複雑性科学			
D-3	(第22回)	非線形理論	香田徹著	208	3600円
D-4		ソフトコンピューティング			
D-5	(第23回)	モバイルコミュニケーション	中川正雄・大槻知明共著	176	3000円
D-6		モバイルコンピューティング			
D-7		データ圧縮	谷本正幸著		
D-8	(第12回)	現代暗号の基礎数理	黒澤馨・尾形わかは共著	198	3100円
D-10		ヒューマンインタフェース			
D-11	(第18回)	結像光学の基礎	本田捷夫著	174	3000円
D-12		コンピュータグラフィックス			
D-13		自然言語処理	松本裕治著		
D-14	(第5回)	並列分散処理	谷口秀夫著	148	2300円
D-15		電波システム工学	唐沢好男・藤井威生共著		
D-16		電磁環境工学	徳田正満著		
D-17	(第16回)	VLSI工学 —基礎・設計編—	岩田穆著	182	3100円
D-18	(第10回)	超高速エレクトロニクス	中村徹・三島友義共著	158	2600円
D-19		量子効果エレクトロニクス	荒川泰彦著		
D-20		先端光エレクトロニクス			
D-21		先端マイクロエレクトロニクス			
D-22		ゲノム情報処理	高木利久・小池麻子編著		
D-23	(第24回)	バイオ情報学 —パーソナルゲノム解析から生体シミュレーションまで—	小長谷明彦著	172	3000円
D-24	(第7回)	脳工学	武田常広著	240	3800円
D-25	(第34回)	福祉工学の基礎	伊福部達著	236	4100円
D-26		医用工学			
D-27	(第15回)	VLSI工学 —製造プロセス編—	角南英夫著	204	3300円

定価は本体価格+税です。
定価は変更されることがありますのでご了承下さい。

図書目録進呈◆